발주자가 반드시 알아야 할

턴키제도(Design-Build)의 진실

발주자가 반드시 알아야 할 턴키제도(Design-Build)의 진실
1판 1쇄 인쇄 2014년 3월 5일
1판 1쇄 발행 2014년 3월 10일

지은이 | 존 슈펠버거, 김용우, 한승헌, 진경호, 한미글로벌
발행인 | 김병계
발행처 | 도서출판 보문당
등록 | 1990년 6월 15일 (제1-1066호)
주소 | 서울시 마포구 신수동 448-6 우)121-110
전화 | 704-7025 / 704-0635 FAX | 704-2324
홈페이지 | www.bomoondang.co.kr
전자우편 | bmdpub@naver.com

정가 18,000원

ISBN 978-89-8413-198-9(93530)

발주자가 반드시 알아야 할

턴키제도(Design-Build)의 진실

존 슈펠버거, 김용우, 한승헌, 진경호, 한미글로벌 지음

普 文 堂

턴키제도의 글로벌 스탠다드를 도입하자

당면한 국내 건설산업의 위기원인은 복합적이다. 건설산업이 성숙기에 접어들면서 생긴 필연적 현상으로 보기도 하고, 글로벌 금융위기의 여파로 인한 경기침체가 원인이라고도 한다. 후진적인 법 · 제도와 건설주체들의 투명성 부족 때문에 건설산업의 경쟁력이 저하되었다는 사실이야말로 위기의 핵심 요인이라는 지적도 있다.

특히 건설주체들의 투명성이나 부정 · 비리 문제를 바라보는 언론과 국민들의 시선은 상당히 부정적이다. 최근 들어 입찰담합과 비리의 온상처럼 비쳐지고 있는 것이 턴키(Turn-Key)제도인 듯하다. 건설산업의 위기는 건설주체들이 스스로 자초한 면도 있기 때문에 통렬한 자기반성과 근본적인 쇄신노력이 필요하다. 하지만 범법행위를 저지른 개인이나 조직을 처벌하는 것만이 문제의 근본적 해결책이 아니라는 점을 주목해야 한다. 범법행위에 대한 처벌에도 불구하고, 계속해서 같은 문제가 되풀이되고 있기 때문이다.

건설산업 선진화를 위해서는 처벌과 같은 사후조치도 필요하지만 턴키공사에서 비리와 부정이 발생하게 된 시스템의 근본적 문제점을 짚어보고 근절할 수 있는 예방책을 고민할 필요가 있다. 아울러 단기 효과만을 노린 규제 위주의 제도를 양산한 결과, 효율성을 위해 만든 제도를 비효율적인 제도로 훼손시키는 어리석음에서도 벗어나야 한다.

우리나라에서 흔히 '턴키' 라고 부르는 디자인빌드(Design-Build) 방식은 설계와 시공 계약을 단일의 수행주체와 체결하여 효율적으로 건설사업을 추진하기 위한 발주방식이다. 미국의 경우 지난 반세기에 걸쳐 디자인빌드 발주방식을 운용하면서 시행착오를 겪었고, 그 과정에서 제도의 점진적 보완이 이루어졌다. 제도 보완의 기저에는 '건설생애주기관점에서 최소 비용으로 최대 효율성을 확보' 한다는 대전제가 깔려 있었다. 그런 의미에서 미국의 디자인빌드는 글로벌 시장에서 통용되는 발주제도(delivery system)라 할 수 있다. 이 제도가 불행하게도 우리나라에서는 '한국식' 으로 왜곡되어 도입되었고, 이름부터가 디자인빌드가 아닌 턴키로 통용되어 왔다. 하지만 턴키라는 용어는 대부분의 국가에서는 '디자인빌드' 와 다른 의미의 발주제도로 인식되고 있다. 특히 우리나라에서는 심의위원제도를 통한 심사방식이 투명성과 부정 · 비리 등 많은 문제를 초래했을 뿐만 아니라, 한 사회의 사표(師表)가 되어야 할 교수 등 지식인들을 오염시키는 역할도 했다. 아울러 건설산업을 선도해야 할 설계 · 엔지니어링 업체들이 건설회사의 하청 업체로 전락하는 세계적으로 유래없는 구조변화도 초래했다. 디자인빌드라는 발주제도 자체가 문제였던 것이 아니라, 우리나라에 도입된 제도의 왜곡이 문제였던 것이다. 그렇기 때문에 미국의 디자인빌드 제도 도입과정과 발전과정, 적용사례를 면밀히 살펴보는 것은 오늘날 우리 현실에 의미 있는 시사점을 제시할 것으로 생각된다.

한미글로벌은 지난 13년 간 건설산업 선진화를 위한 꾸준한 연구와 발간활동을 수행해 왔다. 『미국 건설산업 왜 강한가』, 『영국 건설산업의 혁신전략과 성공사례』, 『미국의 설계 경쟁력 어디에서 오나?』 등의 책자를 통해 선진국의 건설산업 제도를 벤치마킹 했고 『한국건설산업 대해부』, 『코리안스탠다드에서 글로벌스탠다드로』, 『발주자가 변하지 않고는 건설산업의 미래는 없다』, 『일류 발주자가 일등 건설산업 만든다』 등을 통해서 건설산업 발전을 위한 공공 발주자 혁신을 강조했다. 2013년에는 건설산업 위기 탈출의 대안을 모색하기 위해 건설분야 각계를 대표하는 35명 전문가들로부터 의견을 수렴하고 토론한 결과를 정리하여 『35명의 전문가에게 건설의 길을 묻다』라는 책을 출간하였다. 이는 산/학/연/관을 아우르는 집단지성을 활용하여 건설산업의 위기 타개책을 탐구해 본 시도였다.

본서에서는 미국의 선진사례와 국내 제도의 비교를 통해 국내 디자인빌드 제도의 문제점을 짚어보고, 궁극적으로는 건설산업의 체질개선을 위해 프로젝트 조달시스템 개혁과 이를 위한 발주자의 혁신적 변화가 필요하다는 점을 역설하고 있다. 디자인빌드에 주목하는 이유는, 비록 잦은 비리와 공정성 시비로 무용론이 제기되기도 하지만, 국내 건설산업의 글로벌 경쟁력 향상을 위해서는 육성하고 활성화 시켜야 할 제도가 분명하기 때문이다. 이 책이 발주자를 비롯한 건설주체들의 디자인빌드에 대한 오해를 걷어내고 근본적 취지를 환기시켜, 국내 공공공사 입 · 낙찰제도와 문화를 글로벌 스탠다드로 개선하는 데 기여했으면 하는 바람이다.

공공공사 발주제도에 대한 연구는 민간기업인 한미글로벌에게 힘겨운 일이지만, 앞으로도 이런 연구과제를 지속적으로 수행하여 우리 건설산업의 발전과 글로벌화에 이바지하고자 한다. 특히 건설산업에서 가장 중요한 역할을 맡고 있는 우리 발주자들이 이 책을 통해 디자인빌드에 대한 이해도가 높아지고 제도가 글로벌 스탠다드로 개선된다면, 우리 건설산업의 효율성과 경쟁력도 높아질 것이라는 확신을 갖고 있다.

이 책의 집필을 위해 오랫동안 노력하셨던 University of Washington의 John Schaufelberger 교수님과 김용우 교수님, 연세대학교 한승헌 교수님, 한국건설기술연구원 진경호 연구위원님께 감사드린다. 출간을 위해 애써주신 다른 모든 분들에게도 깊은 감사의 뜻을 전한다.

2014년 2월

김 종 훈

(사)건설산업비전포럼 공동대표

한미글로벌㈜ 대표이사 회장

추천사

비상(非常)하게 어려운 시기를 위기라고 말합니다. 그런데 지금 우리 건설산업은 위기가 일상(日常)이 되어버린 것 같습니다. 위기의 원인으로는 여러 가지가 복합적으로 작용하고 있지만, 결과는 모두가 건설산업의 일감 감소와 수익성 악화로 귀결되고 있습니다. 그럼에도 국가적 지원도 한계가 있어 보이는 만큼, 건설업계 스스로가 치밀한 현황파악과 문제분석을 토대로 위기탈출을 위한 생존전략을 마련해 나가는 노력이 무엇보다 절실한 시기입니다.

이번에 발간되는 "발주자가 반드시 알아야 할 턴키제도(Design Build)의 진실"은 그런 노력의 일환이라 하겠습니다. 이 책은 한동안 우리 건설업계에 중요한 일거리를 만들어주었던 턴키제도의 허와 실을 미국 사례를 기반으로 하여 자세하게 분석하고 있습니다.

국내에서 "턴키"라고 불리는 발주방식은 국제적으로는 디자인빌드(Design-Build) 방식에 해당합니다. 디자인빌드 방식은 발주자가 설계계약과 시공계약을 동일 사업수행주체와 체결하여 건설프로젝트를 보다 성공적으로 수행하기 위한 발주방식입니다. 그런데 국내에서 턴키로 불리면서 제도내용이나 운용과정에서 여러가지 문제를 유발하고 있는 것 같습니다. 우선, 이 발주방식에서는, 발주자는 결과물의 인수 외에는 별다른 역할이 없는 것처럼 오해되고 있는 것으로 보입니다. 또한, 디자인빌드 프로젝트가 성공적으로 수행되기 위해서는 낙찰자 선정과정의 투명성, 적정성, 공정성이 선결요건입니다만, 우리 "턴키" 입찰과정은 후진적 건설문화의 표본처럼 되어 왔습니다. 발주방식의 적용도 프로젝트별 특성을 고려해야하나, 대형공사는 턴키로 해야 한다는 편향된 시각이 확산되어 있습니다. "귤화위지(橘化爲枳)" 고사처럼 외국에서 검증된 좋은 제도가 우리나라에 잘못 변질된 대표적 사례라고도 볼 수 있을 것입니다.

디자인빌드 발주방식은 민간의 창의적인 발상, 신속한 대응능력, 기술적 노하우를 활용하여 발주자가 갖는 리스크를 민간과 분담하는 선진적 발주제도입니다. 설계와 시공을 초기부터 융합하여 가치를 창출해야 하는 프로젝트, 시간이 넉넉지 않은 프로젝트에서 좋은 성과를 얻을 수 있습니다. 건설산업이 가격경쟁의 늪에서 벗어나 기술경쟁으로 전환하여 더 높은 가치를 창출하도록 유도하는 현실적인 대안이 될 수도 있습니다.

이 책은 디자인빌드 발주제도의 제도적 기원과 선진국의 적용 사례, 그리고 국내제도의 문제점을 분석하고 그 개선안을 제시하고 있습니다. 운용역사가 깊은 미국의 시행착오와 현재의 적용 형태까지 자세히 다룸으로써 국내에서 디자인빌드 발주제도에 대한 오해를 걷어내고 지향해야 할 올바른 방향을 제시하는 데에 큰 도움이 될 수 있을 것으로 생각합니다.

"발주자가 반드시 알아야 할 턴키제도(Design Build)의 진실"이 디자인빌드 방식의 가치에 대한 인식을 새롭게 함으로써, 발주자는 글로벌 스탠다드에 부합되는 발주제도를 운영하고, 건설업계는 기술력과 투명성에 기반한 영업관행을 확립하는 계기가 마련되기를 기대합니다. 그리고 우리 건설산업이 가치창조 산업으로의 한 단계 성숙하는 데에도 크게 기여할 수 있기를 바랍니다.

2014년 2월

권 도 엽

(사)건설산업비전포럼 공동대표

前 국토교통부 장관

서문

오랫동안 건설 프로세스를 연구하고 관련컨설팅을 하며 느낀점 중 하나는 아무리 좋은 베스트 프렉티스를 적용하려고 하여도 시스템의 한계에 부딪힌다는 것이다. 이런 경우 많은 건설 Practitioner들은 "저희 현장 여건에는 맞지 않네요" "우리 시스템으로는 한계가 있는데요"라는 설명을 항상 곁들이게 된다. 그래서 건설 프로젝트의 기본 시스템을 개선시키지 않고서는 프로세스 발전에 한계가 있다는 나름의 결론을 내리게 되었다. 이렇게 발주방식에 관심을 가지고 연구하고 있던 중, 한미글로벌 박상혁 소장으로부터 '디자인빌드'에 대한 연구와 저술을 제안 받아 이 책의 집필에 참여하게 되었다.

연구를 하며 느낀점 중 하나는 발주제도는 단순히 '발주'라는 협소한 범위에 한정되지 않고 마치 운동경기의 운영룰을 정하는 것과 비슷하다는 점이었다. 좋은 선수와 기술, 그리고 전략이 있어도 경기를 지배하는 룰이 받쳐주지 않으면 팀은 100% 기량을 발휘할 수 없게 된다. 또한 경기에 참여하는 선수들이 아마추어이고 낮은 기술 수준인데 프로선수들의 룰을 적용하면 경기는 재미가 없어질 수 있다. 경기의 룰은 선수의 기량, 기술수 준, 그리고 전략이 가장 잘 발휘될 수 있도록 정해져야 하듯이, 프로젝트 발주방식도 프로젝트의 핵심주체인 발주자, 설계사, 시공사의 기량에 맞게 맞추어줘야 한다. 발주방식은 영어로 하면 Project Delivery System(PDS)인데, 언어자체에서 알 수 있듯이 단순히 발주만 지칭하는 것이 아니라 ① Project Delivery Method(발주형태)와 ② Contractor Selection Method(시공사선정방식), 그리고 ③ Contract Method(계약방식)로 이루어진 시스템이다.

디자인빌드라는 발주방식도 위의 세 가지 사항을 동시에 입체적으로 고려해야 한다. 단순히 몇 개의 발주방식 중 두세 가지 Parameter를 기준으로 최적의 발주방식을 선택해온 기존의 Manu-Drop형태의 발주방법 선정은 문제가 많다. 발주방식의 선택은 오히려 여러 가지 내외적 요인을 고려하여 디자인하는 디자인프로세스로 인식하고 접근해야 한다. 이는 특히 다른 발주방식에 비해 스펙트럼이 넓게 분포한 디자인빌드 발주방식에 더욱 해당되는 사항이다.

이상하게도, 우리나라는 광범위한 스펙트럼을 가지고 있는 디자인빌드 발주방식 중 턴키라는 방식을 마치 하나의 바이블처럼 여기며 제도화했다. 특히 발주자 리스크를 최대한 줄이는 데만 초점이 맞추어져 있어, 제도의 효율성과 선수들의 기량 그리고 그 선수들이 공유하는 문화의 조화를 이끌어 내는 데 필요한 노력이 등한시 된 것은 아닌가 하는 생각이 든다. 그리고 이러한 부조화가 턴키와 관련된 여러 가지 병폐를 일으키는 원인 중 하나가 아닐까 하는 생각을 감히 해 본다.

디자인빌드 발주방식은 태생적으로 완벽한 공정성을 갖기는 불가능 할 지도 모른다. 그러나 공정성 확보에만 너무 초점을 맞추면 디자인빌드 방식의 장점인 효율성이 희생되는 것을 피할 수 없다. 공정성과 효율성의 최적 조화를 이끌어 내야 한다. 이런 최적 조합을 위해 필요한 조건은 무엇일까? 수치적인 함수로 나타낼 수는 없지만, 한 가지 확실한 것은 최적 조합 조건이 프로젝트의 특성뿐 아니라 동시대를 살아가는 건설인들의 성숙도와 사회의 성숙도 같은 사회적 인자에 의해서 달라질 수 있다는 점일 것이다.

본 책자의 미국편에서는 미국의 건설공사에서 많이 쓰이는 디자인빌드의 적용방식을 매우 상세하게 나열하였으며, 성공 사례와 실패 사례를 조사하여 이들 사례를 통해배울 점을 정리하였다. 또한 세부 사례들은 별첨으로 실어서 구체적인 사례를 보고 싶은 이들에게 충분한 자료를 제공하려고 노력하였다.

현재 국내에서는 대규모 국가 토건사업과 관련한 턴키제도의 문제점이 다시 언론에 조명되고 있다. 이러한 시대적 상황에서 이 책이 턴키제도를 둘러싼 오해를 걷어 내고 제도의 근본을 제시하여, 국내 건설산업의 발주기관과 업계 모두의 발전에 조그만 보탬이 되었으면 좋겠다.

2014년 2월

John E. Schaufelberger
University of Washington 교수
김 용 우
University of Washington 교수

서문

국내 턴키제도는 국가계약제도를 구성하는 대표적인 계약방식으로서 위치를 점할 뿐만 아니라, 정부 및 연구계, 학계에서 뜨거운 관심을 가지고 다양한 개선활동이 진행되고 있는 제도이다. 또한 로비, 담합 등의 문제, 학연 · 지연 · 혈연 등이 제도 운영과정에서 맞물리면서 계약제도의 공적인 신뢰를 나타내는 바로미터로서 논란의 한 중심에 서있는 제도이다. 이 책은 이 과정에서 제도를 비판하기보다 성공적인 제도로서 자리매김할 수 있는 토대를 미국의 디자인빌드 운영사례를 관찰하여 도출하고자 했던 문제인식의 결과물이다.

이 책의 집필과정에 참여하게 된 동기는 "국내 턴키제도와 미국의 디자인빌드제도가 무엇이 다르기에 미국과 달리 로비, 담합 등 다양한 문제들이 지속되고 있는가?"에 대한 궁금증을 해결하기 위함이었다. 1975년 발주제도이자, 입 · 낙찰방식으로서 국내에 도입된 턴키제도는 1996년 '턴키제도 활성화방안' 마련 이후부터 급속히 확대되기 시작하였으나, 많은 문제점이 노출됨에 따라 제도의 정당성에 대한 수많은 논란에 휩싸여 왔다. 2000년대 들어 국내 턴키제도와 유사한 발주방식인 디자인빌드 발주방식에 대한 해외 벤치마킹을 통해 지속적으로 제도적 유사성을 확보하고자 노력해왔음에도 불구하고, 여전히 턴키제도를 둘러싼 논란들은 지속되고 있는 상황이다.

이 책은 미국측 공동연구자인 워싱턴대학교 김용우 교수가 미국 디자인빌드제도 현황 및 운영사례를 분석한 연구에 대응하여 국내 턴키제도와 유사성, 차이점을 비교한 연구로서 국내 연구진은 미국 연구진의 연구결과와 다양한 비교를 통해 국내 턴키제도가 성공적인 발주제도로 재도약할 수 있는 제도적 개선사항을 도출하고자 하였다. 하지만, 미국의 턴키제도와 한국의 턴키제도를 비교하는 시각의 차이로 인하여 다양한 관점, 문제들을 일대일로 연결하여 비교하는데 있어서 많은 어려움이 존재하였다. 이에 따라 국내 연구진은 한국이 처한 턴키제도의 상황적인 문제인식으로부터 출발하여 미국 제도를 포괄적인 시

각으로 비교하여 국내 턴키제도가 성공적인 성과도출이 가능한 발주제도로 자리매김할 수 있는 방안을 제시하는데 목표를 두고자 하였다.

이 책을 집필하기 위한 과정에서 국내 연구진이 국내 턴키제도의 활성화를 위해 핵심적으로 고려한 사항은 다음과 같다.

첫째, 국내 턴키제도가 무엇보다도 오랜 역사성을 가진 디자인빌드 발주방식을 벤치마킹하여 발전시킨 발주제도로 전통적인 설계 · 시공분리입찰방식과 같이 충분한 역사적 제도로서의 정당성을 확보하고 있음을 강조하고자 하였다.

둘째, 국내 턴키제도를 운영하는 과정에서 발생된 다양한 문제적 현상들을 쟁점별로 구분하고, 구체적인 근거와 언론보도 등 사례를 통해 이를 실증적으로 보여주고자 하였다.

셋째, 국내 턴키제도의 발전전망과 향후 변화방향을 미국 디자인빌드 발주방식의 발전과정을 통해 바라보고자 하였으며, 미국식 제도로 변화하는 것이 국내 턴키제도가 발전해야 할 방향으로 설정하는 것은 분명 논란이 있지만, 턴키제도가 외국의 발주방식을 도입한 제도로서 글로벌스탠다드화, 표준화의 흐름에 부합해야 함을 강조하고자 하였다.

이 책은 국내 턴키제도가 지속적인 논란에도 불구하고 의미 있는 발주제도이자 국가계약제도로서 계속 발전해나가길 원하는 다양한 노력의 일환이다. 국내 집필진이 이 책의 집필과정에 참여할 수 있도록 기회를 제공해주신 한미글로벌 김종훈 회장님과 한미글로벌 건설전략연구소 박상혁 소장, 그리고 공동연구진으로서 다양한 미국 사례를 조사해서 본 책의 주요 내용을 작성해주시고, 국내 연구진에게 양국의 사례를 비교할 수 있는 자료를 제공해주신 워싱턴대학교 김용우 교수에게 감사의 말씀을 전하고자 한다. 아울러 국내 연구진으로서 이 책의 집필과정에 참여하셨으나, 숨어있는 조력자의 역할을 해주신 많은 분들에게도 이 글을 통해 깊은 감사의 마음을 전한다.

2014년 2월

한 승 헌

연세대학교 교수

진 경 호

한국건설기술연구원 연구위원

차례

제2장 미국 디자인빌드 발주방식 살펴보기

제3장 국내 디자인빌드 발주방식 되짚어보기

제4장 디자인빌드 발주방식의 미래 내다보기

별첨1 디자인빌드 프로젝트의 수행사례

별첨 2 미국 디자인빌드 수행사례 분석 보고서

1

디자인빌드 발주방식 알아가기

1 디자인빌드 발주방식이란 무엇인가?

디자인빌드(Design-Build) 발주방식은 설계 서비스와 시공 서비스를 분리하여 계약하였던 기존 전통적인 발주방식(Traditional Delivery Method)과는 다르게, 설계와 시공 서비스를 하나의 계약으로 체결하여 일괄 제공하는 방식을 의미한다.

설계와 시공을 분리해서 발주하는 전통적인 설계 · 시공분리발주방식에 익숙해져 있는 사람들에게는 디자인빌드 발주방식이 마치 새롭게 등장한 발주방식으로 느껴질 수도 있을 것이다. 그러나 보다 광의의 개념으로 접근해보면, 설계 · 시공분리발주방식이 정착하기 전 서구 국가의 경우 설계와 시공 두 분야에서 전문적인 지식을 갖추고 있던 마스터빌더(Master Builder)가 프로젝트의 설계부터 자재 구입, 인부 고용, 공사 감독까지 프로젝트 전반에 걸친 모든 업무를 수행한 사례에서 알 수 있듯이[1], 설계와 시공 서비스 모두를 하나의 주체가 제공하는 방식은 이미 19세기 이전부터 널리 사용되어졌던 방식이다.

이렇듯 설계와 시공이 한 주체에 의해 수행되는 발주방식은 이미 예전부터 존재하였다는 것을 고려할 때, 디자인빌드 발주방식은 새롭게 등장한 신규 발주방식이 아니라, 예전 마스터빌더에 의해 수행되었던 건설 사업에서 참여주체들 간의 관계를 현대에 적합하게 재정립한 발주방식이라 볼 수 있다[2].

지금까지 디자인빌드 발주방식에 대한 개념을 간략히 제시하였음에도 불구하고, 디자인빌드 발주방식이 도대체 어떤 발주방식을 의미하는 가에 대한 끊임없는 질문이 이어질 것이다. 이는 건설 프로젝트의 특성상 발주방식 선정이 사업 주요참여주체(발주자, 설계자, 시공자)들 간의 계약적인 관계에 영향을 미치는 핵심사항이기 때문에, 사업의 형태 및 특성, 발주자의 역량 등에 의해 다양한 형태로 발주방식 선정이 이루어지는 사례를 익히 경험해 봐서일 지도 모른다. 이에 본서에서는 수많은 발주방식 중 건설사업에서 대표적으로 활용되고 있는 발주방식들과의 비교를 통해서 디자인빌드 발주방식을 보다 자세히 설명하고자 한다.

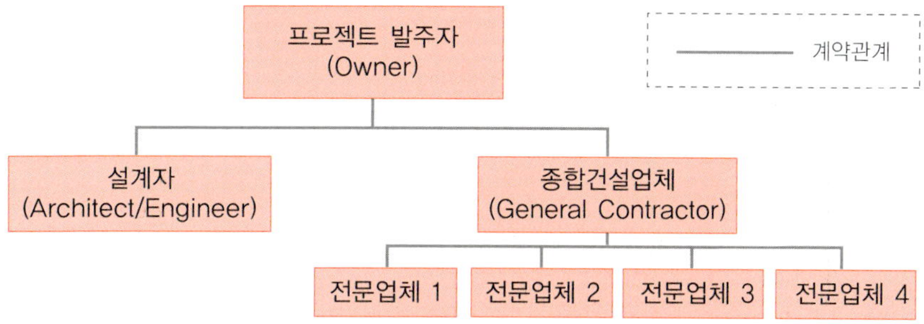

그림 1.1 전통적인 발주방식에서의 참여주체 간의 관계

전통적인 발주방식(Traditional Delivery Method)

전통적인 발주방식은 [그림 1.1]과 같이 발주자가 설계자, 시공자(종합건설업체)와 각각 계약을 맺는 방식을 의미한다[3]. 따라서 전통적인 발주방식에서 설계자와 시공자 간에는 직접적인 계약관계가 없으며 설계가 완성된 후 시공자(종합건설업체)가 선정되는 형태이며, 이러한 계약방식의 순차성으로 인해 일반적으로 설계 · 시공분리발주방식(Design-Bid-Build, DBB)이라 표현한다.

전통적인 발주방식은 설계가 모두 완성이 된 후에 입찰에 의해 종합건설업체를 선정하고 선정된 종합건설업체가 시공을 수행하는 순차적 방식의 진행 형태로서 발주방식 중 가장 긴 시간이 소요되는 발주방식이라 할 수 있다.

디자인빌드 발주방식(Design-Build, DB)

국내에서 설계 · 시공일괄입찰방식으로 불리는 디자인빌드 발주방식은 [그림 1.2]와 같이 발주자가 설계와 시공을 모두 담당하는 디자인빌더와 단일 계약을 체결하여 책임을 일원화 하는 방식(Single-Point Responsibility)으로서 설계와 시공을 병행하여 수행하기에 전통적인 발주방식에 비해 시간을 단축시킬 수 있는 발주방식이다.

이 때 디자인빌더의 형태는 시공자 중심의 디자인빌더, 설계자 중심의 디자인빌더, 설계자와 시공자가 동등한 형태로 통합된 디자인빌드 회사, 종합건설업체와 설계사의 합작투자회사(Joint Venture) 형태 등 다양한 유형이 존재하는데, 이러한 디자인빌더의 유형에 대한 구체적인 설명은 본 장의 4절에서 자세히 다루었다. 우리나라와 미국의 경우에는 이 중 "시공자 중심의 디자인빌더"를 가장 일반적으로 활용하고 있는 추세이다.

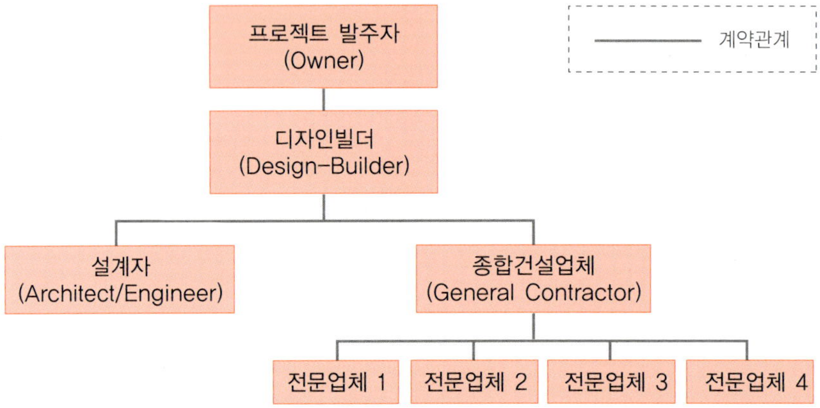

그림 1.2 일반적인 디자인빌드 발주방식에서의 참여주체 간의 관계

시공책임형 건설사업관리방식(Construction Management at Risk, CM@R)

건설사업관리방식(Construction Management, CM)은 크게 용역형 건설사업관리방식(Agency Construction Management, CM for fee)과 시공책임형 건설사업관리방식(Construction Management at Risk, CM@R)으로 나눌 수 있다. 이 중 용역형 건설사업관리방식은 발주방식(Project Delivery Method)이 아닌 관리방식(Management Method)으로 이야기되기 때문에 발주방식으로서 건설사업관리방식을 논할 때에는 시공책임형 건설사업관리방식만을 언급하는 것이 일반적이다[4].

시공책임형 건설사업관리방식은 설계가 진행되는 도중에 시공자가 건설사업관리자(Construction Manager, CMr)로 선정되어 일반적 시공 서비스 외에도 시공 전 단계에서의 초기 공사비 및 공사기간 예측, 시공성 분석 등의 서비스를 제공하는 방식이다. 이 방식은 시공자가 설계가 진행되는 도중에 선정되기 때문에 설계 · 시공병행기법(Fast-Track)을 적용할 수 있어 설계 · 시공분리발주방식에 비하여 공사기간을 단축할 수 있다. 또한, 시공책임형 건설사업관리방식에서 설계자는 디자인빌더의 일원이 아니라 발주자와 별도 계약을 체결하는 참여주체이므로, 설계단계에서 발주자의 영향력이 다자인빌드 발주방식보다 더 큰 편이다. 일부 발주자는 이러한 점을 이유로 디자인빌드 발주방식보다 시공책임형 건설사업관리방식을 더 선호하기도 한다.

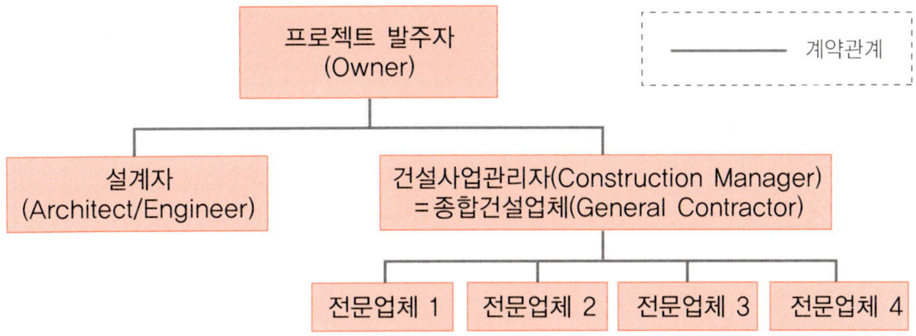

그림 1.3 시공책임형 건설사업관리방식에서의 참여주체 간의 관계

용역형 건설사업관리방식

용역형 건설사업관리방식은 발주자 조직에 프로젝트를 관리할 역량을 갖춘 직원이 부족한 경우 별도의 건설사업관리자와 계약을 체결하여 발주자의 대리인 역할을 수행하도록 하는 방식으로[5], 전통적인 발주방식과 디자인빌드 발주방식에서 모두 사용할 수 있는 발주방식이다. 용역형 건설사업관리방식에서 건설사업관리자는 [그림 1.4]와

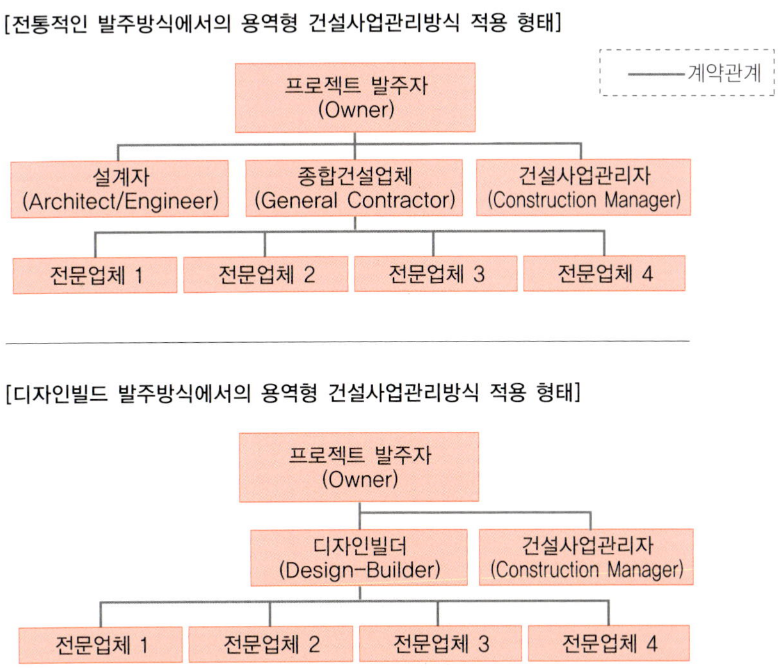

그림 1.4 용역형 건설사업관리방식에서의 참여주체 간의 관계

같이 발주자와 계약관계를 형성할 뿐, 설계자나 시공자, 또는 디자인빌더와는 직접적인 계약관계를 형성하지는 않는다. 따라서 건설사업관리자는 발주자의 대리인으로서 설계자, 종합건설업체, 디자인빌더의 수행 업무 전반을 관리 · 감독하는 서비스를 제공하게 된다.

2 어떻게 디자인빌드 발주방식이 도입되었는가?

2.1 마스터빌더에서 설계 · 시공분리발주방식으로

앞서 언급하였듯이 고대 이집트, 그리스 · 로마 시대, 그리고 중세 유럽 시대까지의 건축물들은 건축물의 설계와 시공을 모두 책임지는 마스터빌더에 의해 건설되었다. 마스터빌더와 관련된 주요 문건들을 살펴보면, 우선 고대 바빌론의 통치자였던 함무라비(Hammurabi, BC 1795~1750)가 제정한 함무라비 법전에서는 "제 229조, 건축가가 지은 집이 무너져 집 주인이 죽은 경우 건축가를 사형에 처한다.(If a builder build a house for some one, and does not construct it properly, and the house which he built fall in and kill its owner, then that builder shall be put to death.)"라는 내용으로 건물의 설계와 시공에 대한 책임이 마스터빌더에게 있음을 언급하였다. 또한 수세기 후 로마의 건축가이자 엔지니어이면서 동시에 작가였던 비트루비우스(Vitruvius)는 건물의 설계와 시공에 대해 책임이 있는 개인으로 "아키텍톤(Arkitekton)"을 언급하였다[6]. 이후 중세 시대에서도 마스터빌더의 설계와 시공에 대한 책임 의식은 지속되었으며, 대부분의 걸작들이 마스터빌더의 책임 하에서 탄생되었다.

하지만 르네상스시기에 들어서면서부터 마스터빌더를 고용하여 공사를 수행하는 기존의 발주방식에 대하여 비판적인 의견들이 조금씩 나타나기 시작하였다. 15세기 이탈리아의 건축가들은 설계자와 시공자가 수행하는 과업 간에는 차이가 있다고 주장하며 기존 마스터빌더에 의해 수행되는 공사방식의 문제점을 제기하기 시작하였다. 그 중 레온 바티스타 알베르티(Leon Battista Alberti)는 설계자가 건물의 기본적인 스케치를 제공하고, 공사 감독자가 설계와 시공을 수행해야 한다고 주장하였다. 실제로 그는 피렌체에 위치한 산타마리아 노벨라 교회의 새로운 파사드 건설공사에서 자신이 마스터빌더인 메이슨에게 도면과 모델을 제공하여 공사를 수행하도록 지시할 수 있다고 교황 에우제니오 4세를 설득하기도 하였다[6].

이처럼 설계와 시공의 분리를 주장하였던 의견들이 실질적으로 영향력을 받게 된 것은 산업혁명의 물결이 미국과 유럽 전역으로 확산되었던 19세기 이후부터였다. 이 시기 설계와 시공의 분리 필요성이 대두된 이유는 산업혁명에 따라 등장하게 된 산업용 건축물들이 기존의 건축물들에 비해 형태가 복잡하고 설계과정 상에서 전문적인 지식이 다수 요구되었기 때문이며, 이에 따라 설계와 시공을 담당하는 전문기관이 별도 설립되면서 궁극적으로 설계자와 시공자 집단의 분화 현상이 나타나기 시작하였다. 또한 이러한 전문기관들은 자신들의 사회적 지위 증진과 기존 부패한 건축가 집단들과의 분리를 목적으로 업무영역을 명확히 구분하여 규정하고 각자 전문지식을 발전시켜 나가기 시작하였으며, 이를 통해 설계와 시공의 분화는 점차 가속화되었다.

설계 · 시공분리발주방식의 도입과 정착에 관하여 좀 더 상세히 알아보기 위해서 미국의 경우를 예로 들어 살펴보고자 한다. 미국의 경우, 20세기 들어 미 정부에서 대내외적인 환경 변화에 따라 제정한 각종 법률에 의해 자연스럽게 설계와 시공의 분화가 이루어지기 시작하였다고 할 수 있다. 설계와 시공의 분리는 1935년 대공황이 발생함에 따라 건설사업 참여자의 중도 타절 현상이 빈번해지자, 미 정부에서 이러한 현상을 막기 위해 10만 불 이상 규모의 연방 프로젝트를 수행하고자 하는 업체에게 이행보증(Performance Bond)과 노무자 및 자재에 대한 지급보증(Payment Bond)을 요구하는 밀러법(Miler Act)을 제정한 것을 그 기원으로 볼 수 있다. 밀러법의 제정 이후, 기존에 설계 서비스와 시공 서비스를 동시에 제공할 수 있었던 건축소사무소와 엔지니어링업체들은 보유한 유형 자산이 많지 않아 보증(Surety Bond)을 받는데 어려움을 겪을 수밖에 없었으며, 결과적으로 시공자의 역할을 수행하지 못하게 되었기 때문이다. 이후 1972년 제정된 브룩스법(Brroks Architect-Engineer's Act)은 설계와 시공의 분화를 가속화시켰는데 이는 브룩스법이 자격심사(Qualification)를 통해 설계자를 선정하고, 시공자는 경쟁입찰을 기반으로 하는 최저가 낙찰제를 통해 선정하도록 규정하여 설계자와 시공자 선정과정을 법적으로 분리하였기 때문이다[7]. 설계자와 시공자를 법적으로 분리하여 서로가 금전적인 관계를 형성하지 못하도록 하고, 설계자를 발주자의 대리인으로 활용하기 위해 제정된 브룩스법은 결과적으로 미국 건설산업에서 설계와 시공의 분화를 더욱 확고하게 하는 계기가 되었으며, 이러한 변화는 미국건축사협회(American Institute of Architect, AIA), 미국건설협회(Associated General Contractors, AGC)와 같은 전문가 단체들의 위치를 더욱 공고하게 하는 계기가 되었다. 또한 전문가 단체들은 자신들의 입지를 굳히기 위해 건설 산업 내에서 설계자와 시공자의 차이를 정의하고 구분하도록 지속적인 노력을 경주하였다.

2.2 설계 · 시공분리발주방식에서 디자인빌드 발주방식으로

계속해서 미국의 경우를 예를 들어 이번에는 디자인빌드 발주방식이 도입되기 시작한 배경을 알아보도록 하자. 20세기에 설계와 시공을 분리하여 발주하기 시작한 후, 미국 내 발주자들은 설계와 시공 간의 괴리에 따라 발생하는 다양한 클레임, 분쟁, 그리고 이에 따른 공사 지연 문제를 겪게 되었다. 반면, 건축물이 한층 더 기술적으로 복잡해짐에 따라 건축가 또는 엔지니어가 의도한 성능을 발휘하는 건축물을 짓기 위해서는 제조업체, 조달업체, 시공업체 등의 협력이 필수적으로 요구되기 시작하였다. 이러한 변화는 건설사업관리방식에 대한 필요로 이어지게 된다. 특히 2차 세계대전 이후 발생한 건설 붐은 엔지니어링, 제작, 현장설치 등의 작업을 조정하는 코디네이터로서의 역할을 하는 건설사업관리자에 대한 필요를 증가시키는 결과를 낳게 되었다.

그러나 건설사업관리방식을 사용할 경우, 동시병행설계(Concurrent Engineering)나 설계 · 시공병행기법(Fast-Track)을 사용하여 설계와 시공을 병행하는 시기에서의 조정 작업이 가능하지만, 건설사업관리자, 설계자, 시공자가 각기 별도로 발주자와 계약을 체결하는 구조이기에 사업 전(全) 단계에 걸친 사업관리나 클레임, 분쟁, 지연 등에 대한 책임소재의 일원화는 불가능하다는 한계점을 지니고 있었다.

1960년대~1970년대에 들어서면서 이러한 문제를 해결하기 위해 설계자와 시공자가 한 팀을 이루어 프로젝트를 진행하는 발주방식에 대한 관심이 나타나기 시작하였으며, 결과적으로 프로젝트의 설계 서비스와 시공 서비스를 디자인빌더라는 하나의 주체와 단일 계약으로 체결하는 디자인빌드 발주방식이 등장하게 되었다.

특히 발주자들은 디자인빌드 발주방식 사용을 통해 책임의 일원화, 초기단계의 공사비용 산출, 공사기간 단축, 설계 및 시공 과정에서의 혁신과 협력 증진, 전문건설업체(Sub-Contractor)의 의사결정 초기단계 참여 등이 가능하다는 점에 주목하여[8], 디자인빌드 발주방식의 도입을 추진하게 되었다. 도입 초기에는 협업에 따른 장점을 기반으로 민간부분, 특히 건축 프로젝트에서 사용이 주로 이루어졌으나, 점차 교량, 도로, 철도, 터널, 공장, 병원 등 다양한 분야로 디자인빌드 발주방식의 사용이 확대되기 시작하였다.

그러나 이처럼 민간부문에서 디자인빌드 발주방식의 사용이 증가하고 있었음에도 불구하고, 앞서 언급한 공공계약법 상의 설계 · 시공의 분리조건 때문에 공공부문에서 디자인빌드 발주방식을 적용하는 것은 어려운 실정이었다. 특히 미국 연방 정부의 재원으로 추진되는 건설사업의 경우는 연방조달법(Federal Acquisition Laws)의 제약조건으로 인해 사용 가능한 발주방식이 매우 제한적이며, 계약 조건 또한 엄격하였기 때문에 1970년대와 1980년대 디자인빌드 발주방식을 사용한 공공 프로젝트는 미 연방 프로젝트를 제외한 주(州) 정부 및 군사시설사업에 대한 프로젝트들로 한정되었다.

미국에서 디자인빌드 발주방식을 도입해 초창기에 수행된 공공 프로젝트들을 좀 더 구체적으로 살펴보면, 최초로 디자인빌드 발주방식을 사용한 프로젝트는 1968년 수행된 인디애나 주(州)의 학교 건립 프로젝트였다[6]. 이후 1973년에 버지니아 주(州) 페어팩스 카운티에서 초등학교 건설을 위해 디자인빌드 발주방식을 사용하였으며, 1980년 오리건 주(州) 포틀랜드에서는 건축 프로젝트에 한해 디자인빌드 발주방식의 사용을 허용하는 등 점진적으로 디자인빌드 발주방식의 주 정부 건설사업에서의 도입이 확대되었다. 군사시설사업의 경우 미국 공병단(U.S. Army Corps of Engineers)이 최초로 디자인빌드 발주방식을 도입하였으며, 최초의 도입 사업은 1980년대 후반 뉴 멕시코에 위치한 미사일 성능 시험장(White Sands Missile Range)의 대형 진공실(Vacuum Chamber) 건설 프로젝트였다. 발주자인 미군 공병단은 디자인빌드 발주방식으로의 해당사업을 발주하기 위해 성능요건(Performance Requirement)이 포함된 제안요청서(Request for Proposals, RFP)를 발행하였고, 디자인빌더로 선정된 시카고 브릿지 앤 아이언社(Chicago Bridge and Iron Co.)는 설계와 시공을 모두 담당하여 미군 공병단의 요구사항을 모두 만족시키는 시설물을 완공하였다. 대형 진공실 프로젝트의 성공에 따라 미국 공병단은 다른 건설 프로젝트에서도 디자인빌드 발주방식의 사용을 고려하기 시작하였다.

2.3 디자인빌드 발주방식의 성장으로

미국에서는 디자인빌드 발주방식의 초기 도입 태동기를 지나 본격적인 디자인빌드 발주방식의 사용을 증진시키기 위해서 관련 협회를 중심으로 다양한 활동들이 전개되기 시작하였다. 미국건축사협회는 1985년부터 독자적으로 디자인빌드 표준 계약서를 작성, 배포하기 시작하였으며, 1993년에 설립된 미국디자인빌드협회(Design-Build Institute of America, DBIA)에서는 민간부문과 더불어 공공부문에서의 디자인빌드 발주방식의 사용을 증진시키고자 많은 노력을 기울이기 시작하였다. 이러한 노력에 따라 1980년대 후반부터 미국 정부기관 발주 공공부문과 다양한 분야의 민간부문에서 디자인빌드 발주방식 사용이 급격하게 증가하기 시작하였다.

디자인빌드 활성화를 위한 다양한 노력들에 힘입어 1996년 미 의회에서는 클링거-코헨법(Clinger-Cohen Act)이라 부르는 국방수권법(National Defense Authorization Act of 1996)을 제정하여, 2단계의 발주절차(Two-phased Selection Process)를 통해 미 연방 프로젝트에서 디자인빌드 발주방식을 사용할 수 있도록 허용하였다. 국방수권법이 제정되기 전까지 연방 정부가 디자인빌드 프로젝트를 발주할 수 있는 방법이 거의 없었다는 점을 볼 때, 국방수권법이 디자인빌드 발주방식에 미친 영향은 지대하다고 할 수 있다.

이러한 공공부문에서의 법 · 제도 환경 정비로 1995년에서 2002년 사이에 FHWA's Special Experimental Project No 14(SEP-14)에 따라 32개 주와 컬럼비아 특별구(District of Columbia), 그리고 버진 아일랜드(Virgin Islands)의 교통시설물 담당기관들은 총 140억 불 규모의 디자인빌드 계약 300여건을 체결하는 등[9][10], 미국 공공사업에서의 디자인빌드 발주 방식의 사용은 교통시설물 부분을 중심으로 지속적으로 확대되고 있는 추세이다. 1990년에서 1994년까지는 디자인빌드 발주방식의 도입에 대해서 단순히 논의만 이루어졌다는 점을 고려할 때, 놀랄만한 변화라고 할 수 있다. 국방수권법의 제정 후 디자인빌드 발주방식의 사용 증가에 발 맞춰 미국 연방교통국(Federal Transit Administration, FTA)에서는 연방 정부 재원으로 수행하는 교통프로젝트에서 디자인빌드 발주방식을 사용하는데 참고할 수 있는 가이드라인을 2000년에 최초로 작성하였으며[11], 미국 연방도로관리청(Federal Highway Administration, FHWA)도 2002년에 디자인빌드 발주방식과 관련된 법령을 제경, 공포하였다[12]. 또한 2006년 연방도로관리청에서는 디자인빌드 발주방식이 21세기 교통형평성법(Transportation Equity Act for the 21st Century, TEA-21)의 요구사항 중 프로젝트의 품질, 비용, 일정 등의 조건을 만족시키는데 유효한 발주방식이라고 언급하기도 하였다.

클링커-코헨법의 제정 이후 미국의 공공부문 건설 프로젝트에서 디자인빌드 발주방식의 사용이 허용됨에 따라 교통시설부문을 중심으로 디자인빌드 발주방식을 사용하는 프로젝트의 수가 급격히 증가하였으며, 디자인빌드 프로젝트의 수행 사례를 통해 디자인빌드 발주방식의 우수성에 대한 인식이 증대됨에 따라 디자인빌드 발주방식의 사용 또한 계속적으로 증가하는 추세를 보이고 있다. 또한 상하수도나 다른 공공시설물(Public Utilities)을 건설하는 프로젝트에서도 조금씩 디자인빌드 발주방식의 사용이 증가하고 있다. 디자인빌드 발주방식을 사용한 공공시설물 프로젝트의 수는 아직 10%에 미치지 못하고 있지만 리스크가 과도하거나 전체 공사금액이 큰 프로젝트에서는 디자인빌드 발주방식이 선호되는 추세를 보이고 있다.

실제로 미국디자인빌드협회에서 2013년 작성한 보고서에 따르면 디자인빌드 발주방식이 적용된 비주거건축물부문에서의 미국 내 건설사업의 비중은 2005년 30%에서 2012년 38%로 증가하는 추세를 보이고 있다[13][14]. 반면 설계 · 시공분리발주방식의 점유율은 67%에서 57%로 감소하고 있었으며, 디자인빌드 발주방식과 유사한 장점을 지닌 시공책임형 건설사업관리방식의 점유율 또한 3%에서 5%로 소폭 증가하는 양상을 보이고 있다.

앞으로도 미국 공공부문과 민간부문 모두 지속적으로 디자인빌드 발주방식의 사용은 증가 또는 현상 유지를 할 것으로 예측되고 있다. 2010년 12월 미국디자인빌드협회와 모텐슨社(M.A. Mortenson Company)가 설계자 및 엔지니어, 시공자, 개발업자, 발주기관 관계자 등 전체 건설사업 참여자를 대상으로 실시한 설문조사에 따르면, 교통시설, 의료시설, 수처리시설, 고등교육시설부문에서 디자인빌드 발주방식의 적용이 증가할 것으로 예상하고 있는 것으로 나타났다[15]. 또한 지자체시설, 상업시설, 업무시설, 공업시설부문에서의 적용은 현상 유지 수준이 될 것으로 예상하였다. 반면, 디자인빌드 발주방식의 사용이 감소할 것으로 예상된다는 답변은 대개 0~10% 수준이었으며, 가장 높은 값을 보인 업무시설에서도 20%를 넘지 못하였다.

이 외에도 미국 공공부문 건설 프로젝트에서 디자인빌드 발주방식의 적용이 지속적으로 확대될 것이라는 전망은 대내외적 환경변화에서 감지할 수 있다. 미국 내 경기 악화가 지속됨에 따라 대부분의 공공 발주기관들이 예산 절감을 목표로 인력을 감축함으로써 제이콥스社(Jacbos)나 파슨스社(Parsons Corporation)와 같은 전통적인 용역형 건설사업관리업체들을 고용하여 비슷한 특성을 지니는 다수의 프로젝트를 프로그램으로 통합하여 일원화된 관리를 맡기는 경향이 증가하고 있으며[16], 다른 발주방식에 비해 디자인빌드

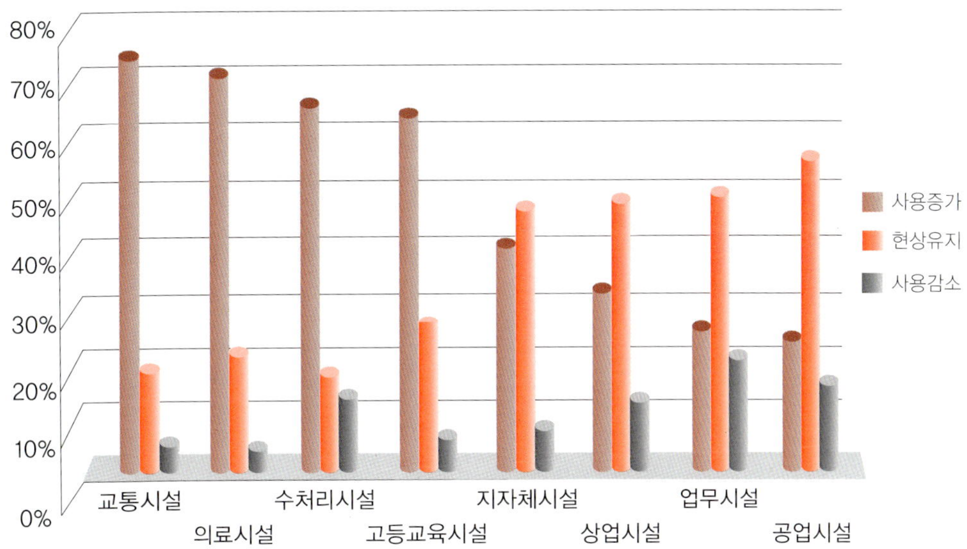

그림 1.5 시설 유형별 디자인빌드 발주방식의 사용경향 설문조사 결과(Mortenson and Design-Build Institute of America, 2010)

발주방식이 설계와 시공단계에서 발주자의 참여가 상대적으로 적게 소요된다는 점을 감안할 때 이러한 아웃소싱의 증가 경향은 추후 디자인빌드 발주방식의 적용 증가를 가져올 것으로 예측되기 때문이다.

최근 프로젝트의 복잡성과 불확실성이 커지고 신속성에 대한 요구가 증가함에 따라 건설 산업 전반에서 기존의 분할된 접근방식은 더 이상 적합하지 않다는 인식이 커져가고 있고, 디자인빌드 발주방식보다 좀 더 통합된 접근방식인 통합발주방식(Integrated Project Delivery, IPD)에 대한 관심도 증가하고 있는 추세이다. 통합발주방식에 대해서는 4장에서 자세하게 설명하였다. [그림 1.6]은 프로젝트의 발주방식의 변화를 도식화한 것이다.

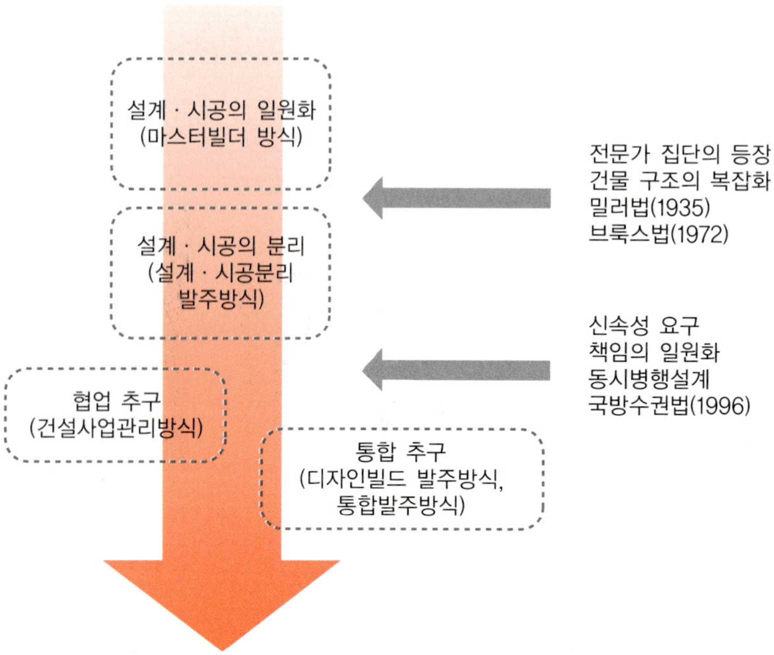

그림 1.6 미국 건설사업 발주방식의 변화과정

3 디자인빌드 발주방식이 가지고 있는 특성은 어떠한가?

3.1 디자인빌드 발주방식과 타 발주방식과의 차이점

건설사업에서 사용할 수 있는 발주방식들은 크게 설계·시공분리발주방식, 시공책임형 건설사업관리방식, 디자인빌드 발주방식, 통합발주방식으로 구분할 수 있다. 각각의 발주방식은 저마다 사업 참여주체들 간에 형성하고 있는 관계와 제공하는 서비스에 의해 발주과정에서 차이가 발생하게 된다. [표 1.1] 및 다음 설명들은 이러한 차이점들을 비교한 것이다.

표 1.1 발주과정에서의 발주방식별 특징 비교

발주방식	설계에 대한 권한 및 책임	발주 절차	낙찰자 결정방식	계약 방식
설계·시공분리 발주방식	발주자	입찰 안내절차	최저가 방식 또는 도급액 기반의 최대가치방식	총액확정금액방식 /단가계약방식
시공책임형 건설사업관리방식	발주자	제안서 제출요청절차	보수 기반의 최대가치방식 또는 자격기반선정방식	최대비용보증계약방식
디자인빌드 발주방식	디자인빌더	제안서 제출요청절차	모두 가능	총액확정금액방식 /최대비용보증계약방식
통합발주방식	공통	제안서 제출요청절차	보수 기반의 최대가치방식 또는 자격기반선정방식	최대비용보증계약방식 /예상최대비용계약방식

설계에 대한 권한 및 책임

발주자가 자체적으로 설계자를 고용하는 설계·시공분리발주방식, 시공책임형 건설사업관리방식과 발주자가 아예 프로젝트의 구성원으로 참여하여 논의를 거쳐 설계를 진행하는 통합발주방식의 경우, 발주자가 설계단계에서 행사할 수 있는 영향력은 매우 높은 편이다. 또한 그에 따라 설계에 대한 책임도 발주자가 져야 한다. 반면 디자인빌더에 소속된 설계자가 설계를 진행하는 디자인빌드 발주방식의 경우, 설계에 행사할 수 있는 발주자의 영향력은 매우 떨어지게 된다. 대신 시공과정에서 설계에 문제가 생겼을 경우, 그 책임은 온전히 디자인빌더가 부담하여야 한다. 이에 따라 시공과정에서 설계변경이 발생하였을 때 공사금액의 증액은 원칙적으로 허용되지 않는다.

발주 절차(Solicitation Process)

발주자가 낙찰자를 선정하기 위해 사용하는 발주 절차는 크게 "입찰절차(Invitation to Bid process)"와 "자격심사절차(Qualification Based Selection)/제안서심사절차(Request of Proposal process)"로 나눌 수 있다. "입찰절차"는 가격을 중심으로 낙찰자를 결정하는 방식으로 특별한 언급이 없는 경우 최저가 낙찰제를 통해서 입찰요건에 부합하는 입찰자 중 가장 낮은 가격을 제출한 입찰자를 낙찰자로 선정하게 된다. 반면 "자격심사절차/제안서심사절차"는 가격 외에도 제안 기술, 품질, 아이디어 등 다양한 요소들을 함께 평가하여 낙찰자를 선정하는 방식이다.

미국의 경우, 설계 · 시공분리발주방식에서는 정해진 설계 서비스와 시공 서비스에 대해서 가격 경쟁을 유도하기 위해 "입찰절차"를 일반적으로 사용하고 있다. 반면 설계가 완성되기 이전에 건설사업관리자, 시공자, 설계자 등의 참여주체들과 계약을 체결하는 시공책임형 건설사업관리방식, 디자인빌드 발주방식, 통합발주방식에서는 제공하는 서비스가 구체적으로 확정되지 않은 경우가 많으므로 주로 "자격심사절차/제안서심사절차"를 사용하여 낙찰자를 선정하고 있다.

낙찰자 선정방식

낙찰자를 선정하는 방식은 크게 최저가 방식(Low Bid), 도급액 기반의 최고가치방식(Best Value-Total Cost), 보수 기반의 최고가치방식(Best Value-Fee), 자격기반선정방식(Qualification Based Selection, QBS)으로 나눌 수 있다.

주로 "입찰절차"를 사용하는 설계 · 시공분리발주방식에서는 실시설계가 완성된 후 시공 서비스에 대한 입찰을 실시하므로, 낙찰자 선정방식으로 최저가 방식 또는 도급액 기반의 최고가치방식을 사용하는 편이다. 반면, 시공책임형 건설사업관리방식이나 통합발주방식의 경우, 설계가 완전히 완성되기 전에 계약을 체결하게 되므로 일반적으로 보수 기반의 최대가치방식이나 자격기반선정방식을 사용하는 편이다. 디자인빌드 발주방식은 제안요청서 상에서 발주자가 제공하는 설계의 상세정도가 다양하므로, 설계 상세정도에 맞춰 4가지 선정방식을 모두 사용할 수 있다.

계약방식

실무자들은 계약방식을 흔히 보상 기준(Basis of Reimbursement)이라고 이야기하기도 한다. 계약방식은 크게 총액확정금액방식(Lump-Sum), 단가계약방식(Unit Price), 최대비용보증계약방식(Guaranteed Maximum Price, GMP), 예상최대비용계약방식(Estimated Maximum Price, EMP)으로 나눌 수 있다.

미국의 경우, 사전에 정해진 범위 내의 업무를 수행하고 그에 따른 대가를 총 금액으로 받는 총액확정금액방식은 설계·시공분리발주방식과 같이 입찰 요청을 하기 전에 설계와 업무의 범위가 정해진 경우에 주로 사용한다. 최대비용보증계약방식은 발주자가 작업의 대가로 사전에 정한 최대 금액 이내에서 보상해주는 방식으로 주로 시공책임형 건설사업관리방식에서 사용되고 있으며, 디자인빌드 발주방식에서는 설계의 상세정도에 따라 총액확정금액방식과 최대비용보증계약방식 중 하나를 선택하여 사용하는 편이다.

통합발주방식의 등장에 따라 새롭게 생겨난 예상최대비용계약방식(EMP)에서 발주자는 프로젝트의 참여주체들이 실제 프로젝트를 수행함에 따라 소요된 직접비와 간접비는 모두 보상하나, 각 참여주체별로 본사에서 소요되는 일반 관리비(General Overhead)와 업체들의 이윤(Profit) 등 추가적인 비용에 대해서는 사업비 측면에서 달성한 성과에 비례하여 보상이 이루어진다. 따라서 예상최대비용계약방식(EMP)에서는 최대비용보증계약방식(GMP)처럼 종합건설업체나 건설사업관리자가 비용과 관련된 리스크를 모두 부담하는 것이 아니라, 발주자를 포함한 프로젝트의 참여주체 모두가 예상한 최대비용 대비 실제 소요된 사업비의 차이만큼 발생한 이익금/손해액을 부담하게 된다.

3.2 디자인빌드 발주방식의 장단점

앞서 살펴본 차이점들에 따라 발주방식별로 리스크, 발주비용, 사업기간 및 사업비 측면에서 [표 1.2]와 같은 장단점이 발생하게 된다. 이 중 디자인빌드 발주방식이 가지는 장단점은 다음과 같이 정리할 수 있다.

표 1.2 발주방식별 장단점 비교

발주방식	발주자의 리스크	시공자의 리스크	발주 비용	품질/성능/비용의 조기개선	설계·시공병행 방식의 적용	사업 기간	사업비 증가율
설계·시공분리 발주방식	낮음 (설계변경 발생 시 높음)	높음	낮음	불가능	불가능	장기	설계변경 발생에 따라 높음
시공책임형 건설사업 관리방식	보통	보통	보통	불가능	가능	단기	낮음
디자인빌드 방식	낮음 (요구사항이 잘 정의된 경우)	높음	높음	가능	가능	단기	낮음
통합발주방식	보통	보통	높음	가능	가능	단기	낮음

※ 용역형 건설사업관리의 경우, 일종의 서비스로 발주방식으로 보기에는 어려워 본 표의 비교에서 제외하였음.

발주자의 낮은 리스크 부담과 시공자의 높은 리스크 부담

디자인빌드 발주방식에서 설계에 대한 권한과 책임은 디자인빌더에게 있으므로 공사 전반에 대한 책임은 단일계약을 체결한 디자인빌더에게 귀속되며 기존에 발주자가 하던 설계자와 시공자 간의 의견 조율 및 문제 해결 또한 디자인빌더가 책임져야 하는 사항이 된다. 따라서 다른 발주방식에 비해 상대적으로 발주자에게 부가되는 리스크가 낮다는 장점이 있다. 이는 발주자가 입찰 참가자들에게 제공한 요구사항이 상세하고 정확하게 정의되어 문제가 발생하여도 발주자에게 책임소재가 없는 경우로 한정된다. 반면, 디자인빌더가 부담하여야 하는 리스크는 높아지므로 중소규모의 업체가 입찰에 참여하는데 장벽으로 작용한다는 단점이 존재한다.

높은 발주비용

디자인빌드 발주방식에서는 입찰 참가자들이 설계도서를 작성하여 입찰에 참여하여야 하므로 설계·시공분리발주방식에 비해 입찰에 참여하는데 많은 비용이 소요되게 된다. 이러한 비용은 결과적으로 디자인빌드 프로젝트 참여에 진입장벽으로 작용하게 된다. 또한 발주자 입장에서도 “자격심사절차/제안서 요청절차”를 사용하여 낙찰자를 선정하므로, 사전에 낙찰자 선정을 위한 조건들을 명시한 발주문서를 작성하는데 많은 비용이 소요된다. 여기에 작성된 제안서를 검토하고 선정되지 못한 제안서를 제출한 입찰 참가자에게 제안서 작성에 대한 대가로 설계보상비를 지급하여야 한다는 점까지 고려할 때, 발주자가 부담하여야 하는 비용은 더욱 증가하게 된다.

반면, 설계·시공분리발주방식은 입찰요청절차에 따라 자격 기반의 최저가 낙찰제(Lowest Responsive Bid)로 발주가 이루어지기 때문에 발주문서 작성 비용이 적게 소요되며, 설계도서에 대한 검토 비용이 발생하지 않으므로 디자인빌드 발주방식에 비해 발주과정 상에서 적은 비용이 소요된다는 장점이 있다.

품질/성능/비용의 조기 개선

디자인빌드 발주방식은 프로젝트의 참여주체들을 설계 초기단계에 모두 모아 하나의 팀을 구성할 수 있다는 특징을 가진다. 이 때, 디자인빌드팀의 구성원은 프로젝트의 주 설계자(Lead Designer), 설계 컨설턴트, 주 시공자(Primary Builder) 또는 종합건설업체(General Contractor), 전문건설업체(Sub-Contractor), 조달업체 등으로 구성된다. 이처럼 설계 초기단계에 팀을 구성함에 따라 주 시공자 또는 종합건설업체, 전문건설업체와 조달업체가 설계자에게 전문 지식을 제공할 수 있어 품질 및 성능, 비용 등의 조기 개선이 가능하고 협력적인 의사결정이 가능하다는 장점을 가지고 있다.

사업기간의 단축

디자인빌드 발주방식은 사업 참여주체들이 설계 초기단계부터 빠른 협동 작업을 실시할 수 있다. 이에 따라 자재 조달 지연을 방지할 수 있으며, 의사결정 공유를 통해 성능시방서(Performance Specification) 작성 이전부터 제품 및 장비의 조달 준비가 가능해진다. 또한 실시설계가 모두 완성되기 전에 시공작업을 진행할 수 있는 설계·시공병행기법(Fast-Track)을 사용할 수 있어 사업기간의 단축이 가능하다. 실제로 Songer, A와 Molenaar, K.가 1996년 수행한 연구에 따르면, [표 1.3]과 같이 민간과 공공 모두 디자인빌드 발주방식을 사용하는 가장 대표적인 이유로 사업기간을 단축할 수 있다는 점을 꼽고 있다[17].

표 1.3 공공과 민간부문에서의 디자인빌드 발주방식 선정 요인 순위

선정 요인	공공부문 순위	민간부문 순위
사업기간의 단축	1	1
사업비의 확정	2	2
사업비의 절감	3	4
혁신	4	5
사업기간의 확정	6	3
클레임의 감소	5	6
프로젝트의 과대한 사업규모 및 복잡성	7	7

디자인빌드 발주방식을 사용하여 사업기간을 단축한 대표적인 사례로 미국에서 2002년 완공된 앨러미더 회랑지대(Alameda Corridor) 프로젝트를 들 수 있다. 전체 사업비가 7억 5천만 불(한화 약 8,000억 원)에 달하는 앨러미더 회랑지대 프로젝트는 로스앤젤레스의 항만에서 철도터미널까지 이어지는 화물전용철도노선을 짓는 프로젝트로, 11마일(약 17km)의 노선 구간 내에는 28개의 입체 교차로(Grade Crossing) 구간과 6개의 수로 횡단 구간이 있어 공사 수행이 매우 어려운 프로젝트였다. 발주자는 해당 프로젝트의 발주방식으로 디자인빌드 발주방식을 사용함으로써 총 공사기간을 설계 · 시공분리발주방식을 사용하였을 경우 예상되던 전체 공사기간 대비 14개월 단축할 수 있었다고 밝혔다.

낮은 사업비 증가율

디자인빌드 발주방식과 통합발주방식의 경우, 전문건설업체가 초기 설계단계부터 함께 프로젝트에 참여하므로 설계변경이 발생할 확률이 낮으며, 설계단계에서 시공성을 고려한 설계가 이루어지므로 일반적으로 사업비가 적게 소요되며 설계변경에 의해 사업비가 증가할 확률 또한 낮다는 장점을 가지게 된다. 시공책임형 건설사업관리방식의 경우에도 시공이 이루어지기 전에 건설사업관리자가 제공하는 설계 및 시공 경제성 검토(Value Engineering, VE)를 통해 설계변경의 발생을 방지할 수 있어 사업비가 증가할 확률이 낮은 편이다. 반면 설계 · 시공분리발주방식의 경우, 일반적으로 다수의 설계변경이 발생하며 이에 따라 다른 발주방식에 비해 사업비가 증가할 확률이 높다는 단점을 가진다.

설계 · 시공병행기법(Fast-Track)

설계 · 시공병행기법은 설계가 완료되기 이전에 시공을 시작하는 기법 또는 설계의 각 부분별 완성에 맞춰서 시공을 진행하는 단계건설(Phased Construction)을 의미한다. 반대되는 개념으로는 모든 설계가 완성된 후에 시공을 진행하는 방식인 순차건설(Linear Construction 또는 Sequential Construction)이 있다. 다음은 설계 · 시공병행기법을 사용할 경우의 공사흐름을 나타낸 것이다.

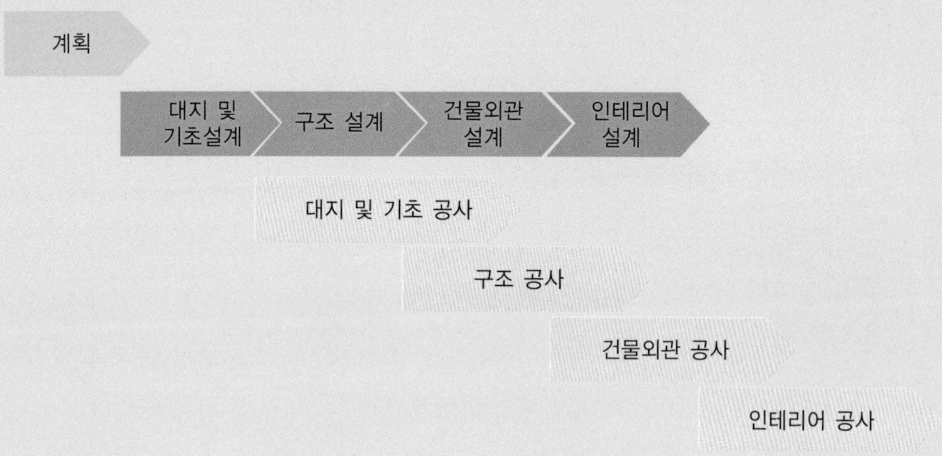

위의 그림에서 볼 수 있듯이 설계 · 시공병행기법을 사용할 경우에 대지에 대한 설계가 완료되자마자 대지 부분에 대한 공사를 진행할 수 있으며, 대지 부분의 공사가 완료된 후 기초에 대한 설계가 완료되면 바로 기초 공사가 진행될 수 있다. 기초 공사가 진행되는 시기에 건축물의 외관 설계 작업이 동시에 이루어지고 있을 것이며, 다른 건축 세부사항들은 단순한 결정만 이루어진 수준일 것이다.

설계 · 시공병행기법의 적용은 발주자가 더 빠른 시간 내에 프로젝트를 완수할 수 있게 한다는 장점을 가지고 있지만 시공이 진행된 이후에 발주자가 설계변경을 원하는 경우에는 발주자가 설계변경에 의한 리스크를 부담해야 하는 단점이 존재한다. 당연히 이러한 설계변경은 추가적인 자재와 인력 소모를 야기하고 추가 비용을 발생시킨다.

3.3 디자인빌드 발주방식을 적용하기 적합한 프로젝트의 속성

프로젝트의 특성 측면

디자인빌드 발주방식이 가지고 있는 특성들을 고려할 때, 일반적으로 다음과 같은 경우에 디자인빌드 발주방식을 사용하는 것이 적합하다고 할 수 있다.

- 발주자가 단일 책임주체를 원하는 경우
- 공사기한이 빡빡하게 정해져 있어, 빠른 공사완료가 필요한 경우
- 발주자가 초기에 공사비의 총액을 확정하기 원하는 경우
- 설계단계에서 시공성 검토가 함께 이루어지기를 원하는 경우
- 공사비 변경과 관련된 발주자의 리스크를 줄이고자 하는 경우
- 발주자가 설계와 시공 과정에서 혁신적인 기술 적용을 원하는 경우

하지만 디자인빌드 발주방식 사용을 위해서는 전제조건인 "프로젝트 프로그램과 원하는 성능요건이 명확한 경우" 여부를 우선적으로 확인하여야 한다. 디자인빌드 발주방식에서 발주자는 설계자와 직접적인 계약관계를 형성하고 있지 않으므로 발주자가 설계에 행사할 수 있는 영향력이 다른 발주방식에 비해 떨어지는 편이다. 따라서 발주자는 설계에 자신의 의도가 제대로 반영되도록 하기 위해서 발주문서를 작성할 때 프로젝트의 요구사항(Requirement)과 목적하는 건물의 성능을 정의하는 성능시방서(Performance Specification)를 명확하게 제시하여야 한다.

이는 역으로 발주자가 프로젝트의 요구사항들을 정확하게 정의하지 못하거나, 설계에 영향력을 행사하기를 원하는 경우에는 디자인빌드 발주방식이 아닌 다른 발주방식을 사용하는 것이 더 적합하다는 것을 의미한다. 만약 발주자가 디자인빌드 발주방식을 선택하였음에도 불구하고 설계단계에서 의사결정 시 영향력을 행사하고자 한다면, 이는 곧 설계변경으로 이어져 추가적인 비용 발생의 원인으로 작용하게 된다.

발주자가 프로젝트의 설계에서 의사결정에 영향력을 다수 행사하기 원한다면, 디자인빌드 발주방식보다는 기존의 설계 · 시공분리발주방식이나 시공책임형 건설사업관리방식이 더 적합하다. 특히 다음과 같은 경우에는 디자인빌드 발주방식을 사용하는 것을 피하는 것이 좋다.

• 발주단계에서 프로젝트의 요구사항들에 대해 명확하게 정의를 내리기 어려운 경우
• 발주자가 설계단계에서 많은 영향력을 행사하고자 하는 경우
• 프로젝트의 규모가 작아 입찰 시 여러 업체들이 경쟁하도록 유도하기 어려운 경우

프로젝트의 규모 측면

일반적으로 대형 프로젝트일수록 잠재되어 있는 이익이 큰 편이다. 이에 따라 발주자들은 대형 프로젝트에서 시공과정에 적용할 수 있는 다양한 아이디어를 설계단계에 반영할 수 있는 디자인빌드 발주방식의 사용을 선호하는 편이다. 2013년 실시한 미국디자인빌드협회의 조사 결과에 따르면, 디자인빌드 발주방식은 주로 대형 프로젝트에서 선호되고 있다[14]. [표 1.4]와 같이 1,000만 불 이상의 대규모 비주거 건축물 프로젝트에서 디자인빌드 발주방식의 시장점유율은 2005년 37%에서 2012년 52%로 급격히 증가하였다. 이에 비해 1,000만 불 이하 소규모 프로젝트에서 디자인빌드 발주방식의 시장점유율은 2005년 20%에서 2012년 21%로 정체되어 있는 경향을 보여주고 있다.

표 1.4 디자인빌드 발주방식에서 프로젝트의 규모에 따른 시장점유율의 변동 추이

해당년도	1,000만 불 이상의 대규모 비거주 프로젝트에서의 금액기준 시장점유율	1,000만 불 이하의 대규모 비거주 프로젝트에서의 금액기준 시장점유율
2005	37%	20%
2006	37%	20%
2007	42%	20%
2008	45%	23%
2009	49%	24%
2010	52%	24%
2011	51%	22%
2012	52%	21%

실제로 도로의 계획, 설계, 건설, 운영 및 유지보수 등에 관한 연구를 수행하는 미국의 고속도로 국가 협동 연구 프로그램(National Cooperative Highway Research Program, NCHRP)에서 2005년 작성한 보고서에 따르면, [표 1.5]와 같이 프로젝트의 규모가 클수록 발주기관에서 좀 더 많은 만족도를 느끼는 것으로 나타났다[18].

표 1.5 디자인빌드 발주방식에서 프로젝트의 특성에 따른 발주기관의 만족도

프로젝트의 특성	전반적인 발주자의 만족도	
	낮음	높음
프로젝트의 유형	도로 재포장/재개발	도로 개발, 확대 및 재건
프로젝트의 규모	소규모	대규모
낙찰자 선정 방식	최저가 방식	최대가치 방식
낙찰자 선정 시 설계 완성도	높음	낮음(30% 이하)

이러한 점을 반영이라도 하듯, 워싱턴 주에서는 1,000만 불 이상의 프로젝트에서 디자인빌드 발주방식을 사용할 것을 권장하고 있으며, 캘리포니아 주의 경우도 지역별로 차이는 있으나 일반적으로 1,000만 불 이하의 소규모 프로젝트에서 디자인빌드 발주방식을 사용하는 것을 제한하고 있다[19]. 국내에서도 디자인빌드 발주방식의 적용이 가능한 공사를 총공사비 추정가격이 300억 원 이상인 대형공사로 한정짓고 있다.

하지만 때때로 작은 규모의 프로젝트에서 디자인빌드 발주방식을 사용하는 것이 적합한 경우도 존재한다. 물론 소규모 프로젝트에서의 디자인빌드 발주절차는 보편적인 디자인빌드 발주절차와는 다소 차이가 있다. 해군시설공병사령부(Naval Facilities Engineering Command, NAVFAC)에서 작성한 디자인빌드 가이드에서는 4백만 불 이하의 소규모 프로젝트에서 디자인빌드 발주방식을 사용하기 위해서는 아래와 같은 조건을 만족해야 한다고 이야기 하고 있다[20].

- 보편적인 설계(평범한 계획과 시방서)가 요구되고 복잡성이 낮은 프로젝트
- 일정 측면에서 리스크가 적고 시공 작업이 평범한 프로젝트

다시 말해, 설계의 비중이 작고 어렵지 않은 프로젝트에서 단일 주체에게 설계와 시공을 맡기고자 하는 경우에 디자인빌드 발주방식을 사용할 수 있다는 것이다. 일반적으로 디자인빌드 발주방식을 사용하는 소규모 프로젝트로는 창고 추가, 주차장 구조물, 공공시설물 밀폐공간(Utility Enclosures), 펌프실(Pump Houses), 레크리에이션 시설, 패스트푸드 체인점, 재포장 작업 등이 있다. 소규모 디자인빌드 프로젝트에서는 설계가 그리 중요하지 않으므로, 설계 방안(Design Approach)에 대한 설명을 제외한 추가적인 도면을 요구하지는 않으며, 제안서 작성기간이 짧은 편이다. 또한 설계에 대한 심의를 중

요하게 생각하지 않으므로, 최저가 방식을 사용하여 가격 경쟁을 통해 낙찰자를 선정하는 편이다.

다음은 미국에서 수행된 소규모 디자인빌드 프로젝트의 사례이다.

사례 1. 소년법원(Juvenile Court)의 출입실 신축 프로젝트

- 발주자 : 미시건 주 워시트노(Washtenaw) 카운티
- 제안서 상의 설계 요구사항 : 설계에 대한 설명 외 없음
- 제안요청서 발행일 : 2006년 8월 28일
- 제안서 제출마감일 : 2006년 9월 26일
- 제안서 작성기간 : 약 30일
- 낙찰자 선정 방식 : 최저가 방식

사례 2. SR93/I-75 미라마 공원 도로(Miramar Parkway)의 부분 도시화(Partial Urbanization) 프로젝트

- 발주자 : 플로리다 주 교통국
- 제안서 상의 설계 요구사항 : 배수 계산, 차선 폐쇄 분석, 임시 교통 통제 계획, 구조 계산 등 설계를 뒷받침할 수 있는 문서
- 제안요청서 발행일 : 2010년 5월 17일
- 제안서 제출마감일 : 2010년 6월 28일
- 제안서 작성기간 : 약 40일
- 낙찰자 선정 방식 : 최저가 방식

시설물 유형 측면

2013년 미국디자인빌드협회에서는 2005년부터 2012년까지 수행된 비주거 건축물 프로젝트에서 시설물 유형별로 디자인빌드 발주방식이 얼마나 사용되었는지 조사하였다[14]. 조사 결과, [그림 1.7]과 같이 프로젝트가 복잡하거나 규모가 큰 군사시설, 의료시설, 대형 상업시설부문에서 40% 이상의 높은 점유율을 보이고 있었으며 특히 군사시설부문의 경우 지난 8년간 발주된 프로젝트 중 80% 정도가 디자인빌드 발주방식을 사용하였다는 것

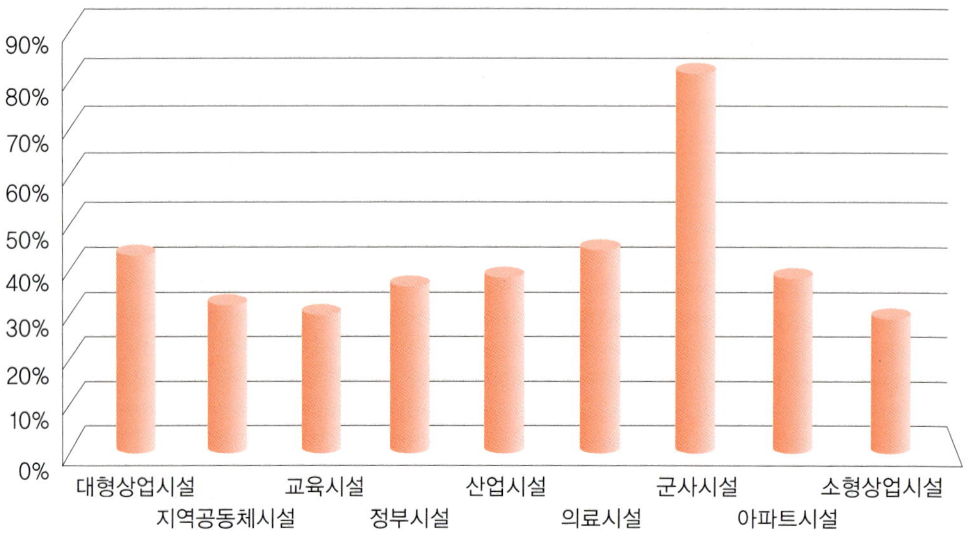

그림 1.7 미국 내 비주거 건축물에서의 분류별 디자인빌드 발주방식의 시장 점유율
(Design-Build Institute of America, 2013)

을 알 수 있다. 반면, 상대적으로 복잡성이 떨어지고 규모가 작은 교육시설이나 지역공동체시설, 소형상업시설의 경우에는 30% 정도의 점유율을 보이고 있다.

4 디자인빌드 발주방식은 어떤 형태로 활용되는가?

국내에서는 사용하고 있는 디자인빌드 발주방식은 「국가를 당사자로 하는 계약에 관한 법률 시행령」 상에서 정의하고 있는 "설계 · 시공일괄입찰방식"과 "기본설계 기술제안입찰방식" 뿐이다. 하지만 실제로 미국에서 활용하고 있는 디자인빌드 발주방식은 디자인빌더의 유형, 사업수행방식, 계약체결방식, 발주문서 상의 제공 설계수준 등에 따라 다양하게 나눌 수 있다. 여기에서는 실제 미국에서 사용되고 있는 디자인빌드 발주방식의 다양한 세부유형들을 살펴보고, 국내에서 이야기하는 디자인빌드 발주방식과의 차이점을 파악해보고자 한다.

4.1 디자인빌더의 다양한 유형

디자인빌드 발주방식에서 디자인빌더는 설계와 시공을 담당하는 주체들이 형성하고 있는 관계에 따라 아래와 같이 분류할 수 있다.

시공자 중심의 조직(Construction Contractor-led Organization)

시공자 중심의 조직(Construction Contractor-led Organization)은 미국과 국내에서 가장 일반적으로 볼 수 있는 디자인빌더 유형으로, 미국에서는 대략 50~60% 정도의 디자인빌더가 이러한 조직형태를 구성하고 있다. 시공자 중심의 조직에서 시공자는 [그림 1.8]과 같이 설계자를 다른 도급업체와 같은 방식으로 고용하여 프로젝트를 진행하게 된다. 이런 경우에는 발주자에게 설계 서비스와 시공 서비스를 공급하는 계약을 체결하는 주체는 시공자이므로, 시공자가 설계 서비스에 대한 설계 책임 보험(Design Liability Insurance)과 시공 서비스에 대한 책임배상보험(Commercial General Liability)을 가입하게 된다.

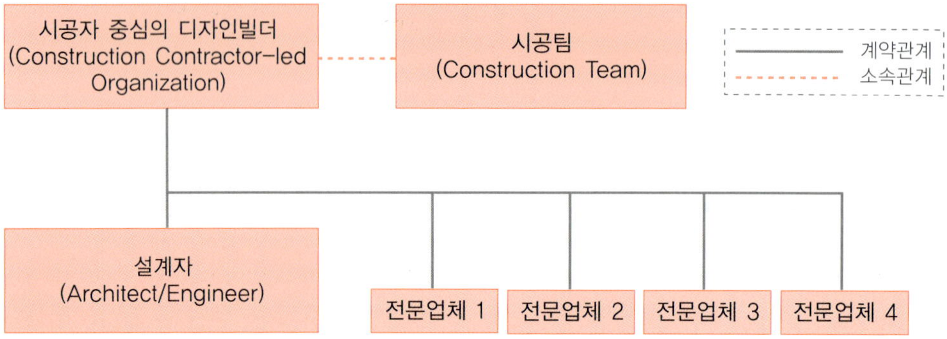

그림 1.8 "시공자 중심의 조직"에서의 참여주체 간 관계

설계자 중심의 조직(Designer-led Organization)

설계자 중심의 조직(Designer-led Organization)은 시공자 중심의 조직과 달리 설계자가 중심이 되는 디자인빌더 유형으로, 설계자가 프로젝트와 관련된 다양한 리스크를 부담하는 것에 어려움을 느끼기 때문에 미국에서도 약 10~15% 정도만 사용되고 있는 유형이다. 설계자 중심의 조직에서는 [그림 1.9]와 같이 설계자가 발주자와 계약을 체결하고, 종합건설업체를 도급업체로 고용하게 된다. 설계회사들은 디자인빌드 프로젝트를 수행하기 위한 충분한 자금력을 보유하고 있지 못한 경우가 대부분이므로 설계자 중심의 조직을 사용하는 경우는 엔지니어링업체가 주축이 되는 것이 일반적이다. 따라서 설계자 중심의 디자인빌더 유형은 주로 사회기반시설과 같은 공공시설물 프로젝트에서 볼 수 있다.

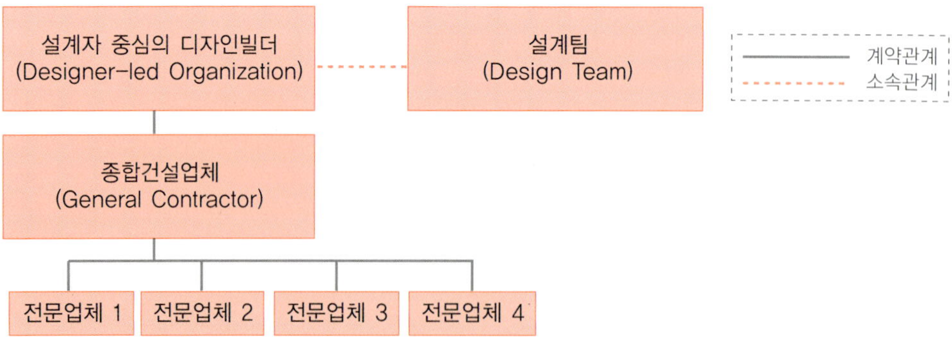

그림 1.9 "설계자 중심의 조직"에서의 참여주체 간 관계

통합된 디자인빌드 회사(Integrated Design-build Firm)

디자인빌더 중 통합된 디자인빌드 회사(Integrated Design-build Firm) 유형은 [그림 1.10]과 같이 설계 서비스와 시공 서비스 둘 다 제공할 수 있도록 등록된 회사로 프로젝트의 설계와 시공을 함께 수행할 수 있는 인력을 보유하고 있는 회사를 말한다. 현재 미국 내 디자인빌더 중 25~30% 정도가 이러한 유형을 보이고 있다. 국내의 경우, 법적으로 시공사가 자신들이 수행하는 프로젝트의 설계를 수행할 수 없도록 하고 있어 통합된 디자인빌드 회사 유형이 나타날 수 없는 실정이다.

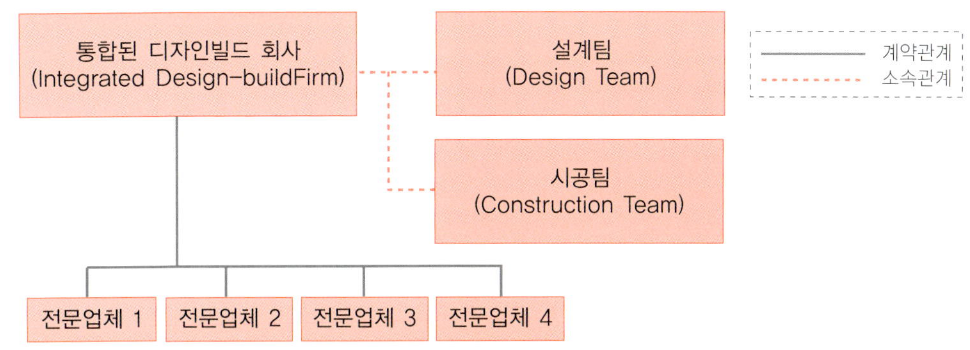

그림 1.10 "통합된 디자인빌드 회사"에서의 참여주체 간 관계

시공자와 설계자의 합작투자회사(Joint Venture between Construction Contractor and Designer)

시공자와 설계자의 합작투자회사는 몇몇 회사가 하나의 팀을 구성하여 프로젝트를 수행하는 방식으로 조직 구조는 [그림 1.10]의 통합된 디자인빌드 회사에서의 조직 구조와 유사하다. 다만, 통합된 디자인빌더 회사와 달리 합작투자회사의 경우 보통 2개 이상의 시공업체와 1개 이상의 설계업체가 모여 하나의 팀을 구성하게 된다. 현재 미국 내에서는 5~10% 정도의 디자인빌더가 이러한 조직유형을 보이고 있다.

4.2 사업수행방식의 형태

미국의 경우, 사업운영방식과 디자인빌더가 제공하는 서비스의 범위에 따라 일반적인 디자인빌드 발주방식 외에도 다양한 사업수행방식들이 존재하고 있다. 발주자는 발주하고자 하는 프로젝트의 특성을 반영하여 이 중 필요한 방식을 선택할 수 있다.

설계 · 시공 및 유지관리 방식(Design-Build-Operate-Maintain)

설계 · 시공 및 유지관리 방식은 프로젝트의 설계, 시공을 담당하는 일반적인 디자인빌드 방식의 서비스 범위를 확대하여 일정 기간 동안 프로젝트의 결과물인 건축물의 운영 및 유지보수까지 수행하는 방식을 의미한다. 설계 · 시공 및 유지관리 방식은 디자인빌더에게 일정 기간 동안의 결함 교정 및 유지보수의 책임을 부가함으로써, 디자인빌더가 설계과정에서 시공비용보다는 전체 생애주기비용(Life Cycle Cost, LCC)을 최소화하고자 노력하도록 유도할 수 있다는 장점을 가진다.

일반적으로 설계 · 시공 및 유지관리 방식에서 디자인빌더는 각각 다른 두 개의 계약을 체결한다. 하나는 기존의 디자인빌드 발주방식에서 제공하는 설계 서비스와 시공 서비스에 대한 계약이며, 다른 하나는 운영과 유지보수 서비스에 관한 계약이다. 미국의 지방정부 시설부서에서 수처리시설을 설계 · 시공 및 유지관리 방식을 이용하여 발주하고자 하는 경우를 가정해보자. 해당 부서는 입찰에 참가하기 위해 수업수행능력평가서(Statement of Qualification, SOQ)를 제출한 업체들 중 높은 점수를 받은 상위 4개의 업체에 대해서 해당 시설에 대한 설계와 시공 서비스, 그리고 20년간의 운영 및 유지보수 서비스에 대한 제안서를 제출하게 된다. 이러한 과정을 거쳐 선정된 디자인빌더는 수처리시설과 관련하여 앞서 말한 것처럼 두 개의 계약서를 작성하게 된다.

BOT 방식(Build-Operate-Transfer 방식)

디자인빌드 발주방식의 다른 수행방식으로는 민관협력사업(Public-Private Partnerships, PPP)의 일종으로 공공의 자금 제약 문제를 해결하고 사회기반시설의 개발에 민간부문의 참여를 독려하기 위해서 도입된 Build-Operate-Transfer 방식(BOT 방식)이 있다[21]. BOT 방식은 디자인빌더로 하여금 프로젝트의 설계, 시공 및 운영에 자금을 투자하도록 하고, 그 대신 투자한 금액을 보전하기 위해 일정 기간 동안 해당 시설물에 대한 운영권을 제공하는 방식이다. 기존에는 새로운 시설물이나 도로 등을 건설하고자 하나 현재 담당기관에서 공사를 발주할 충분한 자금이 없는 경우 사업을 발주할 방법이 전혀 존재하지 않았으나, BOT 방식이 도입된 현재에는 개발사업자에게 일정 기간의 운영권을 제공함으로써 재정적인 어려움 없이 공사를 발주할 수 있게 된 것이다. 사업을 수행하는 개발사업자는 민간 재원 조달을 통해서 해당 시설의 설계와 시공비용을 충당하고, 공사가 완공되어 운영을 시작하게 되면 사용자들에게 해당 기간동안 요금을 받아 투자한 금액을 회수하고 수익을 창출하게 된다. 제공받은 운영기간이 끝나면 시설물의 소유권은 담당기관으로 이전되게 된다.

현재 미국에서는 사용자에게 요금을 청구할 수 있는 도로나 교량과 같은 교통 시설물 프로젝트에서 BOT 방식을 많이 이용하고 있으며, 국내에서도 다양한 사회기반시설물의 계약 시 BOT 방식을 많이 이용하고 있다.

가교 방식(Bridging)

가교 방식은 발주자가 우선적으로 설계 회사와 계약하여 설계를 일부분 작성하고, 추후 계약한 디자인빌더가 이를 완성하는 방식이다. 이 방식을 가교 방식이라 부르는 이유는 발주자의 설계의도를 파악하고 있는 설계자가 선정된 디자인빌더에게 설계의도를 지속적으로 전달하기 때문이다. 많은 발주자들이 설계에 대한 영향력을 행사할 수 있다는 점에서 가교 방식을 선호하고 있지만, 디자인빌더의 설계 개선 능력을 제한하는 단점이 있다는 점을 분명하게 인식하여야 한다.

예를 들어 발주자가 가교 방식을 사용하여 실제 건물을 사용하는 조직의 구성에 맞춰 건축물 내부의 레이아웃을 미리 정하기를 원하는 경우, 발주자는 설계회사를 고용하여 미리 전체 설계의 30% 수준의 완성도를 가진 개념설계(Conceptual Design)를 작성한 후 디자인빌더를 고용하여 나머지 설계를 완성시키고 그 다음 시공을 진행하게 된다. 이처럼 가교 방식을 사용하는 경우, 발주자는 개념설계와 프로젝트의 요구사항이 상충하는 문제가 발생할 수 있다는 리스크를 부담하게 된다. 또한 작성된 개념설계에서 결함이 발견될 경우, 발주자는 디자인빌더에게 설계를 수정함에 따라 발생하는 비용에 대해서 보상비(Compensation)를 제공해야만 한다. 현재 국내에서는 가교 방식을 사용할 수 있는 법적인 제도가 구축되어 있지 않고 있다.

턴키 방식(Turn-Key)

국내에서는 디자인빌드 발주방식을 흔히 턴키 방식이라고 부른다. 이는 플랜트 수출이나 해외 건설공사 등에서 발주자에게 열쇠(Key)만 돌리면 설비나 공장을 가동시킬 수 있는 상태로 인도한다는 데서 유래하였으며, 발주자의 역량이 부족한 상황에서 디자인빌더가 사업기획에서부터 설계, 조달, 시공, 시운전 등 전(全) 과정을 담당하는 방식을 의미한다. 하지만 미국에서 말하는 턴키 방식은 일반적인 디자인빌드 방식에서 건축물 자체에 대한 설계 서비스와 시공 서비스에 대한 책임만을 부담하는 것과 달리, 디자인빌더가 실제 시설물이 기능적으로 잘 작동하기 위해서 필요한 제반 설비와 가구 등의 제공, 설치까지 책임을 지는 방식을 의미한다. 이처럼 일반적인 디자인빌드 발주방식과 턴키 방식은 명백하게 차이가 존재하나 국내에서는 디자인빌더에게 모든 리스크를 전가하는 의미로 디자인빌드 발주방식을 턴키 방식이라고 통칭하고 있다.

턴키 방식으로 계약을 체결한 병원 프로젝트의 경우, 디자인빌더는 병원시설의 설계, 시공뿐만 아니라 병원 시설물이 완전한 기능을 하기 위해 필요한 의학기기들과 가구들의 설치까지 책임을 져야 한다. 공장 턴키 발주의 경우에는 디자인빌더가 공장의 설계와 시공뿐만 아니라 공장의 모든 기기와 장비의 구매 및 설치까지 수행함으로써, 프로젝트의 완료 후 발주자가 바로 공장에서 생산 프로세스를 가동할 수 있도록 책임을 져야 한다.

턴키 방식에서는 디자인빌더가 제공하는 서비스의 범위가 확대되었으므로, 발주자가 발주문서를 작성할 때 제공하여야 하는 성능요건 또한 추가된다. 일반적인 디자인빌드 방식에서 발주자는 프로젝트에서 요구하는 각 기능들을 정의하고, 다양한 활동을 위한 공간과 인접성 측면의 요구사항을 정의해야 한다. 턴키 방식에서는 여기서 더 나아가 구매, 설치되어야 하는 모든 장비에 대한 항목과 각각의 성능요건까지 발주자가 미리 정의하여 제공하여야 한다. 턴키 계약은 모든 장비의 설치 및 검수가 끝날 때까지 유효하므로 장비의 설치와 검수가 진행되는 동안 기본 시설의 운영 및 유지보수에 대한 책임은 일반적으로 턴키 계약자에게 있고, 계약이 완료된 후 책임은 발주자에게 넘어가게 된다. [표 1.6]은 지금까지 이야기한 디자인빌드 발주방식의 수행방식에 따른 세부 유형들의 특징을 비교한 것이다.

표 1.6 수행방식에 따른 세부 유형 간의 특징 비교

세부 유형	통합의 수준	운영의 책임	소유, 재원마련의 책임
일반적인 디자인빌드 발주방식	부분적	발주자	발주자
가교 방식	부분적	발주자	발주자
턴키 방식	부분적	발주자	발주자
설계 · 시공 및 유지관리 방식	전체적	디자인빌더	발주자
BOT 방식	전체적	디자인빌더	디자인빌더

4.3 낙찰자 선정절차의 종류

미국에서 사용하고 있는 낙찰자 선정절차는 [표 1.7]과 같이 5가지 종류로 분류할 수 있다. 공공 발주자의 경우, 공공성 확보 등의 사유로 발주 시 경쟁입찰을 사용하여 낙찰자를 결정하도록 의무화하고 있어, 이 중 "제한된 참여자들을 대상으로 하는 1단계 절차"나 "단독입찰절차"를 사용할 수가 없다.

표 1.7 낙찰자 선정절차의 종류

분류	낙찰자 선정절차	특징
공공 · 민간	최저가 입찰 절차 (Low Bid-Price Only)	비용입찰을 통해 낙찰자를 선정하는 방식으로, 비용만을 선정 기준으로 할 경우 대부분의 디자인빌더가 입찰에 참여하지 않아 거의 사용되지 않고 있음
	제안서 기반의 1단계 발주절차 (One-Step with Proposal)	입찰참가자격 사전심사 없이 제안서만으로 낙찰자를 선정하는 방식으로, 디자인빌더들은 자신들이 계약을 딸 수 있는 가능성을 파악하는 것이 어렵기 때문에 입찰에 참여하지 않는 편임. 또한 입찰에 참가하는 업체의 수를 제한하지 않으므로 발주자에게 제안서 심사에 대한 부담을 줌
	입찰참가자격 사전심사 및 제안서 심사 기반의 2단계 발주절차 (Two-Step with Pre-Qualifications and Proposal)	입찰참가자격 사전심사를 통해 입찰참가자를 제한한 후, 입찰참가자들에게 제안서를 받아 낙찰자를 결정하는 방식으로 모든 미국 정부기관과 대다수의 주 기관들에서 사용하는 절차임
민간	제한된 참여자들을 대상으로 하는 1단계 발주절차 (One-Step with Limited Participation)	발주자가 임의로 작성한 숏리스트 상에 존재하는 제한된 수의 디자인빌더들이 제안서를 제출하게 하는 방식으로 대부분의 민간 발주자들이 사용하는 절차임
	단독입찰절차 (Sole-Source)	경쟁 없이 특정 업체와 계약을 맺는 방식으로, 특정 디자인빌더와 제휴를 맺고 있는 민간 발주자들이 흔히 사용하는 절차임

특히 미국 내 모든 정부기관과 주(州) 소속 기관들이 연방예산을 통해 디자인빌드 프로젝트를 발주하고자 하는 경우, 연방조달규정(Federal Acquisition Regulation, FAR)에 따라 "입찰참가자격 사전심사 및 제안서 심사 기반의 2단계 발주절차"를 의무적으로 사용하도록 하고 있다.

연방조달규정 36.104 방침(Policy)

(a) 공공공사의 발주 시 브룩스 법(Brooks Architect-Engineers Act, 40 U.S.C. 1101 et seq.)에 따라 "전통적인 설계 · 시공분리발주방식"이나 "법령이 허용하는 다른 발주절차"를 사용하지 않을 경우, 발주처 발주담당자는 2단계 발주절차를 사용하는 것이 적합하다고 판단되는 프로젝트에 한하여 10 U.S.C. 2305a나 41 U.S.C. 253m과 같이 2단계 발주 절차(Two-Phase Selection Procedures)를 사용하여야 한다(36.3항 참조). 이 때 "법령이 허용하는 다른 발주절차"는 이 절에서 설명하는 방식과 국방부의 법령 10 U.S.C. 2862에서 설명하는 디자인빌드 발주방식을 의미한다[22].

반면 민간 발주자는 5가지 낙찰자 선정절차를 모두 사용할 수 있다. 미국 내 대부분의 민간 발주자들은 특정 디자인빌드 업체와 장기간의 협력관계를 맺고 있는 경우가 대부분이며, 주로 "단독입찰절차"를 통해 해당 업체와 수의계약을 체결하고 있다. 또한 "단독입찰절차"를 사용하지 않더라도 다수의 입찰참가자들을 받기보다는 미리 2~3개 정도의 업체를 선정하여 제안서를 제출하도록 하는 "제한된 참여자들을 대상으로 한 1단계 절차"를 사용하는 편이다.

4.4 계약체결방식의 종류

디자인빌드 발주방식에서 사용 가능한 계약체결방식은 크게 총액확정금액방식(Lump-Sum)과 실비정산방식(Cost-Reimbursable)으로 구분할 수 있다. 그리고 실비정산방식은 계약 조건에 따라 세부적으로 실비정산방식, 최대비용보증계약에 따른 실비정산방식, 최대비용보증계약 및 이익분배에 따른 실비정산방식으로 나눌 수 있다.

발주자가 총액확정금액방식과 실비정산방식 중 하나를 선택하는 기준은 사업을 진행하는 도중에 발생할 수 있는 리스크 요인들에 대해서 발주자가 얼마만큼 부담하고자 하는가에 달려있다. 총액확정금액방식으로 계약을 할 경우 모든 리스크는 디자인빌더가 부담하게 되며, 실비정산방식으로 계약을 할 경우에는 발주자와 디자인빌더가 리스크를 함께 부담하게 된다. 대신 총액확정금액방식으로 계약을 하면 공사비의 절감액은 모두 디자인빌더의 몫이 되지만 실비정산방식으로 계약을 하면 발주자와 디자인빌더가 절감액을 공유하게 된다.

총액확정금액방식(Lump-Sum)

미국의 경우, 주로 총액확정금액방식을 사용하여 디자인빌드 계약을 체결한다. 국내에서 디자인빌드 발주방식을 사용할 경우에는 계약 시 총액확정금액방식만 이용하도록 하고 있으며, 실비정산방식은 사용하지 않고 있다. 다만 국내와 달리 미국에서는 계약 금액이 고정되어 있는 것이 아니라, 낙찰자 선정 후 협상을 통해서 디자인빌더가 입찰한 가격과 발주자가 계획한 금액 사이에서 최종 계약 금액이 결정된다는 차이가 있다. 만약 대지 상태에 대해 정확하게 파악되어 있고, 프로젝트의 성능요건들이 명확하게 정의되어 있는 경우라면, 발주자는 총액확정금액방식을 사용하여 공사금액의 변동에 관련된 리스크를 줄일 수 있다.

발주자가 총액확정금액방식을 통해 계약을 체결할 경우, 입찰참가자가 제출한 입찰 금액으로 낙찰자를 선정하는 여러 평가 기준(Criteria)의 하나로 고려할 수 있게 된다. 국내에서 낙찰자를 결정하는 방식 중 설계적합 최저가 방식이나, 종합평가방식이 이에 해당한다. 또한 발주자는 입찰 금액을 평가요소로 고려하지 않고 기존에 정해진 예산을 초과하지 않는 범위 내에서 입찰자들이 제출한 제안서 중 최고가치(Best-value)를 가지는 제안서를 선택하여 낙찰자를 결정할 수도 있다. 이는 국내에서 사용하는 확정가격 최상설계방식과 유사하다. 미국과 국내의 낙찰자 결정방식에 대한 세부적인 내용은 추후 2장과 3장에서 다시 설명하고 있다.

실비정산방식(Cost-Reimbursable)

미국의 경우, 발주자는 디자인빌드 계약 시 실비정산방식을 사용할 수도 있다. 실비정산방식으로 계약을 체결할 경우, 디자인빌더는 실제 프로젝트의 설계와 시공 과정에서 소요되는 공사 원가에 일반관리비(General and Administrative Costs)와 이윤(Profit) 등 실제 프로젝트를 진행하는데 총 소요될 비용을 제시하고 발주자와 계약을 체결하게 된다. 이처럼 실비정산방식으로 체결한 계약을 흔히 원가가산계약(Cost-Plus Contracts)이라 부른다. 디자인빌드 발주방식에서 실비정산방식을 사용할 경우, 발주자는 일반적으로 최대비용보증계약(Guaranteed Maximum Price, GMP)을 통해 계약을 체결하게 된다. 최대비용보증계약에 따른 실비정산방식을 사용할 경우, 최대비용보증금액을 초과하는 공사비는 디자인빌더가 부담하게 된다. 그리고 반대로 실제 공사비에서 금액 절감이 발생하였을 경우에는 이를 발주자와 디자인빌더가 함께 나누어 가지게 되며, 대개 절감액의 80%는 발주자가, 나머지 20%는 디자인빌더가 가지게 된다.

[표 1.8]은 앞서 언급한 디자인빌드 발주방식에서 사용 가능한 계약 방식들을 비교한 것이다.

표 1.8 디자인빌드 발주방식에서 사용가능한 계약 방식의 종류

<table>
<tr><th colspan="2">계약 방식</th><th>발주자의 리스크</th><th>디자인빌더의 리스크</th><th>적용 시기</th></tr>
<tr><td colspan="2">총액확정금액방식</td><td>낮음</td><td>높음</td><td>프로젝트의 요구사항이 명확한 경우</td></tr>
<tr><td rowspan="3">실비정산 방식</td><td>실비정산방식</td><td>높음</td><td>낮음</td><td>프로젝트의 요구사항이 잘 정의되지 않은 경우</td></tr>
<tr><td>최대비용보증계약에 따른 실비정산방식</td><td>보통</td><td>보통</td><td>프로젝트의 요구사항이 잘 정의되지 않았으며, 발주자가 비용 상승에 대한 리스크를 제한하고자 하는 경우</td></tr>
<tr><td>최대비용보증계약 및 이익분배에 따른 실비정산방식</td><td>보통</td><td>보통</td><td>프로젝트의 요구사항이 잘 정의되지 않았으며, 발주자가 비용 상승에 대한 리스크를 제한하고자 하면서도 비용 절감에 대한 인센티브를 제공하고자 할 경우</td></tr>
</table>

4.5 발주자가 제공하는 설계 수준에 따른 수행방식

미국의 경우, 디자인빌드 발주방식에서 발주자는 제안요청서(Request for Proposals, RFP) 상에서 디자인빌더의 창의력을 활용할 수 있도록 설계도면을 제공하지 않거나 최소한의 설계도면만을 제공할 수 있다. 또한, 발주자의 설계 권한을 강화하고 가격 경쟁으로

재정적인 리스크를 줄이기 위한 방안으로 가교 도서(Bridging Document)를 제공할 수도 있다. 반면, 국내에서는 디자인빌드 발주방식을 사용할 때 발주문서에서 설계와 관련하여 제공하는 내용은 설계지침 정도에 그치고 있다.

[그림 1.11]은 제안요청서 상에서 발주자가 제공하는 설계의 상세정도에 따라 디자인빌드 발주방식을 구분한 것이다.

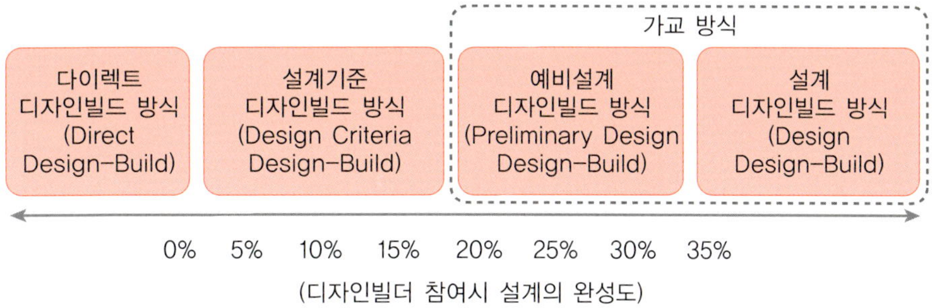

그림 1.11 제안요청서 상의 설계완성도에 따른 분류

다이렉트 디자인빌드 방식(Direct Design-Build)

프로젝트를 시작할 때 발주자는 해당 프로젝트에서 해결하여야 하는 문제가 어떠한 것인지를 정의하고 프로젝트의 타당성을 판단하여야 한다. 다이렉트 디자인빌드 방식은 디자인빌더가 설계가 진행되기 이전에 발주자와 합류하여 해당 업무를 함께 수행하는 방식을 의미한다. 특히 반복적인 캐피탈 프로젝트(Capital Project)를 발주하는 민간 발주자들의 경우 검증된 몇몇의 디자인빌더들과 협력적인 관계를 맺고 다이렉트 디자인빌드 방식으로 프로젝트를 진행하고 있다[23]. 다이렉트 디자인빌드 방식을 사용할 경우, 발주자는 디자인빌더의 수행업무가 제대로 이루어졌는지를 확인하기 위해 별도로 컨설턴트를 고용하여 디자인빌더가 제공하는 프로세스 엔지니어링이나 타당성 분석 등의 선행 서비스를 별도로 진행하도록 하여 쌍방 간의 비교를 할 수 있다.

다이렉트 디자인빌드 방식을 사용할 경우, 발주자는 경쟁입찰방식(Competitive Bidding Process)보다는 협상이나 자격기반선정방식(Qualification-based Selection)을 통해 디자인빌더를 결정하는 편이다.

설계기준 디자인빌드 방식(Design Criteria Design-Build)

설계기준 디자인빌드 방식은 발주자가 고용한 엔지니어 컨설팅 회사나 전문가 집단이 시설물의 계획 및 프로그램 구성, 제안요청서 상에서 요구하는 설계기준(Design Criteria) 수립 등의 업무를 지원하는 방식을 의미한다. 이 때, 설계기준을 명확하게 수립하기 위해서는 발주자가 성능 측면에서 요구하는 사항들을 명확하게 정의해야 한다. 설계기준 디자인빌드 방식에서는 일반적으로 설계기준 상에서 설계 시 준수해야 하는 몇몇 제한요건들과 최소한의 성능요건만을 제시하고 있으며, 디자인빌더로 하여금 설계의 상세부분에 대한 권한을 가질 수 있게 한다. 따라서 설계기준 디자인빌드 방식을 사용할 경우, 디자인빌더에게 프로젝트에서 발주자의 이익을 극대화 할 수 있는 혁신적인 방법을 사용할 수 있는 권한과 기회를 제공할 수 있다.

예비설계 디자인빌드 방식(Preliminary Design Design-Build)

디자인빌드 발주방식을 처음 사용하는 대부분의 발주자는 설계에 대한 통제권을 가지지 않는 디자인빌드 발주방식의 특성 때문에 자신이 원하는 것과 다른 결과물을 받을 수 있다는 걱정을 한다. 따라서 발주자 중 일부는 디자인빌더들에게 입찰요청을 하기 전에 미리 예비설계(Preliminary Design)가 어느 정도 진행되어지기를 원하기도 한다. 이처럼 발주자가 예비설계를 작성하는 방식을 예비설계 디자인빌드 방식이라고 한다.

예비설계 디자인빌드 방식에서 예비설계는 발주자 측 직원이나 외부의 설계 컨설턴트에 의해 작성된다. 예비설계 디자인빌드 방식을 사용할 경우, 발주자는 제안요청시 상에서 명확한 개념도(Concept Drawings)와 설계시방서(Design Specifications)를 제공할 수 있으며, 이를 통해 발주자 측의 설계자가 작성한 개념설계를 기반으로 디자인빌더가 설계를 완성시키고 프로젝트의 시공을 진행할 수 있다. 발주자 측의 직원이나 외부의 전문가에 의해 예비설계가 작성되는 과정은 전통적인 설계 · 시공분리발주방식과 유사하다. 예비설계 디자인빌드 방식에서 발주자가 제공하는 설계도서는 100% 완성된 부지 도면(Civil Drawing)과 20~35% 정도 완성된 건축, 기계, 전기 도면으로 구성된다.

일반적으로 예비설계 디자인빌드 방식에서 발주자 측이 제공하는 설계도서의 요구조건을 벗어나는 설계를 제출한 입찰참가자는 낙찰자로 선정될 수 없다. 그러나 디자인빌더가 제안하는 설계안이 기존의 설계안에 비해 발주자에게 이로울 수 있다고 판단되는 경우,

디자인빌더가 창의적인 아이디어를 도입하여 제안요청서 상에서 제공하는 예비설계를 변경 또는 개선하도록 허용할 수 있다. 하지만 그럼에도 불구하고 설계가 거의 진행되지 않은 상태에서 디자인빌더가 프로젝트에 참여하는 다이렉트 디자인빌드 방식이나 설계 기준 디자인빌드 방식에 비해서는 확실히 디자인빌더의 창의적, 혁신적인 아이디어를 도입하기 어려운 편이다.

설계 디자인빌드 방식(Design Design-Build)

설계 디자인빌드 방식(Design Design-Build)은 입찰 전에 발주자 측에서 제공하는 설계에서 건축, 기계, 전기 도면이 35% 이상 완성되어 있는 방식으로 드로우빌드 방식(Draw-Build)이라고 부르기도 한다. 예비설계 디자인빌드 방식과 달리 설계 디자인빌드 방식에서는 디자인빌더가 발주자 측에서 제공하는 설계도서를 수정하여 창의적인 해결 방안을 제안하는 것이 엄격히 제한된다. 일부 전문가 및 연구자들은 이러한 제한을 근거로 설계 디자인빌드 방식은 디자인빌드 발주방식으로 볼 수 없다고 이야기하기도 한다.

설계 디자인빌드 방식에서는 디자인빌더가 작성할 수 있는 설계의 범위가 한정되므로 제안서를 평가할 때 다른 방식들에 비해서 가격이 매우 주요한 평가요소로 작용하게 되며, 주로 최저가 방식을 사용하여 낙찰자를 결정하는 편이다.

5 각국의 디자인빌드 발주방식 살펴보기

5.1 영국의 디자인빌드 발주방식

1996년에 레딩대학교 설계 · 시공 포럼(University of Reading Design and Build Forum)에서는 건설 산업 전반에 걸쳐 자료 수집 및 분석을 실시하여 발주시스템에 대한 종합적인 비교 연구를 수행하였다[24]. 연구에서는 디자인빌드 발주방식을 크게 세 가지 형태로 분류하고 이를 공사비, 공사기간, 품질 등의 측면에서 기존 설계 · 시공분리발주방식이나 관리 계약 방식(Management Contracting Approach)으로 발주된 프로젝트와 비교하였다[25].

연구에서 분류한 영국 디자인빌드 발주방식의 세 가지 유형은 다음과 같다.

첫 번째 유형은 일반적인 디자인빌드 발주방식(Traditional Design-Build)이다. 일반적인 디자인빌드 발주방식에서 발주자는 디자인빌더에게 문의하여 초기 설계에 대한 조언을 구하고, 그 후 디자인빌더와 계약을 체결하여 설계와 시공에 대한 모든 책임을 디자인빌더가 부담하게 한다. 계약을 체결한 뒤, 디자인빌더는 자기 내부의 설계팀을 이용하거나 외부 설계업체와의 계약을 통해서 설계를 진행한다. 일반적인 디자인빌드 발주방식은 현재 영국에서 새로 진행되는 디자인빌드 프로젝트 중 약 20% 정도에서 사용되고 있다.

다음은 컨설턴트 노베이션 방식(Consultant Novation)이다. 컨설턴트 노베이션 방식에서 발주자는 프로젝트 초기단계에서 한 명 이상의 컨설턴트를 고용하여 별도로 설계에 대한 조언을 구하며[26], 디자인빌더와 계약을 체결하기 전까지 고용한 설계 컨설턴트에게 설계 계획(Design Schemes), 지침서(Brief) 등을 작성하도록 하고 설계 또한 30~80% 수준까지 진행하도록 한다. 작성한 설계와 각종 설계도서는 디자인빌더 선정을 위한 발주시 발주문서에 포함되어 제공되며, 제공된 자료들은 입찰참가자들이 설계를 완성하고 시공을 수행할 때 소요될 것으로 예상되는 비용을 산출하는데 사용된다[27].

컨설턴트 노베이션 방식에서 발주자가 디자인빌더와 계약을 체결할 때, 발주자는 기존에 계약한 설계 컨설턴트의 고용 권한을 디자인빌더에게 위임하게 된다. 특별한 문제가 없다면, 디자인빌더는 설계 컨설턴트와의 재계약을 체결하고 기존에 담당하던 설계를 계속 진행하도록 하게 된다. 다시 말해, 발주자와 설계 컨설턴트 간의 계약이 노베이션을 통해서 시공자와 설계 컨설턴트 간의 계약으로 변경되는 것이다. 이는 프로젝트의 설계와 시공에 대한 리스크가 온전히 선정된 디자인빌더에게로 이양되는 것을 의미한다.

따라서 발주자가 컨설턴트 노베이션 방식을 사용할 경우, 설계 초기단계에서 설계에 대한 직접적인 영향력을 행사할 수 있으면서도 낙찰자를 선정한 뒤에는 시공을 담당하는 디자인빌더에게 설계에 대한 책임과 리스크를 전가할 수 있다는 장점을 가지게 된다. 컨설턴트 노베이션 방식은 영국과 호주에서 사용되고 있으나 미국에서는 사용하지 않는 독특한 발주방식이며, 현재 영국에서 새로 진행되는 디자인빌드 프로젝트 중 약 50% 정도에서 사용되고 있다.[24]

마지막으로 설계 개발 및 시공 방식(Develop and Construct)이 있다. 설계 개발 및 시공 방식은 컨설턴트 노베이션 방식과 마찬가지로 발주자가 프로젝트 초기단계에서 자체

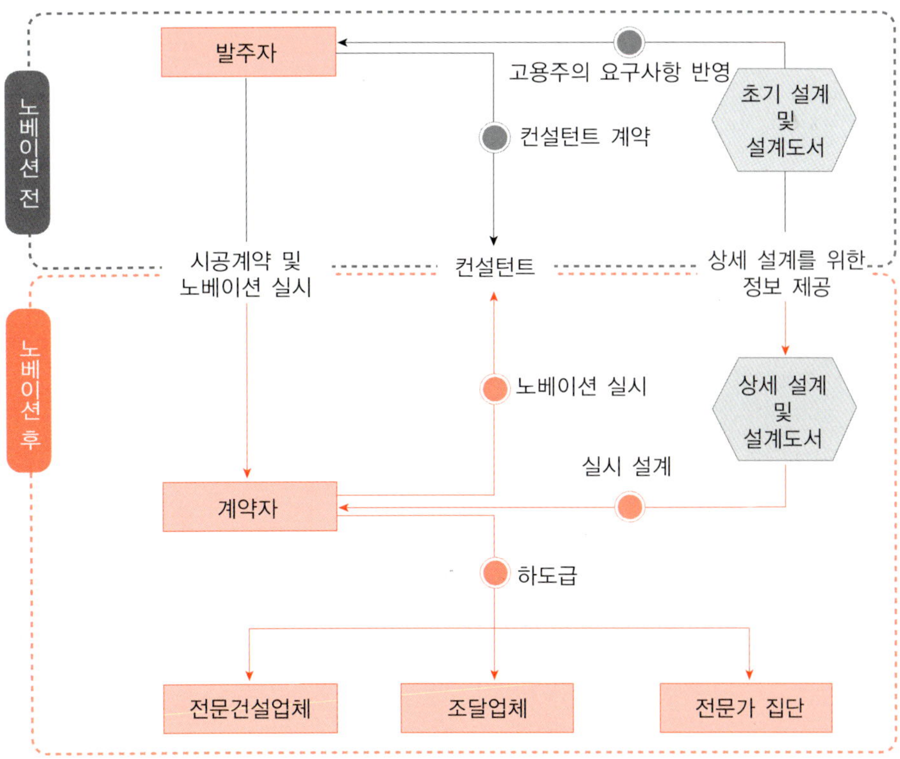

그림 1.12 노베이션의 절차

설계 인력 또는 설계 컨설턴트를 통해 설계를 진행한 뒤, 디자인빌더와 계약을 체결하게 된다. 하지만 컨설턴트 노베이션 방식과 다르게 디자인빌더는 발주자가 고용하였던 설계 컨설턴트와 계약을 체결하지 않고 별도로 설계를 진행하게 된다. 따라서 기존에 고용되었던 설계 컨설턴트는 최종 설계에 대해서는 책임을 지지 않게 된다. 설계 개발 및 시공 방식은 현재 영국에서 새로 진행되는 디자인빌드 프로젝트 중 약 20% 정도에서 사용되고 있다.

5.2 호주의 디자인빌드 발주방식

호주에서 사용되는 발주방식은 크게 설계 · 시공분리발주방식에 해당하는 시공계약방식(Construct Only Contracts)과 디자인빌드 발주방식에 해당하는 설계 · 시공방식(Design and Construct), 그리고 건설사업관리방식에 해당하는 관리계약방식(Managing Contractor)으로 나눌 수 있다.

앞서 설명한 미국의 디자인빌드 발주방식과 마찬가지로 호주의 설계 · 시공방식에서 발주자는 디자인빌더라는 하나의 계약주체(단일 회사 또는 컨소시엄)와 계약을 체결하여 프로젝트의 설계, 시공을 수행하도록 하고 있으며, 계약 내용에 따라 다음과 같이 세부적인 유형으로 분류할 수 있다[28].

먼저 일반적인 설계 · 시공방식은 앞서 영국이나 미국에서 수행되는 일반적인 디자인빌드 발주방식을 의미한다. 그리고 미국의 설계 · 시공 및 유지관리 방식(Design-Build-Operate -Maintain)과 같이 설계 및 시공 계약과 함께 10년 정도의 장기간 유지보수 계약을 함께 체결하는 설계 · 시공 및 유지관리 방식(Design, Construct and Maintenance, DCM)이 존재한다.

또한 미국의 가교 방식이나 영국의 설계 개발 및 시공 방식(Develop and Construct)과 같이 발주자가 별도로 예비설계(Preliminary Design)를 작성하고 디자인빌더가 발전시키는 설계 개발 및 시공 방식(Design Development and Construct, DD&C)이 존재한다. 설계 개발 및 시공 방식에서 제공되는 예비설계에는 설계방향(Concept Design), 기능설계(Functional Design), 성능시방서(Performance Specification) 등이 포함되어 있으며, 디자인빌더는 자체적으로 설계자를 고용하여 제공된 예비설계를 토대로 실시설계(Construction Document)를 작성하고 공사를 진행하게 된다.

이 외에도 영국의 컨설턴트 노베이션 방식과 유사한 설계, 노베이션 및 시공 방식(Design, Novate, and Construct)이 존재한다. 앞서 영국의 경우와 마찬가지로 호주의 설계, 노베이션 및 시공 방식에서는 설계 개발 및 시공 방식(Design Development and Construct, DD&C)과 유사하게 발주자가 초기에 설계를 진행하나 초기에 계약한 설계자 또는 설계팀에 의해서 초기 설계방향부터 설계의 완료까지 모든 설계업무가 수행된다는 차이가 존재한다.

호주의 뉴사우스웨일즈 도로 교통공단(Roads and Traffic Authority, RTA)에서는 설계 · 시공 및 유지관리방식으로 많은 프로젝트를 수행하고 있다. 실제로 퀸즐랜드의 게이트웨이 개선 프로젝트(Gateway Upgrade Project in Queensland)도 설계 · 시공 및 유지관리방식으로 진행되고 있다[29]. 또한 호주 연방 정부의 경기부양책에 따라 진행되는 학교 프로젝트의 증가와 발맞춰 설계 · 시공방식으로 발주되는 공공 프로젝트의 수 또한 증가되는 추세에 있다.

호주에서는 설계 · 시공 및 유지관리방식으로 계약을 체결할 때 특정한 표준계약양식을 사용하도록 제한하고 있지는 않지만, 일반적으로 도로 교통 당국에서 사용하는 양식을 활용하고 있는 편이며 특히 뉴사우스웨일즈에서 이러한 양상을 보이고 있다. 설계 · 시공 및 유지관리방식은 보통 총액확정금액방식으로 계약이 이루어지며, 계약 내에 상승/하락 규정과 불가항력에 따른 일정조정, 유지보수단계에서의 유지비용 등의 내용이 별도로 포함되어 있다.

호주의 디자인빌드 발주방식과 관련된 대표적인 특징으로 미국보다 앞서서 디자인빌드 프로젝트에서 기존의 분절된 계약관계가 아닌, 협력적 계약관계(Relational Contract)를 적용해 왔다는 점을 뽑을 수 있다. 실제로 협력적 계약관계의 대표적인 양식인 제휴계약서(Alliance Contracts)가 현재 호주의 디자인빌드 프로젝트에서 널리 사용되고 있고 특히 호주 남부의 민간부문 디자인빌드 프로젝트에서 많이 사용되고 있다[30].

5.3 일본의 디자인빌드 발주방식

일본은 1990년대 초반까지 지명경쟁과 가격만으로 낙찰자를 선정하는 방식을 운영하였다. 그러나 성장정체기에 돌입한 일본경제로 인해 정부재정 악화와 건설투자액의 감소가 이루어지고 있는 상황에서 공공공사 공사비 절감과 WTO 협정 발표에 따른 해외기업과의 경쟁이 불가피해짐과 동시에 지명경쟁 과정에서 각종 부정부패사건이 문제 제기되었다. 따라서 1993년 12월 21일 국토교통성 산하 중앙건설업심의회가 "부정행위 근절시스템"의 하나로 디자인빌드 발주방식의 도입을 정부에 건의하고, 일본 정부는 이 건의를 수용하여 98년 3월에 「공공공사 품질확보 등을 위한 행동지침」을 통해 디자인빌드 발주방식의 도입을 허용하였다. 도입 초기인 2000년까지는 고도의 기술력 또는 특수한 기술력이 필요한 공사, 설계 및 시공기술의 통합적이고 일괄적인 개발과 활용이 가능한 공사들을 대상공사로 선정하였으나, 2001년 이후에는 공기단축, 공사비 절감 등에 초점을 맞춘 공사 위주로 대상공사의 선정기준이 바뀌었다.

초기 디자인빌드 발주방식은 발주자의 개략적인 시방에 근거하여 설계안을 접수하는 방식이었으며, 도입단계에서부터 낙찰자 결정은 가격과 기타 요소를 합산하여 평가하는 종합평가방식을 사용하였다. 2005년부터는 「공공공사의 품질확보 촉진에 관한 법률」이 제정됨에 따라 고도기술제안형 종합평가방식이 활성화되기 시작하여 입찰자가 기술제안을 통해 예정가격의 산출이 가능해졌다.

일본의 디자인빌드 발주방식은 "고도기술제안형 입찰방식"의 3가지 유형인 기본설계제안형(Ⅰ형), 실시설계제안형(Ⅱ형), 시공제안형(Ⅲ형) 입찰방식 중 Ⅰ형과 Ⅱ형을 의미한다. "기본설계제안형" 방식은 통상의 구조 · 공법으로 공기 등 제약조건의 만족 가능성을 검토하는 방식으로 고난이도 기술을 요하는 일괄입찰공사에 사용토록 하고 있으며, "실시설계제안형" 입찰방식은 유력한 구조형식과 공법이 다수 존재하여 발주자가 미리 결정하지 않고, 기술제안을 통해 최적안을 선정토록 하는 방식으로 일괄입찰공사에 사용토록 하고 있다.

고도기술제안형의 입찰 · 계약절차를 보면, [그림 1.14]와 같이 입찰참가자격 심사 후에 통과한 업체들을 대상으로 기술제안을 제출토록 하고 있으며, 이를 제3의 기관에서 기술제안 심사를 수행하고, 개선사항을 도출하여 개선된 기술제안에 대한 종합평가를 통해 낙찰자를 결정하고 있다.

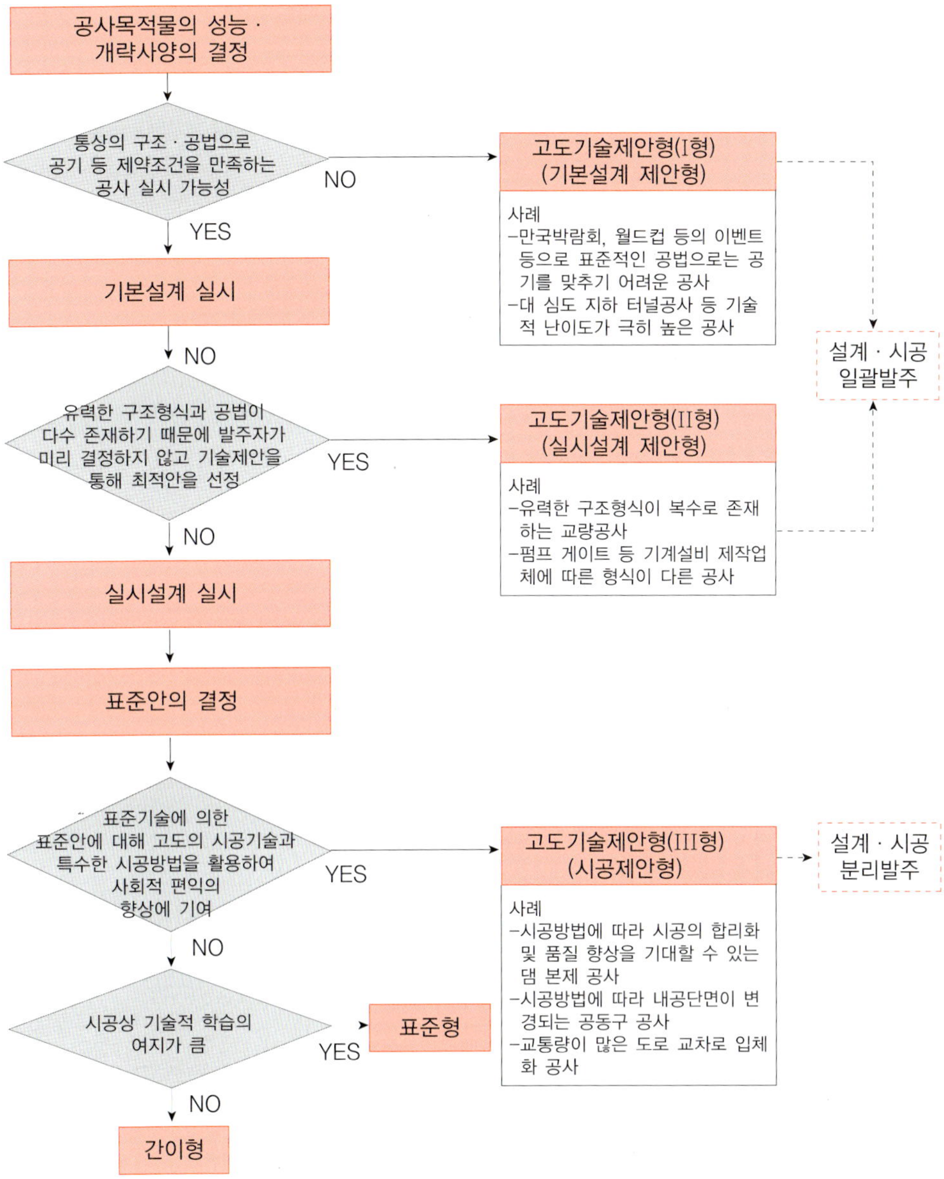

그림 1.13 일본의 고도기술제안형 입찰방식의 세부 유형 선정절차

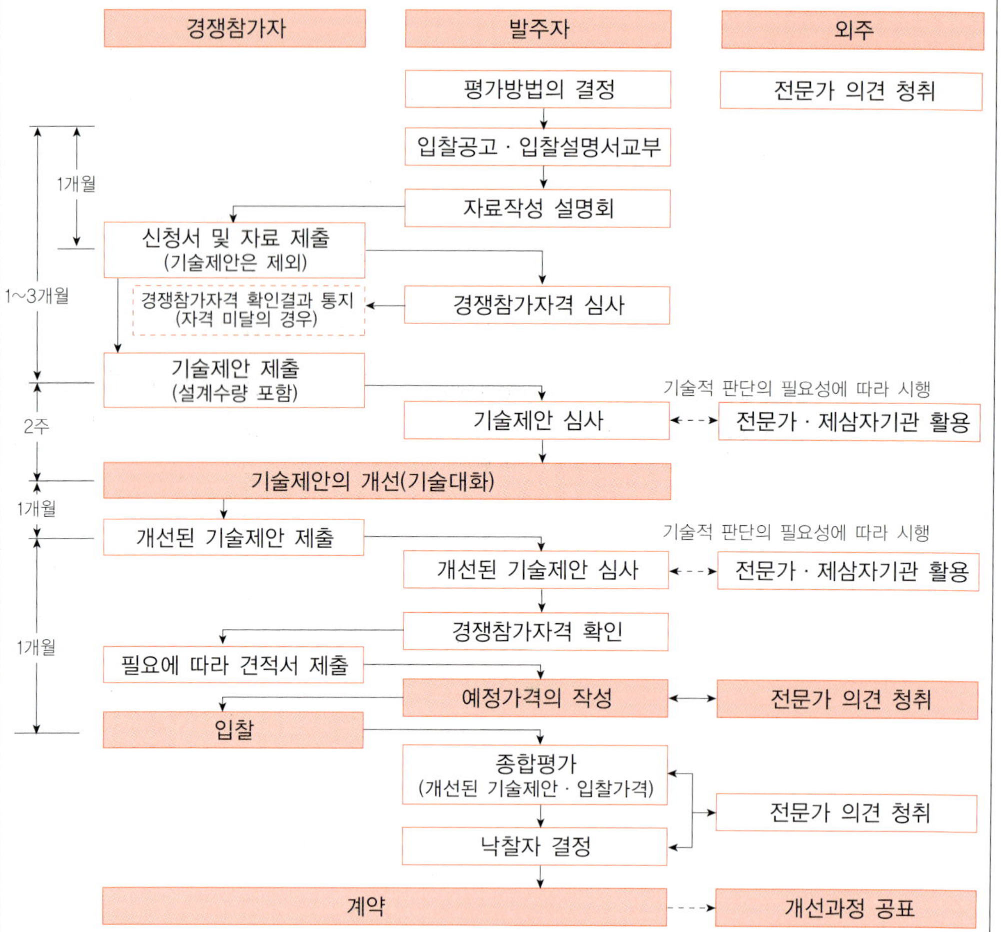

그림 1.14 고도기술제안형 입찰방식의 수행절차

참조

[1] Cushman, R. F., Loulakis, M. C. (2001). *Design-Build Contracting Handbook*, 2nd edition, Aspen Publishers, Inc., New York.

[2] Ghavamifar, K., Touran, A. (2008). "Alternative Project Delivery Systems: Applications and Legal Limits in Transportation Projects." *Journal of Professional Issues in Engineering Education and Practice*, 134(1), American Society of Civil Engineers, pp. 106-111.

[3] 국내의 경우, 「건설산업기본법」에 따라 건설업의 종류는 크게 종합공사를 시공하는 업종과 전문공사를 시공하는 업종으로 구분할 수 있다. 종합공사를 시공하는 업종은 건설업면허를 기준으로 토목공사업, 건축공사업, 토목건축공사업, 산업 · 환경설비 공사업, 조경공사업으로 구분할 수 있으며 전문공사를 시공하는 업종으로는 실내건축공사업 외 28개 업종으로 구분할 수 있다. 본서에서는 종합공사를 시공하는 업종을 종합건설업체(General Contractor)라 통칭하고 있으며, 전문공사를 시공하는 업종을 전문업체로 통칭하고 있다. 전문건설업체(Sub-Contractor)는 종합건설업체에게 하도급을 받은 전문업체를 의미한다.

[4] Michael Kenig, Construction Management? "Management" vs. "Delivery" Clarifying CM vs. CM At-Risk, Holder Construction, 〈http://www.holderconstruction.com/Knowledge-Center/Documents/Article〉 (Aug. 28, 2013)

[5] 국내에서는 Agency CM 혹은 CM for fee 방식을 용역형 건설사업관리라고 한다. 용역형 건설사업관리방식에서 건설사업관리자는 설계 및 시공에 직접 관여하지 않으며, 건설사업 수행에 관한 발주자에 대한 조언자이자 지원자로서의 역할만을 한다. 반면 시공책임형 건설사업관리방식(CM@R)에서 건설사업관리자는 발주자와 합의된 계약 조건 하에서 시공자 역할까지 수행하면서, 그에 따른 이윤을 추구할 수 있는 방식이다.

[6] Beard, J. L.,Loulakis, M. C.,Wundram, E. C. (2001). *Design-build: Planning through Development*, McGraw-Hill, New York.

[7] Loulakis, M. C. (2003). *Design-Build for the Public Sector*, Aspen Publishers, Inc., New York.

[8] 이러한 이점은 발주자가 프로젝트의 요구사항을 완전히 정의할 수 있는 경우에만 가능하며, 만약 발주자가 프로젝트의 요구사항을 모두 정의하지 못하거나 설계에 대한 영향력을 좀 더 행사하고자 하는 경우에는 설계변경으로 이어질 수 있으며 그에 따른 추가 비용이 발생하게 된다.

[9] Federal Highway Administration(1998). "Special Experimental Project No. 14-Innovative Contracting." 〈http://www.fhwa.dot.gov/construction/cqit/sep14.cfm〉

(Jul. 25, 2013)

[10] Federal Highway Administration (2002). "Design–Build Project Approvals under SEP–14 as of 12/31/2002." 〈http://www.fhwa.dot.gov/programadmin/contracts/sep14a.cfm〉 (Jul. 25, 2013)

[11] Federal Transit Administration (2000). *Interim Guidance on Design-Build Project Delivery and the FFGA Process*, U. S. Department of Transportation, Washington, D.C.

[12] Federal Highway Administration (2002). "Design-Build Final Rule." Federal Register, 67(237), The Office of the Federal Register, pp. 75901–75935.

[13] 일반 거주용 건축물의 경우에는 개인 주택 비중이 높아 디자인빌드 발주방식을 거의 사용되지 않는 것으로 나타났다. 개인 주택은 시공자가 자체적으로 건물을 완공하여 일종의 상품으로 시장에서 판매가 되는 것이 일반적이며, 발주자가 개별적으로 발주를 하는 경우 보통 설계 · 시공분리발주방식을 사용한다.

[14] Design-Build Institute of America (2013). "DESIGN-BUILD PROJECT DELIVERY MARKET SHARE AND MARKET SIZE REPORT." 〈http://www.dbia.org/resource–center/ Documents/rsmeansreport_2013rev.pdf〉 (Aug. 28, 2013)

[15] Mortenson and Design-Build Institute of America (2010). "The State of Design-Build." 〈http://www.dbia.org/resource–center/Documents/2010stateofdesignbuild.pdf〉 (Jul. 25, 2013)

[16] 프로젝트 매니지먼트 협회(Project Management Institute, PMI)에서는 프로젝트의 상위개념인 프로그램을 "이익을 창출하기 위해서 통합된 방식으로 관리해야 하며, 개별적으로 관리하기에는 불가능한 프로젝트들의 모임"으로 정의하고 있다.

[17] Songer, A. and Molenaar, K. (1996). "Selecting Design-Build: Public and Private Sector Owner Attitudes." *Journal of Management in Engineering*, 12(6), American Society of Civil Engineers, pp. 47–53.

[18] Moelnaar, K., Gransberg, D., Scott, S., Downs, D., and Ellis, R. (2005). *Recommended AASHTO Design-Build Procurement Guide*, NCHRP Project No.20–07/Task172, National Research Council.

[19] Washington State Department of Transportation (2004). "Design-Build Guide Book Highway Project Development." 〈http://www.wsdot.wa.gov/nr/rdonlyres/46196eb8–f9d0–4290–8f55–68786b1da556/0/designbuild_guidebookjun2004.pdf〉 (Jul. 25, 2013)

[20] Naval Facilities Engineering Command (2011), "Decision Guidance for use of Small

Project Design-Build Process Refer to Engineering & Construction Bulletin 2006-04 and BMS B-1.4.5." 〈http://www.wbdg.org/ndbm/pdfs/spt_decision_guide.pdf〉 (Jul. 25, 2013)

[21] Aziz, A. (2007). "A Survey of the Payment Mechanisms for Transportation DBFO Projects in British Columbia." *Construction Management and Economics*, 25(5), pp. 529-543.

[22] 10 U.S.C. 2862에서는 특정 군 공사의 경우 허가를 받아 1단계 턴키 발주 절차(One-step Turn-key Selection Procedures)를 사용할 수 있도록 하고 있다. 1단계 턴키 발주 절차는 2단계 발주 절차와 달리 자격심사를 하지 않으며 제안서의 가격 및 기타 평가항목을 통해 선정된 낙찰자와 정액도급계약을 체결하는 방식이다.

[23] 캐피탈 프로젝트(Capital Project)는 토지, 건물, 둑, 도로 등과 같은 공공 자산을 개선하거나 유지하기 위한 장기 투자 프로젝트를 의미한다.

[24] Bennett, J., Pothecary, E., Robinson, G. (1996). *Designing and Building a World-Class Industry: The University of Reading Design and Build Forum Report*, Centre for Strategic Studies in Construction, United Kingdom.

[25] 관리 계약 방식(Management Contracting Approach)은 미국의 건설사업관리방식(Construction Management)에 해당하는 영국의 발주방식을 의미한다.

[26] 노베이션(Novation)은 계약법 상에서 수행하기로 한 특정한 의무사항을 다른 의무사항으로 대체하거나 수행하는 당사자를 다른 당사자로 대체하는 행위를 의미한다.

[27] Sahil, N. (2008), "Novation Agreement in Design and Build Contracts." University of Technology, Malaysia(UTM).

[28] Australian Constructors Association (2006). "Guidelines for Tendering." 〈http://www.con structors.com.au/publications/tendering_guide/ACA%20Guidelines%20for%20Tendering%2011%20August%202006%20Final%20.pdf〉 (Jul. 25, 2013)

[29] Arch Fletcher (2009), "Quick Guide to Contract." 〈http://trenchless-australasia.com/news/a_quick_guide_to_contracts_part_three/000824/〉 (Jul. 25, 2013)

[30] Private Communication with Dr. David Camichael and Dr. S. W. Han of University of New South Wales, Australia (2012)

2

미국 디자인빌드 발주방식 살펴보기

1 왜 미국 디자인빌드 발주방식인가?

디자인빌드 발주방식의 경우, 설계·시공분리발주방식과 달리 발주자가 디자인빌더와 계약을 체결한 이후부터 설계와 시공에 관련된 권한과 리스크를 대부분 디자인빌더에게 넘겨주게 된다. 따라서 디자인빌드 계약을 체결한 다음 진행되는 실시설계단계와 시공단계에서 발주자가 수행하게 되는 업무는 설계·시공분리발주방식에 비해 줄어들게 된다. 반대로 성공적인 프로젝트의 완료를 위해서 계약을 체결하기 전까지 발주자가 수행하여야 하는 업무들은 증가하게 된다. 특히 발주자는 설계의 세부적인 사항들에 대한 결정권한을 디자인빌더에게 이양함으로써 설계에 대한 권한이 약화되더라도, 프로젝트의 성과가 계획한 바대로 이루어질 수 있도록 하기 위해서 사전에 프로젝트의 목표와 요구하는 성능요건들을 분명하게 정의하여야 할 의무가 있다. 하지만 국내의 경우, 앞서 1장에서 언급한 것과 같이 리스크의 전가를 목적으로 디자인빌드 발주방식을 사용함에 따라 사업기획, 설계, 조달, 시공, 시운전 등 전(全) 과정에 대한 책임을 디자인빌더에게 지도록 하고 있어 디자인빌드 발주방식의 운영 측면에서 차이가 존재하고 있다.

1장에서 디자인빌드 발주방식의 정의, 도입배경, 특성, 다양한 세부 유형 등 기본적인 사항들을 살펴보았다면, 2장에서는 미국에서 디자인빌드 발주방식을 실제로 어떻게 사용하고 있는지를 좀 더 자세히 알아보고자 한다. 이를 위해 우선 2절에서는 미국에서 디자인빌드 발주방식의 수행절차에 따른 업무들을 정리하고, 3절에서 미국 디자인빌드 발주방식이 가지고 있는 특성들을 살펴보도록 하겠다. 4절에서는 미국에서 디자인빌드 발주방식을 운영하는 과정에서 어떠한 문제점들이 제기되고 있는지, 그리고 문제점들을 해결하기 위해서 어떠한 해법들이 제시되고 있는지를 확인하고자 한다.

② 미국 디자인빌드 발주방식은 어떻게 수행되는가?

디자인빌드 발주방식에서는 입찰참가자가 기본설계를 작성하여 입찰에 참여하기 때문에 설계자와 시공자를 나누어 계약하는 설계 · 시공분리발주방식과 달리 사업의 수행절

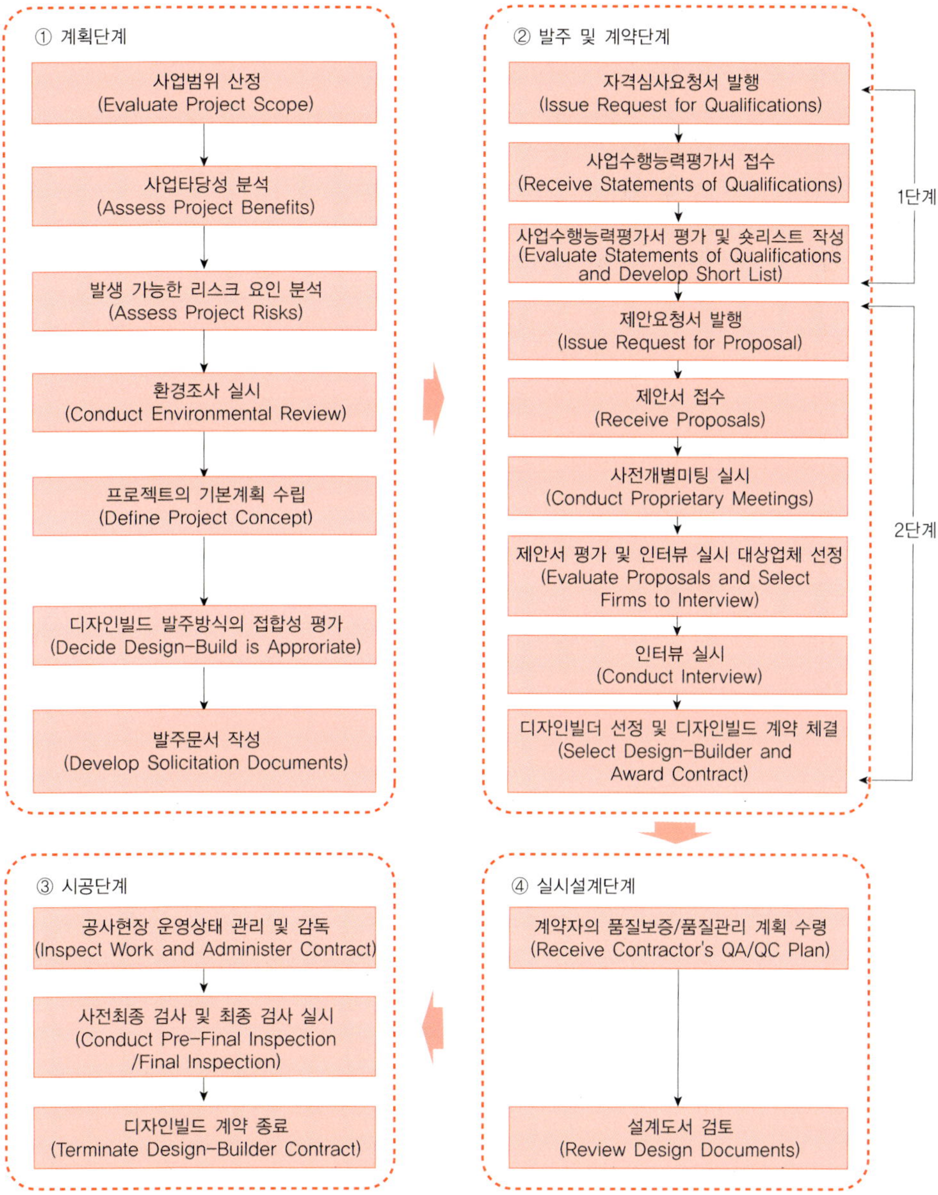

그림 2.1 발주자 관점에서 바라본 디자인빌드 발주방식의 일반적인 수행절차

차를 크게 계획단계, 발주 및 계약단계, 실시설계단계, 시공단계로 나눌 수 있다. [그림 2.1]은 미국에서 디자인빌드 발주방식을 사용한 프로젝트의 수행절차를 발주자 중심으로 정리한 것이다. 발주 및 계약단계의 경우, 앞서 1장에서 이야기한 것처럼 낙찰자 선정절차에 따라 다소 수행절차에 차이가 있으며 본서에서는 미국 공공기관에서 일반적으로 사용하고 있는 2단계 발주절차를 기준으로 내용을 작성하였다.

2.1 계획단계에서의 수행업무

계획단계에서 발주자는 발주문서를 작성하여 제안요청서(Request for Proposal, RFP)를 발행하기 위한 사전 준비 작업을 수행하게 된다. 우선 발주자는 사업계획 수립을 위해서 선행되어야 하는 사업범위 산정, 사업타당성 분석, 리스크 요인 분석, 환경조사 등의 업무들을 수행하게 된다. 이러한 업무들은 디자인빌드 발주방식뿐만 아니라 다른 발주방식에서도 마찬가지로 수행해야 하는 업무들이며 발주방식에 따라 그 내용이 크게 차이가 나지 않는다. 반면 이어지는 프로젝트의 기본계획 수립, 발주문서 작성 등의 업무들에서는 다소 차이가 발생한다.

발주자의 역할 1. 프로젝트의 기본계획 수립하기

발주자는 선행 조사 및 분석 업무를 토대로 프로젝트의 기본계획을 수립하게 된다. 기본계획의 수립 시 프로젝트의 목표를 명확하게 설정하고, 수립한 프로젝트의 목표, 특성, 제약조건, 대내외 영향요인 등을 분석하여 프로젝트에 적합한 발주방식을 선정하게 된다.

(1) 프로젝트 목표 설정

입찰참가자로 하여금 의도한 바대로 사업을 수행하도록 하기 위해서 우선 발주자 스스로가 본인이 수행하고자 하는 프로젝트의 목표를 명확하게 설정할 필요가 있다. 발주자는 자기 스스로에게 다음과 같은 질문을 던져 스스로가 원하는 바가 무엇인지를 분명하게 하는 것이 좋다. 특히 디자인빌드 발주방식을 사용하고자 하는 경우라면 더욱 더 목표를 구체적으로 수립할 필요가 있다.

• 해당 프로젝트를 수행함으로써 발주자가 달성하고자 하는 바가 무엇인가?
• 해당 프로젝트를 수행하고자 하는 지역(Location for the Project)은 어디인가?
• 발주자의 요구사항은 어떠한 것이 있는가? 해당 요구사항이 프로젝트의 설계와 시공에 어떠한 영향을 미칠 수 있는가? 그리고 해당 요구사항을 반영하기 위해 설계와 시공 과정에서 특별히 주의하여야 하는 측면은 어떠한 것이 있는가?

(2) 프로젝트에 적합한 발주방식의 선정

프로젝트의 목표를 설정한 다음에 발주자가 해야 하는 일은 프로젝트의 요구사항과 제약조건을 고려하여 프로젝트 목표를 달성하기에 적합한 발주방식을 선정하는 것이다. 건설 프로젝트에서 사용할 수 있는 발주방식으로 설계·시공분리발주방식, 디자인빌드 발주방식, 시공책임형 건설사업관리방식, 통합발주방식이 존재한다. 발주자들은 자체적으로 보유하고 있는 발주방식 선정기준을 토대로 이 중 수행하고자 하는 프로젝트에 적합한 발주방식을 선택하게 된다. 다음은 콜로라도 주 교통국(Colorado Department of Transportation, CDoT)과 조지아 주(Georgia State)에서 발주방식을 선정하는 과정이다[1][2].

사례 1. 콜로라도 주 교통국의 발주방식 선정과정

콜로라도 주 교통국에서는 아래와 같이 "A"에서 "F"까지 6단계를 걸쳐서 프로젝트의 발주방식을 결정하고 있다. 발주방식을 선정하기 위해서 프로젝트의 구성원들은 먼저 개별 평가를 실시한 뒤, 약 4시간에 걸친 합동 워크숍을 진행하여 프로젝트에서 사용할 발주방식을 최종 결정하게 된다.

A. 프로젝트를 설명하고 프로젝트의 목표를 설정한다.
B. 프로젝트의 제약조건들을 파악하고 검토한다.
C. 발주방식의 선정에 큰 영향을 미치는 주요 요인(Primary Factor)들을 파악한다.
  a) 프로젝트의 일정
  b) 프로젝트의 복잡성과 혁신성의 요구정도
  c) 발주 시 설계의 완성 수준
  d) 비용

D. 만약 주요 요인들을 고려하여 적합한 발주방식을 선정할 수 있는 경우, 초기 리스크 평가를 실시하여 해당 발주방식을 사용할 때 리스크를 적절히 분배하여 관리할 수 있는 지 확인한다.

E. 그 다음, 아래의 보조 요인(Secondary Factor)들에 대한 성공/실패 분석을 간단히 실시하여 선정한 발주방식이 문제가 없는지 확인한다.

a) 발주자 측 직원의 경험 및 수행가능여부

b) 발주자가 원하는 관리, 감독 수준(Level of Oversight and Control)

c) 경쟁입찰의 가능여부와 참여 가능업체의 경험 수준(Competition and Contractor Experience)

F. 만약 C, D, E 단계를 통해서 발주방식을 결정하기 어려운 경우, 설계 · 시공분리발주방식, 디자인빌드 발주방식, 시공관리형 건설사업관리방식 각각에 대해서 C, D, E 단계의 과정을 거친 후 가장 적합한 발주방식을 결정한다.

사례 2. 조지아 주의 발주방식 선정과정

조지아 주에서는 아래의 "A"에서 "E"까지 5가지 주요 요인들을 검토하여 프로젝트에 적합한 발주방식을 결정하고 있다.

A. 프로젝트의 일정 및 기한의 여유

a) 정해진 기한을 맞추기 위해서 설계와 시공단계의 병행이 필요한가?
만약 그러하다면 디자인빌드 발주방식이나 시공책임형 건설사업관리방식의 사용을 고려해야 한다.

b) 시공이 시작되기 전에 실시설계가 완료되어야만 하는가?

B. 프로젝트 범위의 확정 또는 변경의 가능성

a) 업무의 범위를 정의내리는 것이 어려운가?
만약 기존 건물의 개 · 보수와 같이 업무를 완전히 설명할 수 있는 도면과 시방서를 만들기가 어려운 작업인 경우에는 자격기반선정방식(Qualifications Based Selection)의 사용이 고려되어야 한다.

b) 시공단계 동안에 변경이 발생할 가능성이 높은가?

만약 업무 범위를 정의하는 것이 어렵거나 시공단계에서 변경 가능성이 높은 경우에는 발주방식을 결정할 때 좀 더 신중해야 한다. 만약 변경 가능성이 높은 프로젝트에서 경쟁입찰을 통한 설계 · 시공분리방주방식, 시공책임형 건설사업관리방식, 디자인빌드 발주방식을 사용하고자 한다면, 공사비 총액의 합의가 완료되기 이전에 최대한 작업을 정량화하여야 한다.

c) 설계 도중에 시공사와의 계약이 필요하거나 계약을 원하는가?

만약 업무 범위의 정의, 시공성 평가, 공사기간 및 공사비의 산정 등을 위해 설계단계에서 시공사의 도움이 필요한 경우라면 시공책임형 건설사업관리방식이나 디자인빌드 발주방식의 사용을 고려하여야 한다.

C. 발주자 내부 인력의 역량

a) 발주자는 품질을 확보하기 위해서 외부의 도움이 필요한가?

설계 · 시공분리발주방식의 경우, 설계의 품질은 설계자가 얼마나 발주자의 요구를 이해하고 파악할 수 있는가에 달려있다. 시공책임형 건설사업관리방식에서도 설계의 품질은 설계자에게 달려있으나 시공사의 도움을 받을 수 있다는 점에서 차이가 있다. 반면, 디자인빌드 발주방식에서는 디자인빌더가 품질에 대한 설계자와 시공자의 역할을 모두 수행하게 된다. 따라서 설계 · 시공분리발주방식과 건설사업관리방식에서는 설계자가 발주자의 대리인으로서 품질을 관리하는 것이 가능하나, 디자인빌드 발주방식에서는 발주자가 직접 품질 관리를 해야만 한다. 그러므로 발주자 내부의 능력으로 품질 관리가 불가능하다면, 디자인빌드 발주방식의 사용은 신중히 고려되어야 한다. 발주자 내부 직원들의 역량이 부족하나 디자인빌드 발주방식을 사용하고자 할 경우에는 발주자가 원하는 품질을 확보하기 위해 외부의 인력을 고용하여 품질 관리 및 감독 업무를 돕도록 하여야 한다.

b) 발주자 내부 직원들이 디자인빌드 발주방식이나 시공책임형 사업관리방식과 같은 타 발주방식을 사용한 경험이 있는가?

발주자 내부 직원들의 발주방식 경험 여부는 매우 중요하다. 발주자가 원하는 발주방식을 발주자 측 내부 직원들이 사용한 경험이 없다면, 효과적인 사업관리를 위해서 타 기관 인력의 도움을 받거나 외부 인력을 고용하여야 한다.

D. 계약 유형 : 단일 계약 또는 분리 계약

a) 발주자 측 내부 인력 중 설계자를 감독할만한 자격을 갖춘 설계 인력이 있는가? 그리고 발주자가 설계를 관리하는데 충분한 인력을 배치할 여력이 있는가?

디자인빌드 발주방식에서 설계에 대한 권한은 디자인빌더에게 있다. 따라서 발주자가 실시설계단계에서 설계검토를 통한 설계관리 역량이 부족하다면 디자인빌드 발주방식을 사용하기보다 설계 · 시공분리발주방식과 같이 설계와 시공을 각각 따로 계약하는 것이 낫다.

b) 발주자가 전체 프로젝트에 대한 조정, 협업, 그리고 생산성 관리 측면에서 하나의 주체에게 책임을 부여하고자 하는가?

디자인빌드 발주방식은 단일 계약을 통해서 책임을 일원화할 수 있으며 디자인빌더 내부의 설계자와 시공자 간의 조정 및 협업과정이 활발히 이루어질 수 있다는 장점을 가지고 있다. 다만, 설계자와 시공자를 분리하여 계약하였을 때보다 설계자와 시공자 각각에게 행사할 수 있는 발주자의 영향력은 감소하게 된다.

E. 법적인 제약요인

a) 주의 법령에서 프로젝트 발주방식의 사용을 허용하고 있는가?

발주자는 발주방식을 선정한 후 실제 해당 발주방식의 사용 허가를 받기 위해 선정을 뒷받침해줄 수 있는 타당한 사유와 충분한 검토기간이 필요하다. 따라서 어떠한 발주방식을 사용하는 것이 프로젝트에 가장 적합한 것인가에 대한 결정은 설계 전(前) 단계의 초창기에 이루어지는 것이 좋으며, 판단 근거에 대해서도 규정에 맞게 문서화하여 남겨 놓아야 한다.

b) 설계가 시작되는 시기에 시공에 사용될 자금이 모두 제공되는가?

주(州)의 자금 조달 방법은 예산 상황에 따라 한 번에 모든 자금을 제공하여 주는 "전체 프로젝트 자금 조달(Complete Project Funding)"이나 설계단계와 시공단계를 나누어 자금을 제공하여주는 "단계별 프로젝트 자금 조달(Phased Project Funding)" 중 하나를 사용하게 된다. 만약 디자인빌드 발주방식을 사용하고자 한다면, "전체 프로젝트 자금 조달"이 이루어져야 한다.

발주자의 역할 2. 디자인빌드 발주방식의 적합성 평가

프로젝트의 발주방식으로 디자인빌드 발주방식을 사용하기로 결정하였다면, 발주자는 해당 프로젝트에서 디자인빌드 발주방식을 사용하는 것이 적합한지 다시 한 번 확인하는 적합성 평가 절차를 거쳐야 한다. 적합성 평가 절차는 크게 사전 준비사항의 부합여부 확인, 적절한 리스크 배분의 가능여부 확인, 발주자의 역량 보유여부 확인으로 나눌 수 있다.

(1) 사전 준비사항의 부합여부 확인

발주자는 아래와 같은 질문을 통해 디자인빌드 발주방식을 사용하기 위한 사전 준비사항들이 제대로 이루어졌는지를 자가 진단하여야 한다. 디자인빌드 발주방식을 사용하기 위해서는 아래의 사항들을 모두 만족하는 것이 좋다. 만약 다음 중 하나라도 만족시키지 못하는 경우라면, 디자인빌드 발주방식을 사용하지 않는 것이 나을 수 있다.

- 프로젝트의 요구사항들이 명확하게 정의되었는가?
- 현재 공사부지의 대지 상태에 대한 조사가 상세히 이루어졌는가?
- 환경조사 실시, 환경허가 취득, 공사 관련 허가 취득이 이루어졌는가?
- 공사부지로의 통행권(Right-of-Way) 확보가 이루어졌는가?
- 시민 참여 절차(Public Engagement Process)가 모두 완료되었는가?
- 도로, 철도, 수도, 전기 등 각종 공공시설물의 사용 및 이전과 관련하여 관계부처와의 협의가 모두 완료되었는가?
- 디자인빌더로 하여금 요구사항을 만족시키는 범위 안에서 자의적인 설계를 하도록 허용할 것인가?
- 프로젝트의 규모가 디자인빌드 업체들이 입찰에 참여할 만큼 충분한 규모를 갖추고 있는가? 업체들로 하여금 입찰에 참여하게 유도하기 위해서는 프로젝트에 내재된 수익성이 제안서를 작성, 제출하는데 소요하는 비용과 디자인빌드 프로젝트가 가지는 리스크를 보상할 수 있어야 한다. 따라서 입찰참여를 유도하기 위해서는 발주하고자 하는 프로젝트의 설계와 시공 계약을 체결함으로써 발생하는 이익이 제안서를 작성하는데 필요한 노력과 비용을 보상해 줄 수 있어야 한다.

(2) 적절한 리스크 배분의 가능여부 확인

발주자는 디자인빌드 발주방식으로 발주하는 것이 적합한지 여부를 확인하기 위해서,

리스크 할당 매트릭스(Risk Allocation Matrix)를 작성하여 사전에 분석한 발생 가능한 리스크 요인들이 발주자와 디자인빌더 양 측에서 적절하게 배분될 수 있는지를 검토하게 된다. 이처럼 사전에 리스크를 조사하여 배분함으로써 각각의 리스크 요인들에 대해서 발주자와 디자인빌더 간의 책임소재를 분명히 할 수 있으며 가격 산정 시 발생 가능한 리스크 요인들을 반영할 수 있다는 장점이 있다. [표 2.1]은 워싱턴 주 교통국에서 사용하는 리스크 할당 매트릭스의 양식이며, [표 2.2]는 실제로 시애틀 시에서 수처리시설을 디자인빌드 발주방식으로 발주하였을 때 사용된 리스크 할당 매트릭스이다.

표 2.1 워싱턴 주 교통국의 리스크 할당 매트릭스(Risk Allocation Matrix) 양식

리스크 목록	발주자	공동	디자인빌더
설계 관련 사항(Design Issue)			
업무의 범위(Definition of Scope)			
프로젝트의 정의(Project Definition)			
성능요건 수립(Establishing Performance Requirements)			
예비조사/기본도(Preliminary Survey/Base Map)			
지질조사(Geotechnical Investigation)			
지표면 아래의 상태의 정의(Define Subsurface Conditions)			
계획의 정확도(Plan Accuracy)			
설계 기준(Design Criteria)			
설계 기준에 대한 적합성(Conformance to Design Criteria)			
설계 검토 과정(Design Review Process)			
설계의 품질보증/품질관리(Design QA/QC)			
발주자의 설계 검토시간(Owner Review Time)			
업무 범위의 변경(Changes in Scope)			
설계의 시공성(Constructability of Design)			
폐기물(Contaminated Materials)			
통행권 관련 사항(Right of Way Issues)			
통행권의 한계 설정(Establishing Right of Way Limits)			
청문회/연구조사 및 법원 명령(Access Hearings/Findings and Court Order)			
통행권 계획의 허가(Right of Way Plan Approval)			
감정/검토(Appraisal/Review)			
보상 수립(Establish Just Compensation)			
통행권의 획득(Acquire Right of Way)			

리스크 목록	발주자	공동	디자인빌더
시공 시 지역권(Construction Easements)			
영구적인 지역권(Permanent Easements)			
비난(Condemnation)			
재배치의 완료(Complete Relocation)			
소유(Take Possession)			
인증(Certification)			
환경 관련 사항(Environmental Issues)			
초기 환경 영향의 정의(Define Initial Environmental Impacts)			
매개변수 영향의 정의(Define Parameters Impacts)			
환경 조사(Environmental Investigation)			
환경 허가(Environmental Permits)			
환경 완화(Environmental Mitigation)			
환경 규정 준수(Environmental Compliance)			
인지한 유해 폐기물의 완화(Known Hazardous Waste Mitigation)			
인지하지 못한 유해 폐기물의 완화(Unknown Hazardous Waste Mitigation)			
환경 승인의 취득(Obtain Environmental Approvals)			
지역 기관, 시설물, 철도(Local Agency, Utility, and Railroad Issues)			
사업초기 지역 기관의 영향에 대한 식별(Identification of Initial Local Agency Impacts)			
사업초기 지역 기관에서 허가 취득(Obtaining Initial Local Agency Permits)			
사업초기 지역 기관의 요구사항 수립(Establishing Initial Local Agency Requirements)			
최종/실제 지역 기관에 미치는 영향 수립(Establishing Final/Actual Local Agency Impacts)			
사업초기 지역 기관의 허가에 대한 수정(Modifications to Existing Local Agency Permits)			
사업초기 시설물의 영향에 대한 식별(Identification of Initial Utility Impacts)			
사업초기 시설물의 위치/상태 수립(Establish initial Utility Locations/ Conditions)			
필요한 시설물 이전에 대한 정의(Defining Required Utility Relocations)			
시설물의 이전(Relocation of Utilities)			
민간시설물과 관련된 합의의 수정(Modified Agreement with Private Utility)			
공공시설물과 관련된 합의의 수정(Modified Agreement with Public Utility)			
시공 중의 시설물 손상(Damage to Utilities under Construction)			

리스크 목록	발주자	공동	디자인빌더
시설물 위치/상태의 확인(Verification of Utility Locations/Conditions)			
시설물 이전과 관련된 조정(Coordination with Utility Relocation Efforts)			
예상치 못한 지연(Unforeseen Delays) – 시설물/제3자(Utility/Third party)			
설계에 의한 시설물/제3자 지연(Utility/Third Party Delays Resulting from Design)			
철도의 영향에 대한 식별(Identification of Railroad Impacts)			
사업초기 철도 협의 획득(Obtaining Initial Railroad Agreement)			
철도와 관련된 조정(Coordinating with Railroad)			
기타 작업/조정(Other Work/Coordination)			
제3자와의 협의(Third Party Agreements)			
제3자와의 조정(Coordination with Third Parties)			
제3자의 개선을 위한 조정/수집(Coordination/Collection for Third Party Betterments)			
타 프로젝트와의 조정(Coordination with Other Projects)			
인접한 부동산 소유자와의 조정(Coordination with Adjacent Property Owners)			
시공(Construction)			
안전/안전 품질보증(Safety/Safety QA)			
시공 품질/기술(Construction Quality/Workmanship)			
일정(Schedule)			
자재의 품질(Materials Quality)			
자재의 문서화(Material Documentation)			
자재의 가용성(Material Availability)			
품질관리/품질보증 방안(QC/QA Plan)			
시공/자재 품질보증(Construction/Materials QA)			
시공 품질관리(Construction QC)			
시공 품질보증의 준수 검사(Construction QA Compliance Auditing)			
시공 품질보증의 시험/검사(Construction QA Testing/Inspection)			
건설 측량(Construction Surveying)			
사방 공사(Erosion Control)			
유출 방지(Spill Prevention)			
작업 공간 내의 사고(Accidents within the Work Zone)			
제3자의 손해(Third Party Damages)			
시공 도중의 운영 및 유지보수(Operations and Maintenance during Construction)			
교통량의 유지관리(Maintenance of Traffic)			

리스크 목록	발주자	공동	디자인빌더
시공 중의 시설물 손상(Damage to Utilities under Construction)			
작업 실수(False Work)			
지보공(Falsework)			
시공상세도(Shop Drawings)			
작업 방법(Work Methods)			
조기 시공(Early Construction)			
지역사회와의 관계(Community Relations)			
기존에 정의한 완화 조치의 성능(Performance of Defined Mitigation Measures)			
보증(Warranty)			
불가항력적인 상황(Force Majeure Events)			
파업/노동쟁의(Labor Disputes)			
토네이도/지진(Tornado/Earthquake)			
전염병, 테러, 반란, 전쟁, 폭동, 사보타주(Epidemic, Terrorism, Rebellion, War, Riot, Sabotage)			
유물, 유적, 화석 등의 발견(Archaeological, Paleontological Discovery)			
환경 승인의 중지(Suspension of any Environmental Approval)			
법률의 변경(Changes in Law)			
프로젝트에 대한 소송(Lawsuit against Project)			
폭풍/홍수(Storm/Flooding)			
화재 등에 의한 물리적인 손상(Fire or other Physical Damage)			
공사부지의 상태의 상이함(Differing Site Conditions)			
상태의 변화(Changed Conditions)			
조사된 상태와 실제 상태 간의 상이함(Differing Site Conditions)			
완성 및 보증(Completion and Warranty)			
발생 가능한 리스크를 정리한 리스크 풀의 수립(Establishment of Any Risk Pool)			
장기 소유권(Long Term Ownership)			
보험(Insurance)			

표 2.2 시애틀 시의 수처리시설 발주에서 사용된 리스크 할당 매트릭스(Risk Allovation Matrix)

리스크 목록	리스크 담당	비 교
설계		
기술 선택	디자인빌더	
기술 노후화	디자인빌더 /시애틀 시	시공사는 기술 노후화에 대한 책임을 지며, 시는 관련된 법률의 변경에 대한 책임을 짐
지표면 아래의 상태	디자인빌더 /시애틀 시	시공사는 지표면 아래의 상태와 관련된 리스크에 대한 책임을 지며, 시는 유적이나 유물, 폐기물 등에 대한 책임을 짐
시공/커미셔닝(Commissioning)		
시공 기간	디자인빌더	
인수 검사(Acceptance Test)	디자인빌더	
운영 및 유지관리		
예방 정비(Preventive Maintenance)	디자인빌더	
수리 및 교체	디자인빌더	
설비 개선(Capital Improvements)	디자인빌더	
원수(Raw Water) 공급		
시설물	시애틀 시	
수량	시애틀 시	
수질	시애틀 시	
중수(Treated Water)		
수질(법률 변화 미발생 시)	디자인빌더	
수질(법률 변화 발생 시)	시애틀 시	
수량	디자인빌더	
중수 배출 시설	시애틀 시	
환경 규정 준수		
추가적인 환경 검토	디자인빌더	
기존 법률	디자인빌더	
법률의 변화	시애틀 시	
허가	디자인빌더	
자금조달/경제		
자금 조달	시애틀 시	
비용 상승(시공 시)	디자인빌더	
비용 상승(운영 시)	시애틀 시	운영과 관련된 서비스의 비용은 매년 정해진 지수(Index)에 따라 상승
과세	디자인빌더	
자연 재해	디자인빌더 /시애틀 시	디자인빌더는 자연 재해와 관련하여 시공 중에 발생하는 리스크에 대한 보험을 제공하며, 시는 운영 도중에 발생하는 리스크에 대한 책임을 짐
노동 시위	디자인빌더 /시애틀 시	디자인빌더는 시설에 대한 파업과 관련된 리스크에 대하여 책임을 지며, 시는 지역 파업과 관련된 리스크에 대한 책임을 짐

(3) 발주자 자신의 내부 역량 확인

발주자는 해당 프로젝트가 디자인빌드 발주방식을 사용하는 것이 적합한지 판단한 뒤, 실제 디자인빌드 발주방식을 운영하기에 해당 기관의 내부 역량이 충분한지를 검토하여야 한다. 조지아 주의 발주방식 선정과정 사례에서도 볼 수 있듯이, 발주자 내부 역량이 부족한 경우라면 디자인빌드 발주방식의 사용은 지양하는 것이 좋다.

우선 발주자가 자체적으로 발주문서를 작성할 수 있는 역량을 갖추고 있는지를 확인하여야 한다. 발주자가 발휘할 수 있는 영향력이 다른 발주방식에 비해서 상대적으로 떨어지는 디자인빌드 발주방식에서 발주문서의 완성도는 매우 중요하다고 할 수 있다. 만약 발주자가 자체적으로 발주문서를 작성할 역량을 갖춘 직원들을 충분하게 보유하고 있지 못하다면, 디자인빌드 컨설턴트를 고용하여 필요한 서류를 작성하는데 도움을 받는 것이 좋다.

또한 계약을 체결한 다음 해당 계약대로 실시설계 및 시공 등이 제대로 이루어지는지를 관리, 감독할 역량을 충분히 보유하고 있는지도 판단하여야 한다. 발주자 측에 관리, 감독을 수행할 역량을 가진 인원이 충분하지 못한 경우라면 건설사업관리자를 고용하여 발주자를 대신해 관리, 감독 업무를 수행하도록 하는 것이 좋다.

발주자의 역할 3. 발주문서의 작성

적합성 평가를 통해서 디자인빌드 발주방식의 사용을 최종 결정 내린 후, 발주자는 발주문서를 작성하게 된다. 발주문서는 목표로 하는 시설물의 유형과 규모, 공사 대지의 위치, 공사일정 등 프로젝트에 대한 개요, 입찰 시 제출서류와 제출 일시 · 시간 · 장소, 낙찰자 선정절차와 선정기준, 계약체결방식 등에 대한 정보를 제공해야 한다. 그리고 만약 발주자가 프로젝트에서 사용할 발주방식으로 디자인빌드 발주방식을 선택하였다면, 발주문서 내 설계 제공수준 및 설계 요구수준, 입찰참가자에게 제공할 설계보상비의 수준에 대한 정보 또한 명시하여야 한다.

(1) 프로젝트의 요구사항 정의

발주자 또는 발주자에게 고용된 컨설턴트는 프로젝트의 요구사항을 명확하게 정의하여 이를 발주문서 상에서 제시하여야 한다. 프로젝트의 요구사항을 정의하기 위해서는 프로젝트의 결과물에서 추구하는 모든 기능들을 파악한 뒤, 각각의 기능들이 제대로 작동하기 위한 성능요건(Performance Requirement)과 운영 및 품질요건(Operational and Quality Requirement)을 규정하여야 한다. 그리고 프로젝트의 전체 맥락(Context)에서 설계·시공 시 고려해야 하는 대지의 특성, 환경적인 제약요인, 미적인 고려사항 등을 확실하게 파악하여야 한다. 특히 대지의 특성 파악을 위해서 상세한 대지측량과 지질조사가 선행되어야 한다.

(2) 낙찰자 선정절차 및 선정기준

디자인빌드 발주방식에서 발주자는 앞서 1장에서 설명한 것과 같이 5가지 낙찰자 선정절차 중 하나를 선택하여 낙찰자를 선정할 수 있으며, 선택한 낙찰자 결정방식에 맞춰 낙찰자를 선정하는 기준을 수립하여야 한다. 만약 발주자가 "입찰참가자격 사전심사 및 제안서 심사 기반의 2단계 발주절차"를 사용한 경우, 입찰참가자가 제출한 사업수행능력평가서와 제안요청서 각각에 대한 낙찰자 선정기준을 수립하여야 한다. 다음은 연방조달규정에서 2단계 발주절차의 사용과 관련한 내용을 발췌한 것이다.

Subpart 36.3 Two-Phase Design-Build Selection Procedures

36.300 Scope of subpart.

해당 하위 법령은 10 U.S.C. 2305a와 41 U.S.C. 253m에 의거한 2단계 디자인빌드 선정 절차를 설명하고 있다.

36.301 Use of two-phase design-build selection procedures.

A. 공식적인 또는 비공식적인 발주 계획을 세우는 동안, 발주 담당자는 B항에 따라 2단계 디자인빌드 선정 절차의 사용을 고려하여야 한다.

B. 발주 담당자는 다음의 사항들을 기준으로 2단계 디자인빌드 선정 절차의 적합성을 판단하여야 한다.

a) 3개 이상의 입찰회사가 예상이 되는 경우

b) 입찰회사들이 가격 제안을 하기 전에 반드시 설계 작업이 수행되어야 하는 경

우, 그리고 입찰회사가 설계 등 입찰 준비를 할 때 많은 비용이 소요된다고 예상되는 경우

c) 그 밖에 다음 사항들이 고려되어야 함

① 프로젝트 요구사항의 정의 수준

② 프로젝트에 소요되는 공사기간

③ 예상되는 디자인빌더의 능력과 경험

④ 해당 프로젝트의 2단계 선정 절차의 적합성

⑤ 2단계 선정 절차에 대한 발주자의 관리 능력

⑥ 그 외 발주기관의 장이 정한 조건들

36.302 Scope of work.

발주기관은 내부적인 인력이나 외주를 통하여 발주하는 프로젝트를 정의하고 요구사항들을 명시하는 공사범위를 작성하여야 한다. 작성하는 공사범위의 내용에는 예비설계, 예산 초안, 공사일정, 기타 공사수행조건들이 포함된다. 만약 발주처가 외주를 통해 공사범위를 작성하고자 할 경우 하위 법령 36.6항의 절차를 따라야 한다.

36.303 Procedures.

발주문서는 2단계를 모두 포함하는 하나의 발주문서로 발행하는 것도 가능하며, 단계별로 사용할 발주문서를 2개로 나누어 발행할 수도 있다. 발주처는 2단계에서 제안서를 제출할 수 있는 디자인빌더를 검증하는 작업을 1단계에서 수행한다. 계약은 경쟁입찰을 통해서 이루어진다.

36.303-1 Phase One.

A. 1단계에서는 다음과 같은 사항들이 결정된다.

a) 공사범위

b) 1단계에서의 심사기준

ⓐ 기술심사(실질적인 설계나 기술정보는 제외)

ⓑ 자격심사

– 프로젝트와 연관된 특정분야에서의 전문성과 경험

- 공사수행능력
- 팀 구성원(설계자, 엔지니어, 시공사 등)의 과거 실적

ⓒ 기타 평가기준(가격은 제외)

c) 2단계에서의 심사기준(36.303-2항 참조)

d) 1단계에서의 심사를 통해 통과하여 2단계에 참여하는 디자인빌더의 최대 참여업체 수(일반적으로 최대 참여업체 수는 5개 업체를 넘지 않으나 특별한 경우 발주기관이나 지방정부의 목적에 따라 5개 이상이 될 수 있음)

B. 1단계의 심사를 마친 후 발주 담당자는 자격요건을 갖춘 디자인빌드 업체를 제안요청서에서 밝힌 최대 참여업체 수 이내로 선발하며, 통과한 업체는 2단계에서 심사한 제안서를 제출하도록 요청받는다.

36.303-2 Phase Two.

A. 2단계에서 발주문서는 법령 15항에 맞춰서 준비돼야 하며, 2단계 심사기준은 15.304항의 요건에 맞아야 한다. 2단계에서의 기술평가기준의 예로는 설계 개념, 관리 계획, 주요 인력, 기술 제안내용 등이 있다.

B. 2단계의 발주에는 반드시 기술 제안서와 가격 제안서가 요구되며, 이들은 15항에 따라 각각 심사되어야 한다.

사업수행능력평가서를 평가할 때에는 주로 입찰참가자의 디자인빌드 팀 구조 및 구성원들의 이력사항, 과거 유사 프로젝트 수행 경험 등을 평가하여 3~5개의 팀을 선발하며, 제안서를 평가할 때에는 최저가 입찰 방식(Low-Bid), 고정 가격 방식(Fixed Price), 최대 가치방식(Best-Value) 중 하나를 선택하여 최종낙찰자를 선정하게 된다. 사업수행능력평가서와 제안요청서의 선정기준은 "2.2 발주 및 계약단계에서의 수행업무"에서 자세히 설명하고 있다.

(3) 계약체결방식

발주자는 계약체결방식으로 총액확정금액방식(Lump-Sum)과 실비정산방식(Cost-Reim bursable) 중 하나를 선택하게 된다. 일반적으로 실비정산방식으로 계약을 체결하

고자 하는 경우, 발주자는 "고정 가격 방식"을 통해 제안서를 평가하므로 이 경우 입찰 참가자가 제시한 계약 금액은 제안서를 평가하는 항목에서 제외되게 된다. 반면에 발주자가 총액확정금액방식으로 계약을 체결하고자 한다면, 발주자는 제안서 평가방법으로 최저가 입찰 방식(Low-Bid), 고정 가격 방식(Fixed Price), 최대가치방식(Best-Value) 모두를 사용할 수 있으므로 가격은 평가항목 중 하나로 포함될 수도, 포함되지 않을 수도 있다.

(4) 발주문서 내 설계 제공수준 및 설계 요구수준

앞서 1장에서 언급한 것과 같이 발주자는 발주문서에서 단순히 설계기준만 수립하여 제공할 뿐, 설계도면을 일체 제공하지 않을 수도 있으며, 설계자를 별도로 고용해 가교 도서를 작성하여 제공할 수도 있다. 발주자가 제공하는 설계의 수준이 상세할수록 가격기반의 경쟁을 유도할 수 있다는 장점이 있으나, 반대로 입찰참가자의 창의적인 아이디어의 도출이 어려우며 기존에 작성된 설계부분에 대해서는 발주자가 책임을 져야하므로 발주자의 리스크가 증가한다는 단점이 존재한다.

또한 발주문서에서 제공하는 설계 제공수준과 프로젝트의 특성에 따라 입찰참가자가 제출하여야 하는 설계의 상세수준 또한 단순히 설계품질관리계획(Design Quality Management Plan)에서부터 개념설계(Conceptual Design)에 이르기까지 다양할 수 있다. 다음은 제안요청서 상에서 요구하는 설계의 상세수준 사례이다. 사례를 통해 같은 디자인빌드 발주방식을 사용하더라도 각각이 요구하는 설계의 수준은 다를 수 있다는 점을 알 수 있다.

사례 1. Bridge SR-520 프로젝트, 워싱턴 주 교통국(WSDOT)

A. 프로젝트에 부합하는 교량의 지지 기둥(Supporting Columns), 난간(Railings), 그리고 경간(Spans)들의 외관을 보여줄 수 있는 아티스트 렌더링(Artist Rendering)을 제출하여야 한다. 만약 다수의 설계안을 제안하는 경우, 각각에 대한 공사기간과 계획표를 제출하여야 한다.

B. 제안한 전망대(Belvedere)의 아티스트 렌더링(Artist Rendering)과 자전거 이용자

및 보행자를 위한 시각적인 효과에 대해서 제출하여야 한다. 전망대의 설계안에서는 모든 설계적인 기능과 제안서에서 요구한 시각적인 측면(노출된 콘크리트 표면의 처리방법, 난간, 조명, 그리고 벤치, 분수 등의 인공설치물 등)을 포함하고 있어야 한다.

C. 제안자가 대중들의 의견을 어떻게 관리하고 통합하여 최종적인 설계안을 발전시키고 지역 사회에서 새로 만드는 다리를 수용할 수 있도록 할 것인지에 대한 계획안을 제출하여야 한다. 계획안에서는 대중들의 의견을 들을 수 있는 포럼 개최에 대한 개략적인 계획을 포함하고 있어야 한다.

D. 또한, 제안한 설계안의 기능들을 구현함으로써 예상되는 워싱턴 주 교통국의 혜택(이익 증가 항목 또는 리스크 감소 항목)에 대해서 제시하여야 한다. 즉, 제안요청서에서 명시된 최소한의 요구사항들과 별개로 제안하는 설계안에 의해 추가로 예상되는 가치의 증대를 수량화하여 간략하게 계산한 내용을 포함하여야 한다.

사례 2. Federal Center South Building 프로젝트(워싱턴 주 시애틀 시), 연방조달국 (General Services Administration, GSA)

A. 건물의 개념설계에 대한 설명(최대 35페이지)

a) 건물 내외부의 설계 재료 및 마감

b) 적용하고자 하는 재사용 전략(Re-Use Strategies Employed)

c) 바닥판(Floor Plate)

d) 건물의 크기, 형태, 창문의 모양(Fenestration)

e) 업무 공간 해결책 : 환경 품질, 업무 흐름, 일광(Day-Lighting), 소음 등 환경제어 방안

f) 내부 조명 계획(Scheme of Interior Lighting)

g) 코어와 사용가능한 공간의 효율

h) 부지의 사용

B. 건물의 내부, 외부 마감에 사용하는 재료의 품질에 대한 설명

C. 작업공간의 레이아웃을 포함한 각 층의 공간계획

D. 건물의 면적, 출입(Circulation), 주차장, 조명, 조경, 보안, 강과의 근접성, 인도 등을 보여주는 부지 계획

E. 제안하는 건축물 구조를 표현하는 3D 컬러 렌더링(3D Color Rendering)

F. 공공부문(Public Space)의 3D 컬러 렌더링

사례 3. Unit Operations Facilities PN68712 프로젝트, 미 육군(US Army)

A. 발표 도면

a) 제안하는 재질과 색상을 표현하는 시설물 각각의 외부 입면도

b) 건물의 외관을 표현한 입면도(Elevation)의 이해를 돕기 위한 외부 렌더링(시설물 별로 1개 이상) : 건물의 형상을 자세히 표현하기 위해서 렌더링은 적어도 11″×17″ 이상이여야 함.

c) 각 건물 유형별로 제안한 층간 높이를 파악하기 위한 건물 또는 벽의 단면도(Section)

d) 개념적인 각 시설별, 각 층별 평면도(Floor Plans)

e) 건물의 기본 인테리어나 외부 마감 재료 등의 색상표(Color Board)

B. 기술적인 접근 방향 : 제안서 내에서 제안하는 기술적인 접근 방향을 질적인 측면과 양적인 측면으로 설명하여야 한다. 또한 설계의 근거와 제안서를 작성할 때 반영한 설계 의도에 대해서도 설명하여야 한다.

a) 최소 공간과 시설의 크기

"1절. 업무기술서(Statement of Work)"의 내용에 부합되게 시설물 각각의 공간에 대해서 서술하여야 한다. 최소 공간의 경우, 프로젝트의 요구사항에 부합하는지를 보여주기 위해서 시설물 각각의 전체 순면적을 표로 작성하여야 한다.

b) 건축 테마와 재료 : 3페이지 이하

시설물의 건축 테마에서는 제안서가 어떤 의도로 작성이 되었으며, 업무기술서상에서 요구하는 결과를 어떻게 만족시키는 것인지에 대해서 설명하여야 한다. 또한 선택한 재료와 색상들이 어떻게 건물의 미적인 측면을 향상시키고 시설을 사용하는 군인들의 생활과 작업 환경을 개선하고 있는지에 대해서 설명하여야 한

다. 본 내용은 단순히 사용하는 물품들의 표를 보여주는 것에 그치는 것이 아니라, 재료와 색상들이 어떤 근거로 선정되었으며 선정된 품목들이 요구사항들을 어떻게 만족시키는 지를 보여주어야 한다.

(5) 설계보상비(Stipend) 지급 수준

설계 요구수준을 결정한 후, 발주자는 설계에 들어가는 노력과 발주자의 상황에 맞춰 설계보상비(Stipend)의 지급여부와 지급액을 결정하여야 한다. 미국에서 설계보상비의 지급은 의무사항은 아니지만, 지급하는 것이 보편화되어 있다[4]. 특히 제안요청서 상의 설계 요구수준을 만족시키기 위해서 설계에 많은 노력이 소요되는 경우에는 설계보상비를 지급하는 게 당연시되고 있다. 비록 설계보상비는 제안서를 준비하는데 소요되는 비용을 모두 보상해주지는 못하지만, 입찰에 참여하도록 동기를 부여해 디자인빌드 업체의 참여율을 높이는 효과가 있다. 또한 발주자는 설계보상비를 지급하는 대신 제안서에서 제시한 대안이나 설계안, 아이디어 등을 사용할 수 있는 권리를 가지게 된다.

그렇다면 미국에서 지급하는 설계보상비는 어느 정도 액수일까? 미국의 경우 일반적으로 제안요청서의 요구사항을 만족하는 설계를 작성하기 위해 소요되는 비용의 20% 정도를 설계보상비로 지급하고 있다. 실제로 시애틀 시에서 수행된 한 프로젝트의 경우, 낙찰된 업체가 제안서 작성에 소요한 비용 약 100만 불 대비 지급된 설계보상비는 15만 불로 약 15% 정도였으며, 다른 미 연방정부 프로젝트에서도 제안서 작성 비용이 50만 불일 때 설계보상비는 10만 불로 20% 정도가 지급되었다.

전체 공사비 대비 설계보상비의 비율은 어떨까? 제안서를 작성하는데 소요되는 비용을 일반화하는 것이 쉽지 않지만, 공공 발주자들이 개념설계를 작성할 경우 지급하는 금액을 토대로 대략적인 설계비용을 예측하는 것은 가능하다. 미 법령 41 U.S.C. 254(b)에서는 미 정부가 설계 서비스에 대한 비용으로 전체 공사비의 6% 이상을 지급할 수 없도록 제한하고 있다. 그리고 미국건축가협회(American Institute of Architects, AIA)의 가이드라인에 따르면, 개념설계 작업에 소요되는 비용은 전체 설계비용의 20% 수준이라고 한다[5]. 따라서 개념설계 작업에 소요되는 비용은 전체 공사비 6%의 20%, 즉 1.2% 수준이라고 볼 수 있다. 여기에 앞서 언급한 설계 대비 설계보상비의 비율인 20%를 적용하면 설계보상비는 전체 공사비의 0.24% 이하일 것임을 예측할 수 있다.

표 2.3 지급된 설계보상비의 범위

프로젝트 사례	계약 비용	보상비	비율
워싱턴 주의 건축물 프로젝트 (연방조달국)	6,600만 불	0 불	0.000 %
콜로라도 주의 사회기반시설 프로젝트 (콜로라도 주 교통국)	12억 불	100만 불	0.080 %
유타 주의 사회기반시설 프로젝트 (유타 주 교통국)	14억 불	95만 불	0.067 %
미시간 주의 건축물 프로젝트	2,550만 불	1만 불	0.039 %
콜로라도 주의 건축물 프로젝트	1억 2,400만 불	10만 불	0.080 %
유타 주의 사회기반시설 프로젝트 (유타 주 교통국)	13억 2,500만 불	100만 불	0.075 %

[표 2.3]에서는 실제로 몇몇 공공 프로젝트에서의 프로젝트 비용과 제공된 설계보상비의 비율을 볼 수 있다. 콜로라도 주 교통국에서 발주한 12억 불의 프로젝트의 경우 전체 공사비의 0.08%인 약 100만 불이 설계보상비로 지급되었으며, 유타 주 교통국에서 발주한 14억 불의 프로젝트에서는 설계보상비가 전체 공사비의 0.067%인 약 95만 불이 지급되었다.

몬타나 주 교통국의 경우에는 [표 2.4]와 같이 설계보상비를 전체 공사비의 0.4%~0.8% 범위에서 지급하도록 규정하여, 입찰에 참여하는 입찰참가자들이 제안서를 작성하는데 쏟은 노력을 일부 보상해주고 있다.

표 2.4 몬타나 주 교통국의 설계보상비 지급기준

공사비 추정액	권장 범위	보상비의 범위
100만 불 이하	0.0080 × 공사비 추정액	0 ~ 8,000 불
100만 불 ~ 500만 불	0.0060 × 공사비 추정액	6,000 불 ~ 3만 불
500만 불 ~ 1,000만 불	0.0050 × 공사비 추정액	2만 5,000 불 ~ 5만 불
1,000만 불 이상	0.0040 × 공사비 추정액	4만 불 이상

2.2 발주 및 계약단계에서의 수행업무

발주 및 계약단계에서 발주자는 발주문서를 발행하여 디자인빌드 업체들에게 제안서를 작성, 제출하도록 하며, 업체들은 발주문서를 토대로 입찰에 참여할지를 결정한 뒤 제출서류를 작성, 입찰에 참여하게 된다. 발주자는 입찰참가자들이 제안서를 제출하기 전에 사전 개별미팅을 실시하여 제안서 작성과 관련하여 의견을 나누는 시간을 가질 수 있으며, 제안서를 접수받은 후 제안서 평가를 진행하게 된다. 제안서는 발주문서를 작성할 때 수립하여 제시한 선정기준을 토대로 평가되며, 필요한 경우 낙찰자 최종후보들을 대상으로 별도의 인터뷰를 실시하여 제안서의 작성 내용에 대해서 질의응답을 하는 시간을 가지기도 한다. 일련의 과정을 통해 선정된 디자인빌드 업체는 발주자와 디자인빌드 발주계약을 체결하고 실시설계를 작성하게 된다.

특히 공공 발주자가 일반적으로 사용하는 2단계 발주절차에서는 민간 발주자가 사용할 수 있는 단독입찰절차(Sole-Source)나 제한된 참여자들을 대상으로 하는 1단계 발주절차(One-Step with Limited Participation)와 달리, 제안요청서를 발행하기 전에 자격심사요청서(Request for Qualification, RFQ)를 발행하여 입찰참가자격 사전심사(Pre-Qualification)를 실시하고 있다.

발주자의 역할 1. 자격심사요청서 발행

먼저 발주자는 자격심사요청서를 발행하여 입찰에 참여하고자 하는 업체들에게 프로젝트에 참여하기 적합한 자격요건을 갖추었는지를 확인하기 위해 필요한 자료들을 공식적으로 요청하게 된다. 자격심사요청서를 통한 입찰참가자격 사전심사는 입찰에 참여하고자 하는 업체들 중 실제 제안서를 작성하는 업체의 수를 3~5개로 한정함으로써 제안서 작성에 소요되는 사회적 비용을 최소화하고 발주자가 효과적으로 제안서를 평가할 수 있는 여건을 마련하는 것을 목적으로 한다.

자격심사요청서에서는 기본적으로 아래와 같은 내용이 제시되어야 한다.

- 발주자의 이름과 계약 정보
- 프로젝트에 대한 설명
- 예상 공사비

- 경쟁입찰 기간 및 주요 일정
- 자격심사요청서 제출을 위해 필요한 정보
- 자격심사요청서 평가를 위한 평가 기준(Evaluation Criteria)
- 디자인빌더를 선정하기 위한 절차
- 자격심사요청서의 양식(존재 시)
- 자격심사요청서의 제출 시기와 장소

발주자 또는 발주자 측 디자인빌드 컨설턴트는 자격심사요청서 상에서 디자인빌더의 자격을 검증하기 위해서 어떤 정보를 요구할 것인지를 결정하고, 자격심사요청서에 해당 정보를 작성하도록 요청하여야 한다. 일반적으로 자격심사요청서에 요청하는 정보들로는 다음과 같은 정보들이 있다.

- 디자인빌드 업체와 디자인빌드팀 구성원의 디자인빌드 프로젝트 경력
- 디자인빌드 업체와 디자인빌드팀 구성원의 유사 프로젝트 수행 경험
- 설계팀 구성원 및 전문 컨설턴트 명단
- 보증보험(Bond) 능력 및 재정상태(Financial Strength)
- 프로젝트팀 구성원의 이력서
- 설계 및 시공관리계획
- 조직도(Organization Charts)
- 안전기록(Safety Records)
- 품질관리계획(Quality Control Management Plans)

발주자의 역할 2. 사업수행능력평가서의 평가 및 숏리스트 작성

디자인빌드 업체들은 수신한 자격심사요청서의 요건에 맞춰 사업수행능력평가서(Statements of Qualification, SOQ)를 작성하게 된다. 제출된 사업수행능력평가서는 자격심사요청서에서 작성된 선정기준에 따라 평가되며, 평가 방법으로는 각각의 평가항목에 대해서 동등한 점수를 주는 방법과 항목별로 점수에 차등을 주는 방법이 있다. 평가는 발주자 측 직원 또는 디자인빌드 컨설턴트에 의해서 이루어진다. 발주자는 제출된 자격심사요청서를 평가하여 그 중 높은 점수를 받은 3~5개의 업체를 숏리스트에 올리고 해

당 업체들에게 제안요청서를 발행하게 된다.

예를 들어, 캘리포니아 주 교육부(California Department of Education)에서는 다른 발주기관과 마찬가지로 프로젝트의 입찰참가자격 사전심사를 실시하고 있으며, 디자인빌더 선정을 위한 상세한 절차를 거치도록 하고 있다. 특히 입찰참가자격 사전심사 시 표준설문지(Standard Questionnaire)를 이용해서 예비 디자인빌드 업체들의 정보를 조사하고 있다. 표준설문지에서 요구하는 정보는 다음과 같다.

- 건설 서비스 제공과 관련된 시공사의 면허증, 시공사가 가입한 배상책임보험의 가입금액, 재무제표 감사보고서
- 조직 구조, 연혁, 조직성과, 민법/형법의 준수 여부
- 프로젝트 수행보증 능력, 회사의 안전 기록
- 최근 프로젝트 수행 실적

캘리포니아 교육부가 프로젝트에서 요구하는 표준설문지 양식은 건설산업비전포럼 홈페이지(http://www.cvf.or.kr)에서 받아볼 수 있다. 또한 자격심사요청서의 두 사례도 홈페이지에서 찾아볼 수 있다. 사례 중 하나는 로스앤젤레스의 법원 건물을 신축하는 프로젝트에서 작성된 연방조달국(General Services Administration, GSA)의 자격심사요청서이며, 다른 하나는 버지니아 주 교통국(Virginia Department of Transportation, VDoT)에서 고속도로 프로젝트를 위해 작성한 자격심사요청서이다. 각각의 사례에서는 입찰에 참가하고자 하는 디자인빌드 업체가 제출하여야 하는 정보와 사업수행능력평가서의 평가방법에 대해서 자세히 기술하고 있다.

발주자는 충분한 디자인빌더 수를 확보하기 위해서 자격 있는 디자인빌더들이 사업수행능력평가서를 제출하도록 독려해야 한다. 만약 입찰참가자들 모두가 자격요건을 만족시키지 못하는 경우, 발주자는 해당 발주 건을 취소하고 다른 발주방식을 고려하여야 할 것이다. 또한 단 하나의 디자인빌드 업체만이 자격요건을 만족하는 경우, 발주자는 해당 디자인빌더에 대한 제안요청서 발급 여부를 결정해야 한다. 미국 대부분의 공공기관에서는 효과적인 경쟁이 되도록 적어도 3개의 디자인빌드 업체가 입찰참가자격 사전심사를 통과하는 경우에만 2단계를 진행하고 있으며, 1~2개의 업체만이 자격요건을 만족하는

경우에는 해당 발주 건을 취소하고 다른 발주방식을 고려하는 것이 일반적이다[6].

발주자의 역할 3. 제안요청서 발행

사업수행능력평가서의 평가 점수를 기반으로 검증된 디자인빌드 업체 목록인 숏리스트가 작성되면, 발주자는 숏리스트에 올라온 회사들에게 제공할 제안요청서를 작성하여야 한다. 디자인빌드 프로젝트에서 제안요청서를 작성하는 것은 매우 중요하며 그만큼 많은 노력이 요구되는 일이므로, 미국 내 대다수의 발주자는 별도로 디자인빌드 컨설턴트를 고용하여 제안요청서를 작성하고 있다.

제안요청서에서는 디자인빌드 업체에서 제안서를 작성하기 위해 필요한 정보들과 제안서 작성 시 제출해야 하는 정보들을 상세히 설명하고 있어야 한다. 다음은 미국 내 공공기관에서 제안요청서를 통해 제공하는 정보와 제안서에서 작성하도록 요청하는 정보들을 정리한 사례이다.

(1) 제안요청서에서 제공하는 정보의 종류

제안요청서에서는 일반적으로 다음과 같은 정보들이 제공된다.

- 발주자의 이름과 연락처
- 전체 프로젝트의 개요, 예산 및 일정
- 사전 개별미팅과 인터뷰 등을 포함한 전체 입찰 일정
- 제안서 제출 시 요구사항 및 설계보상비(지급 시)
- 제안서 선정 절차, 선정 기준 및 선정 기준 가중치
- 지질조사 보고서를 포함한 공사대지의 상세정보
- 프로젝트 프로그램과 성능요건의 상세정보
- 미적인 요구사항
- 환경 규제
- 설계단계 또는 시공단계에서 고려되어야 하는 기타 제약사항
- 계약 측면에서의 요구사항
- 가격자료(Cost Data)의 양식(필요한 경우)

사례 1. 캘리포니아 주 교육부

캘리포니아 주 교육부에서는 최소한 다음과 같은 정보들을 제안요청서 상에서 제시하도록 하고 있다[7].

A. 교육시설 측면에서의 요구사양

B. 프로젝트 개요

  a) 건물의 유형 및 크기

  b) 공사대지의 유형 및 크기

  c) 주차 및 공사대지 접근과 관련된 요구사항

  d) 건물 내 공간과 외부 공간과의 관계 설명

  e) 특정 건축 양식(필요한 경우)

  f) 성능시방서 및 기타 시방서

C. 학구(學區, School District) 기준 및 특별 요구사항

  a) 향후 확장을 위한 숙박시설

  b) 공동사용의 가능성

  c) 기술 기준

  d) 프로젝트의 품질

  e) 학구(學區)의 설계문서 소유권

  f) 완화 조치(필요한 경우)

D. 지질조사 자료

E. 예산 한도

F. 일정 관련 요구사항

G. 선정 절차

사례 2. 미 공군(United States Air Force)

미 공군에서는 발주자가 적어도 다음과 같은 정보들을 제안요청서 상에서 제공해야 한다고 정하고 있다[8].

A. 프로젝트와 사용자 요구사항에 대한 정의

B. 프로젝트의 목적과 기능에 대한 설명(단, 예비 디자인빌더의 혁신적인 방안의 적용은 허용함)

C. 공사대지의 상세계획

D. 공사대지와 인접 지역의 공공시설물 상세계획 및 기존 공공시설물의 크기

E. 시공 및 책임의 한계에 대한 설명(인접한 곳에 다른 프로젝트가 진행 중인 경우)

F. 적용가능한 건축적인 테마와 설계요소, 허용되지 않는 건물 시스템에 대한 설명

G. 설계와 시공단계에서의 산출물에 대한 설명

H. 발주자 검토 기간에 대한 설명

I. 조정 회의의 요구사항

J. 발주자가 요구하는 설계 및 시공 품질 관리계획, 안전 관리계획, 환경 완화 계획(Environmental Mitigation Plans)에 대한 설명

K. 프로젝트의 종료 시 요구사항에 대한 설명

L. 지속가능성(Sustainability)과 에너지 설계 목표에 대한 설명

M. 설비설치를 위한 공과금 자료

O. 기타 준수하여야 하는 설비설치 문서, 설비설계 가이드 등에 대한 설명

사례 3. 미 해군시설 공병사령부(United States Naval Facilities Engineering Command)

미 해군시설 공병사령부에서는 디자인빌드 프로젝트의 제안요청서 작성 시 다음과 같은 양식을 따르도록 하고 있다[9].

A. 제안서 양식 및 서류

B. 일반적인 요구사항

C. 프로젝트 프로그램

a) 프로그램의 설명

b) 프로젝트의 목적

c) 공사대지 분석

d) 공간 목록 양식(Space Tabulation Form)

e) 공간별 요구사항(Room Requirement)

f) 엔지니어링 시스템의 요구사항

D. 기술시방서(Technical Specification)

E. 기타 시방서(Prescriptive Specifications)

[표 2.5]는 위 세 기관의 제안요청서 상에서 제공하는 정보들을 정리하여 비교한 것으로, 제공하는 사항들이 상당히 유사하다는 것을 알 수 있다.

표 2.5 제안요청서 제공 정보 비교

캘리포니아 교육부	미 공군	미 해군
교육시설 측면에서의 요구사항	성능 측면에서의 요구사항	일반적인 요구사항
프로젝트에 대한 설명	프로젝트에 대한 설명	프로젝트에 대한 설명
공사대지의 요구사항	공사대지의 요구사항	공사대지의 분석자료
설계기준 및 공간별 요구사항	설계기준 및 공간별 요구사항	설계기준 및 공간별 요구사항
지질학적 정보	계약관리 관련 요구사항	성능시방서
예산 한도	제출 서류 요구사항	기타시방서
제출 서류 요구사항	선정 절차	제출 서류 요구사항
선정 절차		선정 절차

(2) 제안서에서 제출하도록 요구하는 정보의 종류

사례 1. 캘리포니아 주 교육부

캘리포니아 주 교육부에서는 디자인빌드 업체에게 제안서 작성 시 다음과 같은 정보를 제출하도록 요구하고 있다[7].

A. 제안 비용

B. 설계 및 시공 직원의 기술적 경험

C. 완공 후 15년 동안의 생애주기비용(Life-cycle Cost)

D. 인턴사원 채용(인턴제도 프로그램)

E. 안전 기록

F. 설계 관리계획

G. 프로젝트 관리계획

H. 에너지, 수자원 보호 방안 및 공과금(Utility Cost)을 절감을 할 수 있는 효율적인 건물 시스템

사례 2. 미 연방조달국(General Services Administration)

미 연방조달국에서는 연방 정부의 신규 건설 프로젝트에서 제안서를 제출할 때 다음과 같은 정보들을 제출하도록 하고 있다[10].

A. 디자인 솔루션(예비 개념)

a) 다음과 관련하여 제안하고 있는 건물의 개념설계(Concept Design)에 대한 서술 (최대 35 페이지)

① 건물 내외부의 재료 및 마감재

② 채택한 재활용 전략

③ 바닥판

④ 건물의 유형, 형태 및 창문의 모양

⑤ 환경적인 질, 업무흐름, 주간 조명, 소음, 편안함 등 작업 공간에 대한 방안

⑥ 실내조명 운영계획

⑦ 핵심적이며 사용 가능한 공간의 효율성

⑧ 공사부지의 이용방안

b) 내부마감재와 외부마감재의 품질에 대한 서술

c) 작업공간의 레이아웃을 포함하여 각 층별 공간계획에 대한 서술

d) 건물이 차지하는 공간, 순환, 주차, 조명, 조경, 보안, 하천과의 근접성, 보도 등을 보여주는 공사부지와 관련된 계획

e) 제안된 구조물의 3D 컬러 렌더링

f) 공공 공간의 특징을 표현한 3D 컬러 렌더링

B. 프로젝트의 관리 방안

a) 공사 관리 방안

① 비용 및 일정 관리 방안

② 발주자와 임차인의 팀 협력 방안

③ 디자인빌드팀을 통한 조정 방안

④ 운영 및 유지보수 관리 방안

⑤ 시공 품질 관리 방안

⑥ BIM(Building Information Modeling) 전략

⑦ 지속가능성(Sustainability) 전략

b) 시공 및 입주에 있어 지연을 발생시킬 수 있는 원인과 이러한 원인들의 발생 및 영향을 최소화하기 위한 방안에 대한 서술

c) 적어도 다음과 같은 활동에 대해서 정의한 실행일정(Implementation Schedule)

① 공간 계획 수립 및 발주자의 검토

② 최종 개념(Concept) 제출 및 발주자 검토

③ 설계 작성 및 발주자 검토

④ 전문건설업체 입찰

⑤ 장기조달물품(Long Lead Procurement Items)에 대한 식별

⑥ 시공

⑦ 시운전(Commissioning)

⑧ 가구 및 장비의 배치

⑨ 입주(Occupancy)

d) 주요 전문건설업체(Subcontractor) 패키지의 예비 목록

C. 총액확정금액방식(Lump-sum)에 따른 비용 제안

발주자의 역할 4. 사전 개별미팅 실시

숏리스트에 올라와 있는 업체들은 발주자 측 직원들과 함께 사전 개별미팅(Proprietary Meetings)을 실시할 수 있다. 업체들은 사전 개별미팅에서 자신이 제안하는 설계 내용을 설명할 수 있는 기회를 가지게 된다. 사전 개별미팅은 개별적으로 이루어지며, 발주자는 한 업체와 논의한 내용을 다른 업체에게 밝히지 않도록 하고 있다. 사전 개별미팅의 목적은 디자인빌드 업체들로 하여금 발주자 측 직원들과 설계안에 대해서 논의하고 피드백을 얻는데 있으며, 몇몇 발주자는 디자인빌드 업체가 제안서를 작성하고 있는 중에 사전 개별미팅을 2~3회 더 가지기도 한다.

발주자의 역할 5. 제안서 평가

앞서 1절에서 간단하게 언급한 것처럼 현재 미국에서 디자인빌드 발주방식을 사용할

때 제안서를 평가하는 방법은 크게 최저가 입찰 방식(Low-Bid), 고정 가격 방식(Fixed Price), 최대가치방식(Best-Value)으로 나눌 수 있다. 이 중 가장 많이 사용되고 있는 방식은 최대가치방식이며, 최저가 입찰 방식은 거의 사용되지 않고 있다. 고정 가격 방식은 최근 최대가치방식에서 추가된 방식으로 사전에 승인된 예산을 보유하고 있는 경우에 주로 사용되고 있다.

(1) 최저가 입찰 방식(Low-Bid)

최저가 입찰 방식은 자격을 갖춘 입찰자 또는 프로젝트에 적합한 입찰자 중 가장 낮은 가격을 제시한 입찰자를 선정하는 방식으로, 주로 업무 범위를 명확하게 정의할 수 있는 프로젝트에서 선호되며 혁신적인 설계 대안을 필요로 하는 프로젝트에는 적합하지 않다. 미국에서 최저가 입찰 방식을 사용한 다자인빌드 발주방식은 재포장 프로젝트, 특정 기초 방식을 사용하는 교량 프로젝트, 상가 체인점, 패스트푸드 체인점 등 비교적 단순하고 반복적인 프로젝트에서 사용되고 있으며, 400만 불 이하의 소규모 프로젝트에 적합하다[11].

따라서 최저가 입찰 방식을 사용하는 경우 굳이 2단계 발주 절차를 사용할 필요는 없다. 실제로 최저가 입찰 방식을 사용하는 디자인빌드 프로젝트에서는 입찰참가자들에게 제안서의 제출을 위한 사전자격요건을 설정하는 형태로 1단계 자격심사를 대신하고 있다. 발주자가 제안요청서 상에서 제공하는 설계의 완성 수준은 1장에서 설명한 설계 디자인빌드 방식(Design Design-Build)과 같이 35% 이상이 되는 경우가 대부분이며, 입찰참가자에게 설계 방안(Design Approach)을 설명하는 도면 외에 추가적인 도면 작성을 요구하지는 않는 편이다.

발주자가 최저가 입찰 방식으로 기술제안서를 평가할 경우, 기술제안서의 평가항목 각각에 대해 점수를 매기지 않고 각 항목별로 성공/실패를 평가하는 것이 일반적이다. 최저가 입찰 방식에서 기술제안서 평가를 통과하기 위해서는 제안요청서 내 요구사항을 모두 충족시켜야 하며, 이를 초과하는 성능을 제시할 수 있어야 한다. 캘리포니아 주 교통국(The California Department of Transportation, Caltrans)에서는 최저가 입찰 방식을 사용하고자 할 경우 일반적으로 아래와 같은 절차를 따르도록 하고 있다[12].

A. 프로젝트의 목표와 규명된 리스크를 기반으로 평가 기준을 수립하여야 한다. 그리고

각각의 평가 기준은 점수 기반 또는 성공/실패 기반으로 평가되어야 한다. 평가 기준은 가능한 한 성공/실패 기반으로 하되, 단순히 적합성을 평가하기보다는 측정 가능한 기준을 가질 수 있도록 해야 한다.

B. 디자인빌드 발주 패키지를 준비해서 발행해야 한다. 패키지는 최소한 다음과 같은 항목들을 포함하고 있어야 한다.

a) 업무 범위, 계획안, 시방서

b) 입찰 양식

c) 계약 완료일

d) 디자인빌드 평가 계획안과 평가 기준

e) 부적합한 제안서에 대한 설명

C. 입찰참가자들에게 디자인빌드 기술제안서와 가격제안서를 받아야 한다.

D. 사전에 공표한 평가 기준에 맞춰 기술제안서를 평가하여야 한다. 그리고 부적합한 제안서를 판별하기 위해서 제안요청서 상에서 적합하다고 볼 수 있는 최저 점수 기준을 수립하여야 한다.

E. 제출된 제안서 중 적합하다고 판별된 제안서들의 가격제안서를 받고, 부적합하다고 판별된 제안서를 작성한 입찰참가자들에게 봉인된 가격제안서를 돌려주어야 한다.

F. 봉인된 가격제안서를 열어서 비교한다.

G. 최저가를 제출한 입찰참가자를 낙찰자로 선정한다.

위의 방법 외에도 먼저 봉인된 가격제안서를 열어서 최저가로 보이는 가격을 결정한 뒤에, 기술제안서의 적합성을 평가하는 방법을 사용하여 제안서를 평가하는데 드는 시간과 노력을 줄일 수 있다. 플로리다 주 교통국의 디자인빌드 발주방식 가이드에서는 최저가 방식에서의 기술제안서 평가 시 다음과 같은 절차를 거치고 있다.

먼저 계약 부서(Contracting Unit)에서 디자인빌드 업체의 설계자와 시공자의 입찰참가자격 사전심사를 실시하고 시공자의 시공능력(Capacity)을 평가한다. 계약 부서는 입찰참가자격 사전심사와 시공능력 평가 자료에 대해 주의 건설사무소(Construction Office) 소속의 사전심사전문가에게 문의를 한 뒤, 디자인빌드 업체의 프로젝트 적합여부를 결정하게 된다.

그 다음, 제안서 평가위원(Proposal Evaluators)들은 제출된 제안서 중 가장 낮은 가격을 제시한 제안서의 설계개념과 예비설계(Preliminary Design)를 검토하여 제출된 기술제안서의 적합성을 판별한다. 만약 해당 기술제안서가 적합하지 않다고 판별될 경우, 제안서 평가위원들은 그 다음 낮은 가격을 제출한 제안서의 적합성을 판별하게 된다. 제안서의 적합성은 제안요청서에서 요구한 정보를 전부 제출하였는지, 제출한 정보가 요청한 상세수준에 맞게 작성되었는지, 그리고 제시된 설계 및 시공 기준에 부합되는지에 의해서 판별되게 된다. 계약 부서는 제안서 평가 결과 부적합하다고 판별된 업체에게 판별 직후 해당 사실을 언급 또는 통보할 수도 있으나, 적합한 입찰업체가 판별되기 전까지 이러한 사실을 언급하거나 통보하지 않는 것이 일반적이다.

적합한 입찰자가 판별된 뒤, 제안서 평가위원들은 이를 선정위원회(Selection Committee)에 통보한다. 모든 제안서가 부적합하다고 판별되는 경우가 아니라면, 선정위원회에서는 적합 판별을 받은 업체 중 가장 낮은 가격의 제안서를 제출한 업체와 계약을 체결하도록 승인하여 주며, 계약 부서는 제안된 가격으로 계약을 체결하게 된다.

(2) 고정 가격 방식(Fixed Price)

고정 가격 방식은 발주자가 제안요청서 상에서 프로젝트의 비용으로 특정 금액을 지정함으로써, 발주자의 선정 시 가격을 평가항목으로 고려하지 않는 방식을 의미한다. 고정 가격 방식을 사용할 경우, 발주자는 5~7명으로 구성된 심사단(Jury)으로 하여금 제안서를 평가하게 하는 "Jury Method"를 사용하게 된다. 이 때 심사단은 발주자의 요구사항에 대해서 충분히 인식하고 있어야 하며, 제시된 제안서의 복잡한 설계 대안들을 이해할 수 있는 능력을 갖추어야 한다. 심사단은 제안요청서 상에서 제시한 평가기준에 맞추어 제안서를 평가하고 발주자의 목적에 가장 부합하는 제안서를 선택한다. 일반적으로 심사단은 1~2명의 설계 전문가와 1~2명의 시설 사용자, 1~2명의 운영 및 유지보수 담당 직원, 1명 이상의 발주자 측 시공 관리 직원의 대표자로 구성된다. 심사단의 단장으로는 발주자나 직급이 가장 높은 직원이 선출된다.

"Jury Method"를 사용할 경우, 심사단은 제안서의 기술적인 장점을 평가하고 제안요청서 상의 평가기준에 따라 점수를 매기게 된다. 발주자가 인터뷰를 실시하고자 할 경우는 평가된 점수 중 높은 점수를 받은 디자인빌드 업체들을 별도로 선정해 인터뷰를 실시하고, 인터뷰의 점수와 제안서의 점수를 합산한 총점으로 낙찰자를 선정하게 된다. 만약 발주자가 인터뷰를 실시하지 않을 경우에는 심사단에 의해서 평가된 점수에 의해서 낙찰자가 선정되게 된다.

심사단은 단순히 심의만을 수행하는 것이 아니라, 숏리스트에 있는 디자인빌드 업체들과 사전 개별미팅이나 인터뷰가 있을 경우에도 모두 참석하여 논의되는 사항들을 들어야 한다. 따라서 프로젝트의 낙찰자 선정을 위해서 심사단은 몇 주간 노력을 쏟아야만 한다.

만약 발주자가 디자인빌드 컨설턴트를 고용하여 발주문서를 작성한 경우, 디자인빌드 컨설턴트는 심사단에게 자문을 해줄 수는 있으나 심사단의 일원으로 포함되지는 않는 편이다. 반면 발주자가 건설사업관리자를 고용하여 추후 진행되는 실시설계단계와 시공단계에서의 관리 · 감독 업무를 대행하도록 한 경우, 해당 건설사업관리자는 심사단의 일원으로 포함되는 것이 일반적이다.

(3) 최대가치방식(Best-Value)

최대가치방식은 가격과 기타 제안서 내의 다양한 요소들을 복합적으로 평가하여 발주자에게 가장 높은 가치를 제공할 수 있는 입찰자를 낙찰자로 결정하는 방식을 의미한다. 최대가치방식을 사용할 경우, 발주자는 제안요청서 상에서 디자인빌드 업체들에게 상세한 기술 제안서(Technical Proposal)와 비용 제안서(Cost Proposal)를 함께 제출하도록 요구해야 한다.

발주자는 최대가치방식을 통한 제안서 심사 시 기술 제안서와 비용 제안서를 각각 검토하기 위하여 두 개의 심사위원회(Review Committees)를 구성하는 "Technical Evaluation Method"을 사용하게 된다. 기술 제안서를 평가하는 심사위원회는 "Jury Method"의 심사단과 비슷하게 구성되며, 제안서의 기술적인 장점들을 평가할 수 있는 기술적 · 기능적 측면에서 전문가들로 구성된 지원팀의 도움을 받게 된다. 비용 제안서를 평가하기 위한 심사위원회는 3~4명의 발주자 측 공사비 관련 엔지니어들로 구성되며, 발주자 측에서 적절한 역량을 가진 직원을 보유하고 있지 못한 경우에는 컨설턴트를 따로 고용하기도 한다.

발주자는 두 제안서의 평가 점수를 합산, 검토하여 프로젝트의 디자인빌드 업체를 선정한다. 기술 제안서의 평가 시 부적합한 제안서를 추려내기 위해서 각각의 항목에 대해서 최고 점수의 85% 미만의 점수를 획득한 제안서는 제외하도록 하고 있다. 다음은 워싱턴 주 교통국에서 디자인빌드 방식을 사용한 한 고속도로 프로젝트의 기술 제안서 평가기준 사례이다.

- 프로젝트 관리 방안 (100점)
- 일정 (75점)
- 품질 관리 계획 (125점)
- 환경규정 준수 계획 (100점)
- 현장 내 교통량 및 현장배치 계획(Staging Plan)[13] (175점)
- 도로 (150점)
- 구조물 (75점)
- 배수 (50점)
- 도로 포장 설계 (50점)
- 도로변 복원 및 미적 처리 (50점)
- 공공시설물 및 제3자[14] (50점)

비용 제안서의 평가 시에는 가장 낮은 가격을 제출한 제안서를 전체 점수 100%를 받도록 하고 다른 제안서들은 해당 가격과의 차이만큼의 비율로 전체 점수를 차감하여 받는 차등평가방식을 사용하고 있다. 예를 들어 제안된 최저가액보다 10% 높은 비용을 제시한 제안서의 경우, 비용 부분에서 받을 수 있는 점수의 90%를 받게 되고, 최저가액보다 20% 높은 비용을 제시한 제안서는 최고 점수의 80%를 받게 된다.

발주자가 "Technical Evaluation Method"를 사용하여 낙찰자를 선정할 경우, 다음과 같이 "합산점수를 통한 평가 방법", "최대가치 기반의 평가 방법", "조정 점수를 통한 평가 방법" 중 한 가지 방법을 사용하여 기술 제안서와 가격 제안서의 점수를 합쳐서 최종 점수를 산정할 수 있다.

평가방법 1. 합산점수를 통한 평가 방법

"합산점수를 통한 평가 방법"은 기술 제안서의 평가 점수, 인터뷰 점수, 가격 제안서의 평가 점수를 더한 합산점수(Composite Score)를 기반으로 디자인빌드 업체를 선정하는 방법으로서, 미국의 디자인빌드 발주방식에서 제안서를 평가할 때 가장 보편적으로 사용하고 있는 방법이다. 합산 점수를 구하는 수식은 다음과 같다.

$$합산점수 = (평가항목_1 \times 가중치_1) + (평가항목_2 \times 가중치_2) + \cdots + (평가항목_n \times 가중치_n)$$

평가항목과 가중치는 발주자에 따라 달라질 수 있으며, 몇몇 발주자는 자격심사요청서의 점수와 인터뷰 점수를 평가항목으로 포함시키지 않고 단순히 기술 제안서와 가격 제안서의 평가 점수만을 합산하여 낙찰자를 결정하기도 한다. [표 2.6]은 합산점수를 통한 평가 방법을 적용한 사례로, 입찰한 사람 중 합산된 점수가 가장 높은 입찰자 B가 낙찰되는 방법이다.

표 2.6 합산점수를 통한 제안서 평가 사례

	참가의향서 (1~25)	기술 제안서 (1~50)	인터뷰 (1~25)	가격 제안서 (1~30)	합산 점수 (1~130)
입찰자 A	25	45	20	20	110
입찰자 B	24	49	18	22	113
입찰자 C	22	42	22	25	111

평가방법 2. 최대가치 기반의 평가 방법

"최대가치 기반의 평가 방법"은 제안서의 기술점수를 제안한 가격으로 나눈 값을 비교하여 가장 높은 값을 얻은 제안서를 제출한 업체를 낙찰자로 선정하는 방법이다. "최대가치 기반의 평가 방법"은 미 교통국에서 주로 사용하는 방법이다. [표 2.7]은 아래와 같이 최대가치를 평가하는 수식을 활용하여 제안서를 평가한 사례이다.

$$최대가격 = \frac{(기술점수) \times (100만\ 불)}{제안가격}$$

표 2.7 최대가치를 통한 제안서 평가 사례

	기술점수	제안가격	최대가치 점수
입찰자 A	92	1,580만 불	5.8
입찰자 B	86	1,375만 불	6.3
입찰자 C	74	1,250만 불	5.9

평가방법 3. 조정점수를 통한 평가 방법

일부 미 교통국에서는 입찰자 중 제안된 가격을 기술점수로 나눈 조정점수(Adjusted Score)가 가장 낮은 자를 낙찰자로 선정하는 "조정점수를 통한 평가 방법"을 사용하기도 하나, 일반적으로 "조정점수를 통한 평가 방법"은 미국의 디자인빌드 프로젝트에서 거의 사용되지 않고 있다. [표 2.8]은 조정점수를 적용한 사례이다.

표 2.8 조정점수를 통한 제안서 평가 사례

	기술점수	제안가격	조정점수
입찰자 A	92	1,580만 불	171,739
입찰자 B	86	1,375만 불	159,883
입찰자 C	74	1,250만 불	168,919

2.3 실시설계단계에서의 수행업무

디자인빌드 발주방식을 사용할 경우, 계약을 체결한 다음부터 발주자가 수행하는 업무들은 상당히 줄어들게 된다. 실시설계단계에서 설계업무는 디자인빌드팀에 속한 설계자가 진행하게 되며, 발주자는 작성된 실시설계도서가 계약 내용에 부합하게 작성되었는지를 검토하는 업무 정도만을 수행하게 된다. 발주자는 작성된 실시설계도서를 직접 검토할 수도 있고, 별도로 계약을 체결한 건설사업관리자로 하여금 검토하도록 할 수도 있다.

실시설계단계에서부터는 디자인빌더가 수행하여야 하는 업무들이 등장한다. 디자인빌더는 우선 실시설계를 위한 사업비 운용계획과 설계 관리체계를 수립한 뒤, 시공도(Contract Drawings), 기술시방서(Technical Specifications) 등 각종 실시설계도서를 작성하게 된다.

발주자의 역할 1. 설계도서 검토

디자인빌더는 제안서를 작성할 때 제출한 설계를 기반으로 하여 설계를 완성하고, 시공도(Contract Drawings)를 그리며, 시공단계에서 사용할 기술시방서(Technical Specifications)를 작성하게 된다. 디자인빌더가 실시설계를 작성할 때에는 제안요청서 상에서 명시된 프로그램과 성능요건을 만족시키면서 동시에 계약한 비용과 일정 등의 제약사항을 충족시킬 수 있는 설계를 작성해야만 한다. 역으로 발주자는 실시설계가 위에서 계획한대로 진행되고 있는지를 검토할 수 있는 권한을 가지고 있다.

발주자가 설계도서를 검토하는 방법으로 크게 "공식검토(Formal Review)"와 "간략검토(Over-the-Shoulder Design Review)"가 있다. 물론 설계검토를 전혀 수행하지 않고 모든 책임을 디자인빌더에게 떠넘기는 경우도 존재하나, 일반적으로 발주자들 대부분이 일정 수준의 설계검토는 수행하는 편이다.

공식검토는 발주자 측 직원 또는 별도 계약된 건설사업관리자가 설계도서를 상세히 검토한 후 검토결과에서 지적한 문제점을 수정하도록 지시하는 방법으로, 만약 발주자가 공식검토를 진행하고자 하는 경우에는 제안요청서 상에 미리 검토시점을 명시해야만 한다. [표 2.9]는 각 기관별 공식검토의 기간을 보여주고 있다.

표 2.9 기관별 공식검토 시점

발주기관	공식검토 시점
미 연방조달국	설계 진행도 35%, 50%, 100% 시
미 육군 공병사령부	설계 진행도 50%, 100% 시
워싱턴 교통국	설계 진행도 30%, 60%, 90% 시

간략검토는 설계가 진행될 때마다 발주자의 대리인이 진행부분에 대해서 간단히 검토한 다음 설계팀에게 관련된 검토결과를 전달하는 방법으로 공식검토와는 달리 검토 과정에 소요되는 시간을 줄일 수 있다는 장점이 있다.

디자인빌더의 역할 1. 사업비 운용계획 수립

실시설계단계부터 사업비 관리의 책임은 "발주자"가 아닌, "디자인빌더"에게로 전가된다. 따라서 디자인빌더는 계약한 예산을 초과하지 않기 위해 실시설계를 작성하기 전에 전체 프로젝트의 사업비 운용계획(Cost Model)을 수립하여야만 한다. 사업비 운용계획에는 프로젝트의 주요 구성요소를 정의하고, 각 구성요소별 목표가격을 정하는 업무가 수반된다. 현재 미국에서 건축 사업비 운용계획 수립 시 가장 일반적으로 사용하는 분류체계는 건물의 구성요소를 다음과 같이 분류하는 "유니포맷(Uniformat)"이다.

- 기초(Substructure)부문 : 기초, 지하실 공사
- 외부 구조물(Shell)부문 : 바닥, 외벽, 지붕 공사
- 인테리어(Interiors)부문 : 내벽, 계단, 마감 공사
- 서비스(Services)부문 : 수송, 배관, 공조, 방화, 전기 공사
- 장비 및 가구(Equipment & Furnishings)부문
- 특수 건설 및 철거(Special Construction & Demolition)부문
- 건물 대지 작업(Building Sitework)부문 : 부지 정리 및 개선, 기계 및 전기 설비 설치

디자인빌더는 건물의 구성요소를 분류한 다음 데이터베이스나 가격 참고자료(Cost Reference)를 사용하여 각각의 구성요소별 목표 가격을 수립한다[15]. 만약 설계팀이 설계와 관련된 의사결정을 통해 변경사항이 발생하면, 변경사항을 반영하여 사업비 운영계획 내 예상가격을 갱신하게 된다.

디자인빌더의 역할 2. 설계 관리체계 수립

디자인빌더는 설계업무를 효과적으로 관리하기 위해서 사업비 운용계획을 수립한 다음 설계 작업을 조직구성도(Organizational Framework) 형태로 분화하여 주요한 설계 작업들이 어떠한 구조로 구성되어 있으며, 각 업무 간의 관계는 어떻게 연계되어 있는지 정리하여야 한다. 다음은 일반적인 건물 프로젝트의 설계 작업 분류체계(Design Work Breakdown Structure) 사례이다. 분류체계의 구성 작업은 시공자가 시공 일정을 작성하기 위해 시공 업무를 분류, 배치하는 것과 유사하게 진행된다.

- 공사대지의 기본적인 구성 구축
- 건물 각 층의 기본적인 구성 구축
- 개념 설계 작성
- 개념 설계에 대해서 발주자에게 검토받기
- 구조 재료의 선택 및 구조설계 작성
- 건물 기초 설계 및 공공시설물과의 연계 구상

• 공사대지 요소 설계
• 외장 및 지붕의 재료 선택 및 설계 작성
• 창문과 문의 재료 선택 및 설계 작성
• 기계시스템 설계
• 화재 스프링클러 및 알람시스템 설계
• 전기시스템 설계
• 수직 운송시스템 설계
• 인테리어 벽 구조 재료 선택 및 설계
• 마감 재료 선택 및 설계
• 시공도면 작성 완료
• 기술시방서 작성 완료

설계 작업의 분류체계를 구축하게 되면 설계관리자는 전체 설계 업무를 파악할 수 있고, 각 업무들 간의 정보 종속성(Information Dependencies)을 손쉽게 식별할 수 있으며, 설계진행을 관리할 수 있는 일정 작성이 가능해진다. 최종 산출물은 컴퓨터로 작성된 시공 일정표와 비슷하다. 다만 업무가 시공 업무가 아닌, 설계 업무라는 차이만 있다.

2.4 시공단계에서의 수행업무

시공단계에 들어서면서 발주자가 수행하는 업무는 급격히 줄어들고, 반대로 디자인빌더가 수행하여야 하는 업무는 급격히 증가한다. 발주자가 하여야 하는 일은 자신의 대리인(Representative)을 선정하여, 공사현장의 운영을 감독하도록 하는 일과 프로젝트가 완료될 즈음에 사전 최종 검사 및 최종 검사를 수행하는 일 정도이다.

반면 디자인빌더는 시공 업무 전체에 대해서 작업을 진행하고 매달 작업 진행률을 보고하고 기성금을 요청해야 한다. 또한 시공 도중에 발생할 수 있는 설계 오류나 전문건설업체 등의 추가정보 요청에 대해서도 모두 책임을 지고 해결해야 한다. 다만 발주자가 제공한 정보가 문제가 있어 설계변경이 필요한 경우에는 설계변경을 요청할 수 있다.

발주자의 역할 1. 공사현장 운영상태 관리 및 감독

발주자는 내부 직원 또는 별도 계약한 건설사업관리자를 자신의 대리인으로 선정할 수 있다. 대리인은 디자인빌더가 계약을 올바르게 수행하고 있는지를 감독하고, 발주자와 관련된 다른 문제들이 발생할 경우 이에 대응하는 역할을 수행한다. 시공단계에서 대리인이 대행하는 발주자의 권한은 다음과 같다.

- 현장 밖에서 진행된 사전 제작 작업(Pre-Fabrication)을 포함하여 공사가 진행되는 동안에 수행되는 모든 작업에 대해서 검사할 수 있는 권한을 보유한다.
- 디자인빌더의 품질보증(QA)/품질관리(QC) 프로그램에 대한 검토, 승인, 감독을 할 수 있다.
- 프로젝트의 실질적(Substantially) 완료와 최종(Finally) 완료시점을 결정할 수 있다.
- 시공 일정과 관련된 정기적인 업데이트를 요구할 수 있다.

발주자의 역할 2. 사전 최종 검사(Pre-Final Inspection) 및 최종 검사(Final Inspection) 실시

프로젝트의 완료가 가까워지면, 디자인빌더는 발주자가 사전 최종 검사에 참여하도록 요청해야 한다. 발주자는 사전 최종 검사를 통해서 제안요청서 상에서 제시된 요구사항들이 제대로 준수되었는지를 확인할 수 있으며, 만약 요구사항을 준수하지 못하는 항목들에 대해서는 개선을 요구할 수 있다. 프로젝트의 발주자 또는 건설사업관리자는 일반적으로 디자인빌더의 설계팀과 시공팀 구성원들과 함께 사전 최종 검사를 수행한다. 또한 공공 프로젝트의 경우, 해당 공공기관의 검사관은 사전 최종 검사에 참석하거나 개별적인 검사를 추가로 시행할 수 있다.

사전 최종 검사에서는 프로젝트의 목적에 맞게 활용되기 위해서 필요한 항목들이 어떠한 것이 있는지 결정하고, 해당 항목들이 다 완료되었는지를 확인하게 된다. 이러한 것을 "예비준공(Substantial Completion)"이라 한다. 남아있는 모든 결함들이 정정되었을 때, 모든 업무가 제대로 수행되었는지를 검사하는 최종 검사(Final Inspection)가 이루어진다. 최종 검사가 이루어진 후 디자인빌더는 최종 지급 신청을 하게 되며, 발주자는 디자인빌드 계약을 종료하게 된다. 발주자는 사전 최종 검사와 최종 검사와 관련해서 별도로 요구할 사항이 있는 경우, 미리 제안요청서 상에서 해당 요구사항에 대한 내용을 제시하여야 한다.

디자인빌더의 역할 1. 기성금 신청 및 지급

디자인빌드 계약이 총액확정금액방식(Lump-Sum)으로 이루어진 경우, 디자인빌더는 계약 당시에 매달 진행사항에 맞춰 기성금(Progress Payment)을 요청하는 근거가 되는 "공종별 내역(Schedule of Values)"을 발주자에게 제출하여야 한다. 공종별 내역에서는 설계와 시공단계에서 디자인빌더가 수행해야 하는 모든 작업들로 분화될 수 있다. [표 2.10]은 공종별 내역의 예시이다.

미국의 경우 디자인빌더는 매월 말 공종별 내역에 있는 작업들의 수행률이 포함된 기성금 요청서류를 제출해야 한다. 발주자의 대리인은 이러한 지불 요청서류가 제대로 작성되었는지 검토한 뒤, 발주자에게 전달하여 매달 작업이 진행된 만큼의 기성금을 지불하게 된다.

만약 디자인빌드 계약이 총액확정금액방식이 아니라 원가가산계약방식(Cost-Plus

표 2.10 디자인빌드 프로젝트의 공종별 내역 사례

업무 범위	가치
설계 서비스	$3,450,000
시공 서비스	$52,931,640
– 공사대지	$2,050,340
– 기초	$1,985,760
– 상부구조	$12,459,450
– 건물외부	$5,457,670
– 지붕	$750,860
– 내부 시공	$7,250,570
– 내부 마감	$2,150,450
– 엘리베이터	$1,057,850
– 배관	$1,075,980
– 난방, 환기, 공조	$9,590,120
– 방화	$850,870
– 전기	$8,150,970
– 설비 및 가구	$100,750
총 액	$56,381,640

Fee)으로 이루어진 경우라면 디자인빌더와 발주자는 사전에 프로젝트의 소요예정비용 중 매달 정산할 항목과 정산하지 않을 항목에 대해서 명확하게 정의를 해야 한다. 정산을 위해서 디자인빌더는 매달 급여지불자료(Payroll Data), 전문건설업체 송장(Subcontractor Invoices), 조달업체 송장(Supplier Invoices), 장비 비용 등 정산하기로 결정한 항목의 모든 지불내역을 정리한 서류를 발주자 측에 제출해야 한다. 또한 매달 디자인빌더에게 지불해야 하는 수수료(Fee)를 계산하기 위해서 공종별 내역 또한 작성해야 한다. 다시 말해 디자인빌더가 제출하는 지불 요청서류는 크게 소요 금액의 지불에 대한 정산 요청 서류와 수수료지급신청 서류로 나눌 수 있다.

디자인빌더의 역할 2. 설계변경 요청

디자인빌더의 계약금액(Contract Value)은 제안요청서에 포함되어 있는 프로젝트의 성능요건과 지질조사 보고서에서 서술되어 있는 공사부지의 상태에 근거하여 결정된다. 따라서 실제 공사부지가 지질조사 보고서에서 설명한 것과 상태가 달라서 추가적인 작업이 필요한 경우, 디자인빌더는 발주자에게 설계변경을 요청해야 한다. 또한 발주자의 요구사항 변경이 발생할 경우에도 그에 따른 설계변경이 필요하다. 만약 발주자가 계약이 체결된 후에 설계 요구사항을 변경하고자 하는 경우, 발주자가 먼저 설계변경 제안서를 요청해야 한다.

발주자 측의 과실로 설계변경이 발생할 경우, 발주자는 우선 디자인빌더에게 설계변경에 따른 공사금액과 공사일정의 영향을 분석한 설계변경 제안서를 작성하여 제출하도록 요청하게 된다. 설계변경에 따라 디자인빌더가 받게 되는 피해를 보상하기 위해서 발주자와 디자인빌더는 제출된 설계변경 제안서를 토대로 협상을 진행하여 공사금액과 공사일정을 조정하게 된다. [그림 2.2]는 이러한 설계변경의 절차를 정리한 것이다.

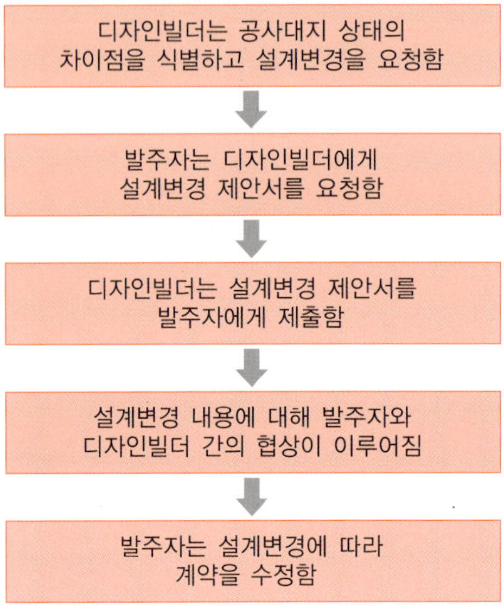
디자인빌더는 공사대지 상태의
차이점을 식별하고 설계변경을 요청함
발주자는 디자인빌더에게
설계변경 제안서를 요청함
디자인빌더는 설계변경 제안서를
발주자에게 제출함
설계변경 내용에 대해 발주자와
디자인빌더 간의 협상이 이루어짐
발주자는 설계변경에 따라
계약을 수정함

그림 2.2 설계변경 절차

3 미국 디자인빌드 발주방식의 특성은 어떠한가?

미국 디자인빌드 발주방식에서는 우리가 기존에 디자인빌드 발주방식에 대해서 알고 있었던 점들과 다소 차이가 있는 부분들이 존재한다. 본 절에서는 국내에서 알고 있는 디자인빌드 발주방식과 미국 디자인빌드 발주방식이 가지는 차이점들을 도출하여 미국 디자인빌드 발주방식만의 특성을 정리해보고자 한다.

3.1 발주자의 다양한 역할

미국 디자인빌드 발주방식이 가지는 가장 큰 특징은 발주자가 수행하는 업무와 역할이 생각 외로 많다는 점이다. 국내에서는 디자인빌드 발주방식을 흔히 턴키 발주라고 부를 만큼 발주자의 역할이 대부분 디자인빌더로 전가되는데 비해, 미국에서는 발주자와 디자인빌더가 합리적으로 역할과 리스크를 배분하고자 노력하고 있다. 또한 발주자의 영향력 감소를 고려해서 발주문서를 작성하는데 더 많은 노력을 기울이고 있다.

발주방식의 신중한 선정

미국의 경우, 발주자는 프로젝트의 발주방식을 선정할 때, 적합한 발주방식을 선정하기 위해서 많은 노력을 기울이고 있다. 발주자는 먼저 프로젝트의 발주방식을 선정할 때 프로젝트의 대내외적인 여건을 고려하여 발주방식을 신중하게 결정하고 있으며, 발주방식을 결정한 뒤에도 사전 준비사항의 부합 여부 확인, 적절한 리스크 배분의 가능 여부 확인, 발주자의 발주문서 작성 역량과 프로젝트의 관리 및 감독 역량 확인 등의 추가 확인 작업을 통해서 디자인빌드 발주방식의 사용을 신중하게 결정하고 있다. 또한 발주방식의 결정 후, 결정사유를 문서화하여 남겨 놓음으로써 추후에 발주방식 선정과정과 관련된 논란이 발생할 경우, 활용할 수 있도록 하고 있다.

리스크의 사전조사 및 배분

발주자는 프로젝트를 진행하면 발생할 수 있는 리스크 요인들에 대해서 사전에 조사를 진행하고 나아가 발주자와 디자인빌더 각각이 책임져야 하는 리스크와 공동으로 책임져야 하는 리스크에 대해서 명확하게 정의를 내리는 작업을 진행하게 된다. 이러한 리스크의 사전조사 및 배분은 추후 발생할 수 있는 다양한 문제들에 대해서 책임소재를 분명히 할 수 있다는 장점이 있다.

또한 합리적인 리스크 배분을 통해서 계약금액을 절감할 수 있다. 디자인빌드 발주방식에서 발주자는 자신이 기존에 부담해야 했던 많은 리스크들을 디자인빌더에게 전가시킬 수 있다. 따라서 디자인빌드 발주방식은 다른 어떤 발주방식보다 디자인빌더의 책무가 포괄적이며, 이는 많은 공공기관에서 발주방식을 선호하게 하는 요인으로 작용하고 있다. 하지만 디자인빌더에게 리스크를 모두 전가시키는 것은 아무런 대가 없이 이루어지는 것이 아니다. 리스크를 가지는 것은 불확실성에 대한 책임을 전가하는 것이므로 입찰참가자는 이에 상응하는 금액을 입찰가격에 반영할 수밖에 없기 때문이다. 반대로 "별첨 1. 디자인빌드 프로젝트의 수행사례" 중 워싱턴 주 킹 카운티 사례에서 발주자인 킹 카운티 측이 주요 자재가격의 인상과 실제 대지의 지질상태가 지질조사 결과와 다를 경우에 대한 리스크를 부담하였던 것처럼, 발주자가 디자인빌더가 부담할 리스크를 적절하게 함께 부담함으로써 계약금액을 오히려 낮출 수 있다는 점을 고려해야 한다.

프로젝트의 명확한 정의

디자인빌드 발주방식의 성공을 위해서 선행되어야 하는 업무 중 하나로 프로젝트의 명확한 정의를 꼽을 수 있다. 미국의 경우, 발주자는 자체 인력으로 발주문서 상에서 프로젝트를 명확하게 정의할 수 없는 경우 별도로 디자인빌드 컨설턴트를 고용해서라도 프로젝트를 명확하게 정의하고자 노력하고 있다. 프로젝트의 명확한 정의와 관련해서 세부적으로는 다음과 같은 사항들을 만족해야 한다.

(1) 프로젝트의 요구조건을 충분히 기술할 수 있는가?

이 질문은 해당 사업의 결과물과 성능에 대해서 충분히 정의가 되어 있는가를 확인하는 질문이다. 쉽게 말하자면, 발주자가 원하는 것을 발주자가 정확하게 파악하고 있는가에 대한 것이다. 발주자 측에서 원하는 결과물과 성능에 대해서 구체적으로 정의가 되어 있지 않는 경우에는 가교 방식을 적용하여 이에 대한 구체적인 정의가 이루어질 때까지 설계를 진행하거나, 설계자를 고용하여 설계를 완성시킨 후 설계 · 시공분리발주방식을 사용하는 것이 더 나을 수 있다.

(2) 현재의 지질조건에 대하여 충분한 정보를 가지고 있는가?

기본적인 지질조사는 발주자가 엔지니어를 고용하여 하는 것이 좋다. 지질조건에 대해서 불확실성이 많을 경우에는 디자인빌더가 이러한 불확실성을 입찰가격에 포함시키며, 실제 지질조건이 상이할 경우 설계변경으로 계약금액을 조정할 것이라는 것을 고려할 때, 디자인빌드 발주방식이 최선이라고 할 수 없다.

(3) 환경조사는 완료되었으며 관련 허가는 취득하였는가?

환경조사와 환경관련 허가취득을 위한 서류는 발주자가 발주 전 계획단계에서 준비해야 하는 의무사항이다. 만약에 발주가 완료되고 공사가 진행되었는데 환경허가를 받지 못하는 경우 공사가 취소될 수도 있으며 이는 곧 발주자에게 큰 손해로 작용하게 된다.

(4) 모든 토지보상관계가 해결되었는가?

발주자는 디자인빌드를 발주하기 전에 토지보상문제를 해결하여야 한다. 보통 토지보상전문업체(Right-of-Way Professionals)를 고용하는데, 이들 업체는 사업 초기단계부터 참여하여 토지측량과 토지소유주와의 협상 등을 담당한다.

(5) 시민단체 등의 관계기관 및 단체들과의 업무협의가 되었나?

발주 후나 디자인빌더 선정 후 공사가 중단되는 일을 피하기 위해서 시민단체나 산림협회 등 공사수행과 관계된 여러 다양한 기관 및 단체들과 공사에 차질을 빚지 않도록 사전협의가 돼야 한다.

(6) 공공시설물의 사용 또는 이전과 관련된 협의가 이루어졌는가?

발주 전에 수도, 전기, 가스회사들과의 협의가 완료되어야 발주를 할 수 있다.

특히 프로젝트의 요구조건을 명확하게 하는 것은 매우 중요하다. 만약 프로젝트의 요구조건이 분명하게 정의되지 않은 상태로 계약을 체결하게 되면, 계약을 체결한 후에 조건이 새로 추가되거나 변경되는 경우에 시간적, 비용적인 측면에서 많은 타격을 받을 수 있다. 실제로 앞서 발주방식의 선정과정에서도 요구조건의 정의는 주요한 검토항목 중 하나로 작용하고 있다. 물론 "별첨 1. 디자인빌드 프로젝트의 수행사례" 중 크리스피크림의 사례와 같이 "다이렉트 디자인빌드 방식(Direct Design-Build)"을 사용하는 경우, 프로젝트가 충분하게 정의되지 않아도 디자인빌드 발주방식을 사용할 수 있다. 하지만, 이 경우 경쟁입찰을 통해 가격경쟁을 시킬 수 없으므로 공공 프로젝트에서는 사용하기 어렵다는 문제점이 존재한다.

환경조사 및 환경관련 허가취득을 위한 서류 준비

환경조사와 환경관련 허가취득을 위한 서류 준비는 발주자가 발주 전 계획단계에서 반드시 수행해야 하는 사항들이다. 만약에 발주가 완료되고 공사가 진행되었는데 환경허가를 받지 못하는 경우에는 공사가 취소될 수도 있으며 이는 곧 발주자에게 큰 손해로 작용하게 된다.

프로젝트를 진행하기 위해서는 국가환경국(Environmental Protection Agency, EPA)의 허가가 필요하다. 따라서 조달청에서는 사업타당성 분석(Feasibility Study)과 별개로 용지 매입 시 국가환경국의 국가환경정책법(National Environmental Policy Act, NEPA)과 국가역사보존법(National Historic Preservation Act, NHPA)의 부합여부를 조사하는 게 일반적이다.

특히 도로공사의 경우 환경관련 허가 취득을 위한 조건이 까다로워지면서 최종허가를 받기 전에 제안서 평가를 실시하여 디자인빌더를 선정하고 계약을 체결하는 경우도 존재한다. "SECTION 1503 OF THE SAFE, ACCOUNTABLE, FLEXIBLE, EFFICIENT TRANSPORTATION EQUITY ACT: A LEGACY FOR USER"의 2007년 개정안에 따르면 국가환경정책법의 허가 전에도 디자인빌더와의 계약 및 설계가 가능하나, 디자인빌더의 최종설계의 허가 이전에는 국가환경정책법의 허가를 취득해야 한다고 되어 있다. 즉, 프로젝트의 설계요소들을 결정하는데 고려해야 하는 대안들과 연관된 최종적인 환경허가가 떨어지기 이전에도 예비설계(Preliminary Design)를 작성하는 것이 가능한 것이다. 하지만, 발주기관에서는 환경허가와 관련된 리스크를 회피하기 위해서 일반적으로 모

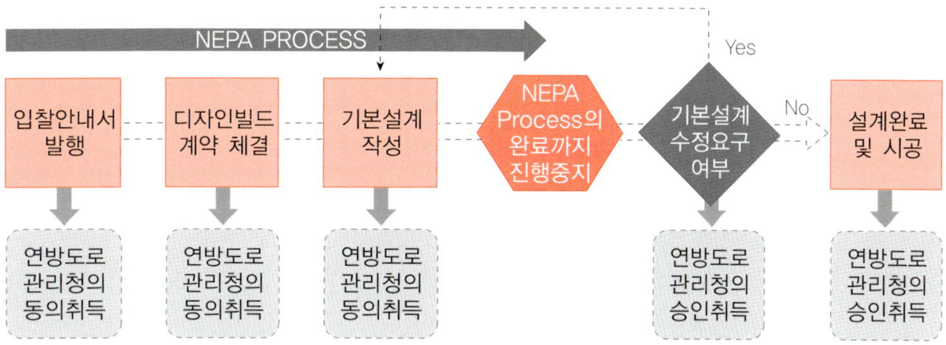

그림 2.3 디자인빌드 발주방식에서의 국가환경정책법 허가 프로세스와 설계진척도와의 관계

든 환경허가가 획득된 후에 프로젝트를 진행하는 것을 선호하는 편이다.

환경관련 허가취득은 시나 카운티에서 토지사용허가(Master Use Permit)를 받기 전에 완료되는 것이 좋으며, 적어도 건축허가(Building Permit)가 나기 전에는 반드시 완료되어야 한다. 만약 환경평가가 필요한 경우라면 토지사용허가가 나기 전에 반드시 환경평가를 수행해야 한다. 또한 인접한 곳에 습지 등 환경적으로 민감한 지역이 있을 수 있으므로, 이에 대한 고려도 필요하다. 만약 환경 검토과정에 디자인빌더를 참여시킬 수 있는 경우, 프로젝트의 설계 시 상세히 검토해야 하는 내용들을 선정해 줄 수 있어 유용하다.

제안서 평가 참여

미국의 경우, 발주자는 제안서를 평가하는데 주도적인 역할을 수행한다. 앞서 2절에서 언급한 것처럼, 발주자는 낙찰자를 선정하는 절차와 기준을 자체적으로 수립하게 된다. 또한 발주자 또는 발주자 측 직원이 심사단의 단장으로 선출되며, 기술 제안서와 가격 제안서 각각을 평가하는 심사단으로 참여한다. 이에 따라 제안서 평가과정에서 발주자의 의견이 충분히 반영되며, 입찰비리의 문제가 발생한 가능성이 낮다는 장점을 가진다.

3.2 2단계 발주절차의 활용

미국의 디자인빌드 발주방식에서 가지는 특징 중 하나로 2단계 발주절차의 활용, 사전 개별미팅 및 인터뷰의 실시와 같은 발주절차 상의 차이점을 뽑을 수 있다. 국내의 경우 입찰참가자격 사전심사를 수행하기는 하나 전체 발주절차를 볼 때에는 1단계 발주절차에 가까운 형태이며 사전 개별미팅이나 인터뷰는 실시하지 않고 있다.

2단계 발주절차의 활용

미국에서 사용하고 있는 2단계 발주절차에서는 1단계에서 입찰참가자를 3~5개 업체로 한정지은 뒤, 2단계에서 제안서를 평가하여 낙찰자를 결정하는 절차로 이루어져 있다. 1단계에서 수행하는 입찰참가자격 사전심사의 경우, 단순히 업체만을 평가하는 것이 아니라 실제 해당 프로젝트를 수행하는 디자인빌드팀 구성원에 대한 별도 평가를 진행한다는 점을 주목할 필요가 있다. 국내에서도 입찰참가자격 사전심사를 실시하고는 있으나, 업체를 기준으로 평가가 이루어지며, 일정 점수 이상을 받은 업체들은 모두 통과시키고 있어 참여하는 업체의 수를 제한하는 효과가 전혀 없으므로 2단계 발주절차라 보기에는 어려움이 많다.

사전 개별미팅 및 인터뷰의 실시

미국에서 제안서 심의과정에서 특이한 점 중 하나로 사전 개별미팅 및 인터뷰를 실시하여 입찰참가자와 발주자 측이 서로 의사소통을 하고 있다는 점을 뽑을 수 있다. 입찰비리 및 공정성의 문제로 국내에서는 사전에 질문서를 주고받아 답변을 준비한 뒤, 설계심의 당일 공개토론을 진행하고 있으나 이는 단순히 입찰참가자의 설계안에 대한 설명에 불과하다. 반면, 미국의 경우 사전 개별미팅을 통해서 설계안을 완성하기 이전에 발주자 측에 설계의도를 설명하고 피드백을 가질 수 있는 기회를 제공하고 있으며 인터뷰를 통해서 좀 더 심도 있는 제안서 평가가 있다는 점에서 큰 차이가 있다고 할 수 있다.

3.3 발주자가 제공하는 설계수준에 따른 트레이드오프(Trade-Off)

국내에서 디자인빌드 발주방식을 사용할 때, 발주자가 발주문서에서 제공하는 설계의 수준은 설계지침 정도에 그치고 있으며, 임의로 설계수준을 조정할 수 없다. 반면, 미국의 경우에는 다이렉트 디자인빌드 방식(Direct Design-Build)부터 설계 디자인빌드 방식(Design Design-Build)에 이르기까지 다양한 수준의 설계를 제공할 수 있다. 따라서 프로젝트의 특성에 맞춰서 발주자가 가격경쟁과 디자인빌더의 경험 및 창조적 해결능력 간의 트레이드오프이나 설계에 대한 권한과 리스크의 트레이드오프가 가능하다는 특징을 가진다.

가격경쟁과 디자인빌더의 경험 및 창조적 해결능력 간의 트레이드오프

미국의 공공 프로젝트에서 디자인빌드 발주방식을 사용하는 것에 소극적이었던 가장 큰 이유는 경쟁입찰을 통해 최저가를 제출한 제안서를 선정하는 것이 공공 프로젝트에서 가장 일반적으로 사용하던 낙찰자 선정방법이라는 점이다. 하지만 디자인빌드 발주방식을 사용할 경우, 제안서 선정기준에 따라 가격이 아닌 다른 요인들로 인해서 낙찰자가 결정될 수 있어 최저가라는 절대적인 기준이 성립되지 않을 수 있다는 점이 문제점으로 지적된 것이다.

디자인빌드 발주방식은 공공기관에서 제안요청서를 발행할 당시 제공되는 설계의 수준에 따라 다이렉트 디자인빌드 방식(Direct Design-Build)부터 설계 디자인빌드 방식(Design Design-Build)에 이르기까지 다양하다. 제안서를 요청할 당시 설계의 수준과 디자인빌드팀의 경험 및 창조적 해결능력 간에는 일종의 트레이드오프가 존재한다. 예를 들어 발주자가 제안요청서를 발행할 때 이미 브릿징 설계자를 고용하여 상당 수준의 설계를 진행한 상황이었다면, 가격경쟁을 시킬 수 있는 가능성은 존재하지만 그만큼 디자인빌

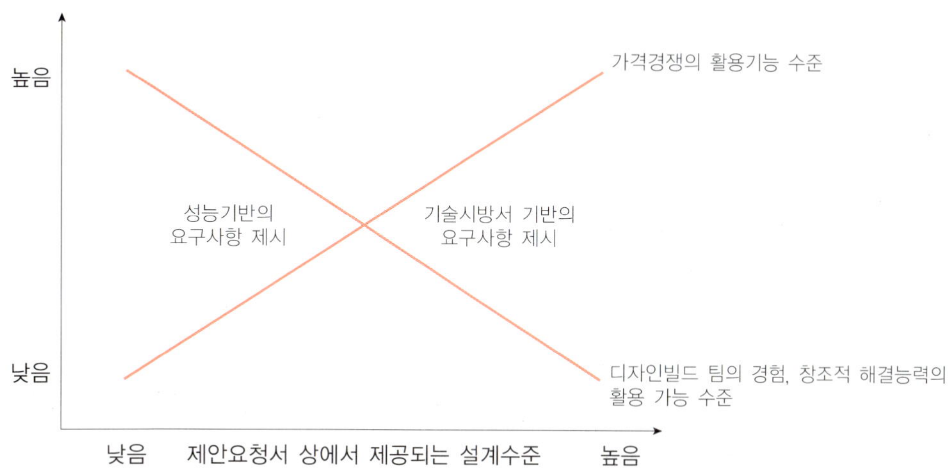

그림 2.4 가격경쟁과 디자인빌더의 경험 및 창조적 해결능력 간의 트레이드오프

드팀의 경험이나 창조적 해결능력을 설계에 활용할 수 있는 기회는 줄어든다는 것이다.

"별첨 1. 디자인빌드 프로젝트의 수행사례" 중 크리스피크림의 사례에서 디자인빌더인 허스켈 사는 프로젝트의 타당성 조사나 비즈니스 사례 분석을 하기 전부터 프로젝트에 참여했고, 발주자인 크리스피크림은 부동산 컨설팅 서비스와 공급사슬 분석 등의 프론트 서비스를 통해서 허스켈 사가 식품분야에서 쌓은 노하우를 충분하게 활용할 수 있었다. 하지만 이렇게 디자인빌더를 초창기에 고용을 할 경우에는 프로젝트가 충분히 정의되기 전에 디자인빌더를 선정해야 하므로 경쟁을 통해서 가격을 낮추는 것이 어렵다.

반대로 제안요청서의 발행 시 설계 진도율이 30~35%가 넘는 가교 방식의 디자인빌드 발주방식의 경우, 발주자 입장에서는 디자인빌더들의 제안가격을 낮출 수 있게 경쟁을 유도하기 쉽지만 그만큼 기본설계가 진행되어 있기 때문에 발상 자체가 다른 창의적인 설계안이 나오기는 쉽지 않다. 이러한 단점을 보완하기 위해서 "별첨 1. 디자인빌드 프로젝트의 수행사례" 중 모리스 포만 하수처리장의 사례와 같이 제안요청서에 제시된 설계안을 대체할 수 있는 대안설계안이 있는 경우 이를 제안할 수 있도록 하는 조항을 넣기도 한다. 하지만 가교 방식의 디자인빌드 발주방식의 대부분은 심사 시 가격이 큰 비중을 차지하여 가격경쟁이 심하므로 대규모의 경쟁력 있는 디자인빌더들은 이러한 방식을 회피하는 경향이 있다.

사실 설계변수를 지정하는 등 구체적인 기술시방서를 포함하는 제안요청서를 작성하는 것은 디자인빌드 발주방식의 원래 목적과는 거리가 있다. 설계 전(全) 과정에서 디자인빌더의 지식과 경험을 반영한다는 원래의 취지에 부합하기 위해서는 성능요구 중심의 제안요청서를 발행하는 것이 더 유리하며, 이를 통해 디자인빌더의 창의적인 문제해결능력을 활용할 수 있다는 장점을 가진다.

설계에 대한 권한과 리스크의 트레이드오프

앞서 몇 번이나 언급하였던 것처럼 디자인빌드 발주방식에서 설계에 대한 조정 권한은 발주자가 아닌 디자인빌더에게 있다. 하지만 일부 발주자들은 설계에 대한 권한을 가지길 원하며, 이에 미국에서는 가교 방식을 통해서 설계를 일부 작성한 뒤 공사를 발주하는 것이 가능하다. 이러한 현상은 주로 발주자가 디자인빌드 발주방식에 대한 경험이 적고 신뢰를 하지 못하는 경우에 나타난다. 가교 방식을 사용할 경우, 발주자는 자신이 원하는 정

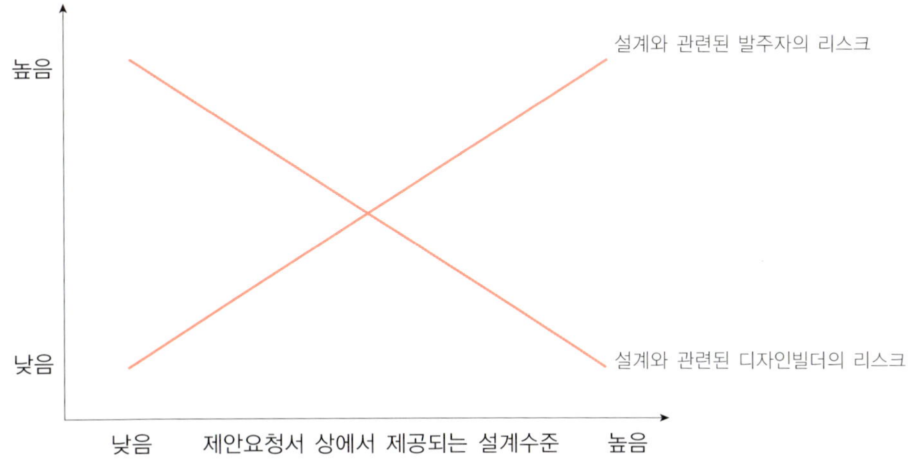

그림 2.5 설계와 대한 권한과 리스크의 트레이드오프

도까지 설계를 맡을 브릿징 설계자 또는 엔지니어를 고용하여 설계를 작성하게 된다. 하지만 이 경우에 설계에 대한 권한과 리스크의 트레이드오프가 이루어진다는 점을 명심하여야 한다.

[그림 2.5]에서 볼 수 있듯이, 제안요청서에 제공하는 설계의 수준이 높아질수록 발주자가 설계에 부담해야 하는 리스크도 함께 커지게 된다. 설계의 진도율이 높아진다는 것은 발주자가 입찰참가자에게 구체적인 기술시방서나 설계변수들에 대해서 제약을 준다는 것을 의미하며, 만약 시공 시 이러한 제약요인들이 잘못되어 설계변경이 필요한 경우 발주자는 그에 대한 책임을 져야 한다는 것이다.

또한 "별첨 1. 디자인빌드 프로젝트의 수행사례" 중 알래스카 주의 발전시설공사 사례에서 알 수 있듯이 제안요청서에 너무 구체적인 기술시방서를 제공하는 것은 오히려 발주과정에서 부정적인 영향을 미칠 수 있다. 따라서 발주자는 가교 방식과 같이 높은 수준의 설계를 제공할 경우, 제안서를 작성하는데 더욱 더 많은 신경을 쏟아야만 한다.

3.4 입찰비리 및 담합을 방지하기 위한 노력

국내에서 디자인빌드 발주방식과 관련하여 가장 문제시 되는 점으로 입찰비리와 담합과 같은 윤리적인 문제를 뽑을 수 있다. 미국의 경우에도 제안서 평가와 관련하여 심사단의 진실성(Integrity)과 관련된 우려가 존재하고 있으며, 이를 해결하기 위한 방법들을 고민하고 있다.

발주자의 제안서 평가 참여 확대

미국의 경우, 제안서 평가과정에서 발생할 수 있는 입찰비리를 극복하기 위해서 발주자 또는 발주자 측 컨설턴트는 직접 심사단 각자가 사용할 상세한 평가기준 및 평가표를 만들고 있다. 또한 "제안서 평가 참여"에서 언급한 것처럼 심사단 단장과 심사단 대부분을 발주자 측의 직원으로 구성하여 평가 결과에 따른 책임을 지도록 하고 있으며, 평가를 실시한 후에 발주자와 심사단은 회의를 가져 심사단의 평가 결과가 적정한지에 대해 논의하는 시간을 가진 뒤에 디자인빌드 업체를 선정하고 있다. 일련의 과정을 거침으로 인해 미국에서는 국내에 비해 제안서의 평가와 관련된 비리나 담합 문제가 거의 발생하지 않고 있다.

입찰비리에 대한 강력한 처벌조항 명시

미국 법령에서 연방 직원은 정부와 사업을 수행하고자 하는 계약자에게 "금적적인 가치를 가지는 선물이나 물품들"을 받지 못하게 되어 있다[16]. 공무원들은 명절 축하 카드와 같이 간단한 선물이 아니라 점심 식사, 야구장 표, 골프 투어 등 금적적인 가치를 가지는 선물을 받았을 경우에 이를 거절하고 돌려주어야 한다. 법령의 세부 조항은 연방 정부, 주 정부, 지역 기관에 따라 각기 다르지만 기본적으로 이러한 청탁에 대해서는 일률적으로 금지하고 있다. 따라서 잠재적인 고객인 공무원들에게 선물을 할 경우 발주자가 난감한 상황에 빠지지 않게 하기 위해 관련된 법률에 대해서 미리 공부할 필요가 있다.

실제로 미 국방부에서는 직원들로 하여금 계약자들에게 250불이 넘는 선물은 받지 못하도록 하고 있으며, 국방부 일을 그만두었더라도 과거 특정 협상에 참여하였다면 2년 동안은 이 규정을 따르도록 되어 있다. 만약 선물을 받았다면, 확정손해배상액(Liquidated Damage)으로 위법한 횟수 당 10만 불씩, 최대 50만 불의 벌금을 내도록 하고 있다.

마찬가지로 뉴욕 주 윤리위원회(New York State Ethics Commission)에서는 직원들로 하여금 75불이 넘어가는 선물을 특정한 보상을 받기 위한 선물이나 직원들의 업무에 영향을 주거나 "영향을 줄 수 있을 것으로 예상되는" 선물로 판단하여 이를 받지 못하도록 하고 있다. 뉴욕 시에서는 선물을 받았을 경우 최대 1만 불의 벌금을 내도록 하고 있으며, 형사 고발(Criminal Charges)까지 받게 하고 있다. 버지니아 주 조달법(Virginia Procurement Law)에서는 정부의 조달 거래 시 입찰 참가와 관련된 업무 또는 낙찰자 선정 업무를 수행하는 공무원들에게 입찰참가자(Bidder), 자재제공자(Offeror), 시공자(Contractor), 하도급자(Subcontractor)로부터 어떠한 "지불(Payment), 대출(Loan), 기부금(Subscription), 선금(Advance), 보증금, 서비스"도 받지 못하도록 하고 있으며 심지어 "동등하거나 더 큰 가치로 교환이 될 것으로 보이지는 않는" 적은 금액의 선물이나 약속이라 하더라도 받지 못하도록 금지하고 있다[17].

담합에 대한 강력한 처벌조항 명시

발주 과정에서의 공모 행위(Collusive Practice)는 가격의 사전 확정, 입찰 담합(Bid Rigging) 등 경쟁을 방해하는 행위들을 의미한다. 셔먼 법(The Sherman Act)에서는 경쟁 업체들 간의 합의를 일체 금지하고 있다. 만약 셔먼 법을 위반할 경우에는 미 사법부(United States Department of Justice) 내 독점금지국(Antitrust Division)에 의해 처벌을 받게 된다. 다음은 독점금지국 지침서(Antitrust Primer)에서 발췌한 내용이다. 미국의 경우, 국내와 달리 벌금 징수와 더불어 위반 행위에 따라 발생한 손해액에 대해서 청구할 수 있다는 특징이 있다.

셔먼 법 위반행위의 처벌 내용

셔먼 법 위반 행위는 중대한 범죄 행위이다. 만약 2004년 6월 22일 전에 셔먼 법을 위반하였을 경우, 기업에게는 최대 1천만 불의 벌금이, 그리고 개인에게는 최대 35만 불의 벌금 또는 3년의 징역에 처하게 된다. 그리고 그 이후 셔먼 법을 위반하였을 경우, 기업에게는 최대 1억 불의 벌금이, 그리고 개인에게는 최대 1만 불의 벌금 또는 10년의 징역형에 처하게 된다. 또한 위반행위에 따른 이득 또는 손실에 따라 벌금은 두 배까지 증가할 수 있다. 경쟁 업체 간의 공모 행위에는 연방우편통신사기법(Mail or Wire Fraud Statute), 허위진술금지법(False Statement Statute) 등 독점금지국에서 기소할 수 있는 모든 위법 행위를 포함하고 있다.

법원은 셔먼 법을 위반한 기업 또는 개인에게 범죄 판결을 하는 것뿐만 아니라, 위반 행위에 따라 발생한 금액에 대해서 보상할 것을 명령할 수 있다. 또한 피해자들도 손해액에 대해서 최대 3배의 보상금을 청구할 수 있다.

4 미국에서는 디자인빌드 발주방식의 문제점을 어떻게 해결하고 있는가?

미국에서 디자인빌드 발주방식의 사용이 증가함에 따라 디자인빌드 프로젝트의 수행 시 발생하는 여러 문제점들 또한 발견되고 있다. 본 절에서는 실제 미국의 디자인빌드 발주방식에서 나타나고 있는 문제점들이 어떠한 것들이 있는지 살펴보고, 미국에서는 이를 어떻게 해결하고자 하는지를 살펴보고자 한다.

4.1 공공 프로젝트 가격경쟁입찰원칙과의 충돌

공공에서 수행되는 건설프로젝트는 일반적으로 사업비를 낮추기 위해 가격 기반의 경쟁입찰을 통해서 낙찰자를 선정하도록 되어 있으며, 이러한 규정은 디자인빌드 발주방식에서도 마찬가지로 적용되고 있다. 하지만 연방정부와 주(州) 정부 사이에는 이러한 경쟁입찰원칙의 적용 정도에서 차이가 존재한다. 연방정부에서는 경쟁입찰방식을 통해 낙찰자를 결정하더라도 가격 외에도 다양한 측면에서 제안서를 검토하여 낙찰자를 결정할 수 있도록 허용하고 있다. 반면, 주(州) 정부 또는 지방 정부의 규정에서는 아직 경쟁입찰방식과 관련하여 연방정부의 규정보다 상세하고 다양한 제약요건들이 존재하고 있으며 특히 몇몇 조례(Statute)나 규칙(Regulation)에서는 경쟁입찰방식을 사용할 경우에 반드시 가격 기반의 경쟁을 하도록 명시하고 있다. 하지만 이처럼 가격 중심의 평가를 진행할 경우, 그만큼 디자인빌드팀의 경험, 창조적 해결능력, 신기술의 도입이라는 디자인빌드 발주방식 본연의 장점을 반영하기 어려워진다는 문제점이 나타난다.

미국에서는 이러한 문제점을 해결하기 위해서 최근 공공 프로젝트에서도 디자인빌드 발주방식을 사용할 때에는 좀 더 유연한 입찰시스템들을 사용하고 있는 추세이다. 보 샤(Bo Xia) 외 3인이 수행한 연구(2012)에서는 최근 수행된 공공 프로젝트에서 낙찰자를 선정할 때, 자격요건이나 기술적인 측면에 얼마만큼의 가중치를 주는 지에 대해서 분석하였다[18]. 연구에 따르면 가격적인 측면을 중시하였던 과거와 달리 최근에는 자격요건이나 기술적인 측면을 좀 더 중시하는 경향이 나타나고 있다. 비록 가격은 여전히 중요한 평가 기준 중 하나로 존재하나 과거에 비해 중요도는 상대적으로 감소한 것이다. 실제로 워싱턴 주 교통국의 프로젝트 관리자인 프레드 씨는 인터뷰에서 제안서의 평가 시 과거에 비해 기술적인 측면에 좀 더 비중을 많이 두고 있다고 말하였다.

또한 낙찰자 선정 시 가격을 고려하지 않는 자격기반선정방식(Qualification Based Selection, QBS)을 활용하고자 하는 노력들도 나타나고 있다. 자격기반선정방식은 디자인빌더를 선정할 때에 어떠한 디자인빌드팀이 프로젝트를 수행하는 데 가장 적합한 자격을 갖추었는지에 대해서만 평가하는 방식이다. 발주자는 사전에 발행한 자격심사요청서 상의 평가기준을 토대로 사업수행능력평가서를 평가하여 낙찰자를 선정한다. 따라서 자격기반선정방식에서 가격은 낙찰여부를 결정하는데 전혀 영향을 미치지 않게 된다.

법령 상 가격 기반의 경쟁입찰방식을 사용하여야 하는 공공부문에서는 현재 설계 서비스와 관련된 입찰에서만 제한적으로 자격기반선정방식을 사용하고 있으며, 디자인빌드 발주방식의 낙찰자 선정 시에 자격기반선정방식을 사용하는 것이 가능한 것인가에 대해서는 논란의 여지가 있다. 그렇지만 최근에는 입법기관에 디자인빌더 선정 시 자격기반선정방식을 사용할 수 있도록 하는 법령을 제정해 달라는 요청이 증가하고 있으며, 실제로 현재 플로리다, 애리조나, 네브라스카, 와이오밍, 알라바마의 5개 주에서는 공공부문의 디자인빌더 선정 시 자격기반선정방식의 사용을 허용하고 있다.

4.2 발주자의 설계 영향력 감소에 따른 설계품질 저하

디자인빌드 발주방식에서 발주자에게 가장 큰 어려움으로 작용하는 것은 기존의 설계 · 시공분리발주방식에 비해 설계에 행사할 수 있는 영향력이 거의 없다는 점이다. 발주자는 디자인빌더와 계약관계를 형성할 뿐, 설계자와 직접적인 계약관계를 형성하지는 않는다. 따라서 디자인빌드 업체와 계약을 체결한 후 발주자가 설계를 관리, 감독할 방법이 없으며, 이는 설계품질 저하로 이어질 수 있다. 특히 "시공자 중심의 디자인빌드 발주방식"의 경우, 시공자는 비용, 이익, 시간과 관련된 쟁점들과 함께 설계와 관련된 쟁점에 대해서도 의사결정을 하게 된다. 따라서 전통적인 설계 · 시공분리발주방식의 설계자가 시공자의 이익과 분리되었던 것과 달리, 디자인빌드 발주방식에는 설계자가 시공자의 이익과 연관되어 있어 설계품질 측면에서 문제가 발생할 가능성이 높게 존재한다. 일부 발주자는 이러한 문제점을 해결하기 위해 가교 방식이나 드로우빌드 방식(Draw-Build)을 사용하기도 한다.

디자인빌드 발주방식에서 설계품질과 관련하여 발생할 수 있는 문제점은 크게 두 가지가 있다. 첫째는 품질보증(Quality Assurance)에 관한 문제이다. 시공 상 문제가 예견되거나 발생하였을 경우, 설계품질에 대한 검사는 설계자에 의해 이루어진다. 설계 · 시공분리발주방식의 경우에는 설계자가 발주자의 고용인이므로 이러한 문제점을 발주자에게 빠르게 보고할 수 있어서 발주자가 시공 상의 문제점을 쉽게 알 수 있다. 하지만 디자인빌드 발주방식을 사용할 경우, 설계품질을 검사하는 설계자가 발주자가 아닌 시공자의 고용인이거나 같은 팀이기 때문에 발주자가 이러한 문제점을 인지하는 것은 쉽지 않다. 따라서 발주자는 별도로 건설사업관리자를 고용하여 설계품질에 대한 검사를 맡기는 경우도 많다. 둘째는 같은 이유로 설계자가 설계 시 대안선택 등의 의사결정을 할 때 발주자 입장에서의 중요한 가치들을 우선적으로 추구하는 것이 아니라 비용과 시공성과 같이 시공자와 관련된 요소들에 더 가치를 두는 설계를 하게 된다는 것이다.

현재 미국에서는 이러한 문제점을 해결하기 위해서 여러 가지 방안들을 강구하고 있다. 먼저 설계단계에서 발주자와 디자인빌더 간의 의사소통을 증진시킴으로써, 발주자의 의도를 반영한 설계가 이루어지도록 하는 방법이 있다. 다음의 두 가지 방안은 발주자로 하여금 부분적으로나마 설계 과정에서 디자인빌더와 의사소통을 가능하도록 하여 이러한 문제점을 조금이나마 개선할 수 있도록 도와줄 수 있다.

- 디자인빌드/설계 우수 프로그램(Design-Build/Design Excellence Program)
- 대안설계개념(Alternative Technical Concept, ATC)

디자인빌드/설계 우수 프로그램은 미 연방조달국에서 사용하는 프로그램으로 제안서의 제출 이전의 설계 과정에서 발주자와 디자인빌더 간에 의사소통이 가능하도록 하는 프로그램이다. 연방조달국에서 디자인빌드/설계 우수 프로그램 방식으로 발주한 프로젝트들의 경우에 평가위원회(Evaluation Board)는 제안서의 최종 제출 이전의 설계 작성 과정에서 디자인빌더가 작성한 설계안에 대해서 피드백을 제공하며, 입찰참가자는 피드백 사항을 반영하여 최종제안서를 제출하고 발주자는 이 중 가장 높은 점수를 받은 디자인빌드팀을 낙찰자로 선정하게 된다. 이러한 과정을 통해 발주자는 최종 낙찰자 선정 이전에 디자인빌더가 설계안에 대해 논의하는 시간을 가질 수 있다.

대안설계개념은 미 교통국에서 최근 도입한 기법이다. 디자인빌더가 제안요청서 상에서 제시한 것과는 다른 설계개념이나 설계방안을 가지고 있는 경우는 제안서 제출 기한에 앞서 교통부 측에 대안설계개념을 제출할 수 있으며, 추후 교통국의 의견을 반영하여 대안설계개념을 수정할 수 있다. 대안설계개념에서는 간략한 설명, 대안설계개념의 구성에 대한 자세한 설명과 계획설계, 대안설계개념의 사용처와 사용방법, 지질조사(Subsurface Investigation), 제안요청서의 수정요청, 설계편차(Design Deviations), 대안설계개념 사용의 정당성 등의 내용을 담고 있어야 한다. 대안설계개념을 제안한 디자인빌더와 교통국 간의 모든 논의사항은 비밀로 하게 된다. 교통국은 대안설계개념의 제출 및 논의과정을 통해 간접적으로나마 설계과정에 참여할 수 있으며, 입찰 가격을 추가하지 않으면서도 어느 정도 수준의 설계 통제력을 가질 수 있게 된다.

또한 설계자와 발주자의 관계를 중심으로 디자인빌드 계약을 체결하는 "설계자 중심의 디자인빌드 발주방식"의 활용에 대한 논의도 이루어지고 있다. "설계자 중심의 디자인빌드 발주방식"에서는 설계자가 주계약자가 되어 종합건설업체와 시공 서비스 계약을 체결하여 설계와 시공에 대한 모든 책임을 지고 직접 발주자와 계약을 하는 관계이기 때문에 설계품질이나 품질보증 등과 관련된 문제점들을 상당 부분 극복할 수 있다는 장점이 있다.

즈바이그 화이트社(Zweig White)의 조사에 따르면, 현재 미국의 디자인빌드 프로젝트 중 12%가 설계자 중심의 디자인빌드 발주방식을 사용하여 진행되고 있다고 한다. 따라서 실제 설계자 중심의 디자인빌드 발주방식으로 수행되는 프로젝트의 비율은 15~20%를 넘지 않을 것으로 예측할 수 있다. 이렇게 설계자 중심의 디자인빌드 발주방식의 비율이 낮게 나타나는 것은 우선 설계사들이 디자인빌드 프로젝트를 주도적으로 진행하기 위해서 필요한 설계/시공 서비스에 대한 보증(Bonds) 또는 보험(Insurances)을 제공할만한 재정적 여건이 되지 않기 때문이다. 또한 설계업체들은 시공사들에 비해서 리스크에 민감한 편이여서 설계자 중심의 디자인빌드 발주방식을 적용하는 프로젝트의 대부분은 플랜트와 같이 엔지니어링 중심의 프로젝트가 많으며, 건축물 프로젝트에서는 거의 사용되지 않고 있다. 실제로 CH2M 힐社 나 CDM 스미스社와 같은 대형 엔지니어링 업체들이 설계자 중심의 디자인빌드 프로젝트를 수행하는 것을 손쉽게 볼 수 있다. 하지만, 최근에는 시공자 중심의 디자인빌드 발주방식에서 설계자와 발주자 간의 직접적인 계약관계 부재로 인해 발생하는 문제점에 대한 인식이 증가함에 따라, 설계자 중심의 디자인빌드 발주방식에 대한 관심이 점차 증가하는 추세이다.

미 연방도로관리청(Federal Highway Administration, FHWA)에서는 연방정부의 재원을 이용한 도로시설 프로젝트에서 설계자 중심의 디자인빌드 발주방식의 사용을 장려하고 있다. 과거 연방도로관리청에서는 연방정부 지원 하에 이루어지는 시공 계약 시에 주계약자가 계약하고자 하는 작업의 30% 이상을 직접 수행해야 한다고 규정하고 있었다. 하지만 설계자 중심의 디자인빌드 방식의 경우, 실제 시공은 시공자에게 도급하여 수행하는 것이 일반적이므로 해당 규정을 디자인빌드 발주방식에서도 동일하게 적용한다고 할 때 설계자 중심의 디자인빌드 방식을 사용하는 것은 불가능하다. 따라서 연방도로관리청에서는 소규모의 참여주체들이나 설계자들이 디자인빌드팀을 주도하여 계약을 하고자 하는 경우에 불이익을 발생시키는 것을 막기 위하여 디자인빌드 계약을 위한 규칙안을 수립하여 앞서 말한 30%의 시공 제한 규정이 디자인빌드 계약에서는 적용되지 않는다는 점을 분명히 명시하고 있다.

수프 하딘社(Schiff Hardin)에서 작성된 보고서에서는 설계자 중심의 디자인빌드 발주방식을 적용할 때 겪을 수 있는 어려움과 이를 극복하기 위한 방법에 대해 설명하고 있다. 보고서에서는 기본적으로 엔지니어링 회사는 시공을 위해서 자회사를 설립, 자신들의 시공부문을 담당하게 하고 있으며 해당 자회사는 모든 시공 작업을 엔지니어의 팀원 중 하나인 종합건설업체에게 다시 발주하는 형태로 시공 작업을 수행하도록 한다고 가정하고 있다[19].

• 시공 경험의 부족

설계사 중심의 디자인빌드에서 발생하는 "시공 경험의 부족" 문제는 종합건설업체를 디자인빌드팀의 일원으로 하여 해당 프로젝트의 시공을 전담하게 함으로써 극복할 수 있다. 보고서에서는 엔지니어링 업체나 건축사사무소가 경험이 많은 종합건설업체와 제휴하는 것을 추천하고 있다.

• 금융/보증 능력 부족

대형 엔지니어링 업체를 제외한 대부분의 설계업체들은 프로젝트에 대한 보증을 획득할만한 충분한 자금을 보유하고 있지 못한 경우가 많다. 보고서에서는 발주자가 종합건설업체가 가진 재정적인 여유를 이용함으로써 설계업체의 "금융/보증 능력 부족" 문제를 극복할 수 있다고 한다. 엔지니어링 회사의 시공 담당 자회사가 시공 계약을 체결할 만한 재정적인 여유가 없는 경우, 시공 담당 자회사가 가지는 권한 전부를 종합건설업체에게 넘겨주고 프로젝트의 모든 시공을 종합건설업체가 전담하도록 하는 방식을 제안하고 있다. 이 경우, 발주자는 시공과 관련하여 문제가 발생하였을 때, 엔지니어링 회사의 시공 담당 자회사뿐만 아니라 재정적 여건이 있고 시공을 전담한 종합건설업체에게도 클레임을 제기할 수 있다.

• 영업허가(License)와 관련된 문제

설계자 중심의 디자인빌드 발주방식은 전통적인 시공자 중심의 디자인빌드 발주방식보다 영업허가와 관련된 문제가 발생할 가능성이 적다. 모든 주(州)에서는 설계업체에 대해서 주(州) 수준의 영업허가를 발급하고 있으나, 일반건설업체에 대해서는 몇몇 주(州)에서만 주(州) 수준의 영업허가를 발급하고 있다[20]. 시공자가 관할권 내의 영업허가를 발급 받아야만 하는 주(州)의 경우, 엔지니어링 회사는 자신의 시공 담당 자회사로 하여금 해당 주의 영업허가를 발급받도록 함으로써 문제를 간단히 해결할 수 있다.

• 시공 시 발생하는 리스크와 관련된 문제

시공에서는 지연이나 하자와 같은 다양한 리스크가 발생할 수 있다. 설계자 중심의 디자인빌드 발주방식에서 시공 시 발생하는 리스크의 수용은 원칙적으로 설계업체가 해야 하나, 실질적인 책임은 시공을 담당한 종합건설업체가 부담하게 되며 설계업체 내 시공 담당 자회사는 책임을 전달해주는 역할만을 수행하게 된다. 다만 설계업체가 시공 관리에서 부분적으로 참여하고 있다면, 시공 시 발생하는 리스크 전부가 도급을 받은 종합건설업체로 넘어간다고는 볼 수는 없다. 설계자 중심의 디자인빌드 발주방식에서 시공 지연이나 하자 외에 발생할 수 있는 리스크로는 종합건설업체의 채무 이행 능력 부족 또는 파산이 있을 수 있다. 보고서에서는 이러한 문제점을 사전에 방지하기 위해 종합건설업체의 선정 시, 신중한 선정과정을 통해 재정적으로 건전한 종합건설업체를 선정하도록 추천하고 있다.

시공자 중심의 디자인빌드 발주방식이 디자인빌드 발주방식에서 주요한 방식임은 분명하며, 설계자 중심의 디자인빌드 발주방식에 대한 발주자의 인식이 아직은 회의적이라는 점은 분명한 사실이다. 하지만 최근 공공부문의 발주방식의 변화와 법적 지원을 기반으로 디자인빌드 시장에 진출하고자 하는 설계업체들의 활동이 증가하고 있다는 점 또한 분명한 사실이라 할 수 있다.

4.3 중소업체의 입찰참여 제한

디자인빌드 발주방식은 다른 발주방식에 비해 제안서를 작성하는데 많은 비용이 소요된다. 특히 미 연방조달국(General Services Administration, GSA)에서 사용하는 디자인빌드/설계 우수 프로그램의 경우에는 제안서 작성 시 제출하여야 하는 설계 수준이 상세해 설계 작성비용이 더 많이 소요된다. 이처럼 높은 제안서 작성비용은 중소업체들에게는 매우 큰 부담으로 작용하게 된다. 특히 디자인빌드 발주방식이 주로 대형 프로젝트에서 사용된다는 점을 감안할 때, 제안서 작성비용의 부담은 더욱 더 가중된다고 볼 수 있다. 반면 지급되는 설계보상비의 수준은 그에 미치지 못하고 있어 중소업체가 입찰에 참여하기 어려운 실정이다.

연방조달국에서 디자인빌드 발주방식의 문제점과 개선방안을 논의하기 위해 2010년 2월에 실시한 디자인빌드 원탁회의(Roundtable)에서도 이러한 문제점이 언급되었다. 원탁회의에 참석한 설계업체들과 디자인빌드 업체들은 제안서가 선정되기 위해서는 발주서류에서 제시하고 있는 설계수준보다 훨씬 더 상세한 수준의 설계가 작성되어야 하며, 이에 비해 설계보상비가 설계에 들인 노력보다 부족한 경우가 많으며 현재 설계보상비의 보상범위가 넓어 일관성이 없다는 점을 문제점으로 지적하였다. 또한 제안서 제출 기간이 짧고 제출조건이 까다로워 대형업체들이 낙찰에 유리한 환경이라는 점을 지적하였다.

캘리포니아 주 의회 산하 정책연구실(California's Legislative Analyst Office, California's LAO)에서 작성한 디자인빌드 발주방식 분석 보고서에서도 중소업체의 입찰참여 제한에 관한 문제점이 제기되었다. 보고서에서는 디자인빌드 발주방식의 입찰참가자격 사전심사에서 중소업체들이 대형업체들에 비해 불이익을 받으며 특히 프로젝트의 규모가 클수록 그런 경향이 크다고 지적하였다.

중소업체의 입찰참여 제한을 해소하기 위해서 연방조달국 원탁회의에서는 설계 작성비용에 걸맞은 설계보상비의 지급과 입찰참가자들을 위한 입찰참가기준의 완화를 제안하였다. 정책연구실 보고서에서는 해당 프로젝트의 수행에 필요한 맞춤형 자격심사를 통하여 1단계에서의 입찰참가자의 폭을 확대할 것을 권고하였다. "연방조달국 디자인빌드 원탁회의"와 "캘리포니아 주 의회 산하 정책연구실의 디자인빌드 발주방식 분석 보고서"에 대한 자세한 내용은 "별첨 2. 미국 디자인빌드 수행사례 분석 보고서"에서 설명하고 있다.

4.4 전문건설업체의 협력 부족

디자인빌드 발주방식에서 종합건설업체는 직접 시공을 수행하기보다는 각각의 업무를 전문건설업체에게 하도급을 주고 작업을 진행하게 된다. 따라서 디자인빌드 발주방식이 가지는 품질/성능/비용의 조기 개선 효과를 보기 위해서는 전문건설업체의 협력이 필수적이라 할 수 있다. 일반적으로 디자인빌드팀에서는 기본설계(Design Development)를 50% 이상 진행한 후, 입찰가격을 확정하기 위해 종합건설업체를 거쳐 다수의 기계, 전기, 배관 전문건설업체(Mechanical, Electrical, and Plumbing, MEP)들에게 자문을 구하게 된다. 하지만 자문을 요청받은 전문건설업체들은 자문을 해줄 당시 실질적으로 계약을 체결한 상황이 아니므로 자신들이 가진 노하우를 전부 공개하지는 않는다. 예를 들어 기계 전문건설업체가 시공단계에서 자신들을 고용하겠다는 논의가 이루어지지 않은 상황에서 입찰단계나 설계단계에서의 컨설턴트로 초청되었을 경우, 해당 업체는 새로운 기술을 적용하거나 설계를 변경하여 공사비를 절감하는 방법을 찾았더라도 자신들이 디자인빌더에게 제안서를 제출할 때 사용하기 위해서 자문단계에서는 이를 비밀로 하는 것이다.

다시 말해, 해당 프로젝트에 입찰할 때 다른 회사들에 비해 비교우위를 갖기 위해 입찰 전 설계과정에서 이루어지는 자문과정에서는 자신들이 가진 가장 좋은 방안을 공개하지 않는다는 의미이다. 공개되지 않은 방안들은 기존의 방안들보다 나은 경우가 많으나, 해당 전문건설업체와 계약이 체결된 후에 이러한 방안들을 설계에 반영할 경우 많은 시간이 추가로 소요되게 되며 때로는 반영할 기회조차 놓치게 될 때도 있다.

또한 전체 프로젝트 내에서 특정한 관계구조를 형성하고 있는 세부적인 전문 작업들을 수행하는 전문건설업체들은 각각 디자인빌더 또는 종합건설업체와 개별적으로 계약을 체결하고 있어 다른 작업들 간의 협업이 떨어진다는 문제점을 가진다. 전문건설업체들은 계약을 체결할 때 자신들이 수행하여야 하는 업무가 무엇이며, 이를 완수하였을 때 어떠한 보상을 받는지, 그리고 자신들이 맡은 업무가 미비하였을 경우 처벌과 그에 따른 대책이 어떻게 되는지에 대해서만 논의를 할 뿐, 해당 작업들 간의 협업과 관련된 논의를 하지 않는 편이다. 그래서 전문건설업체들은 체결한 계약 범위 내에서 자신들이 수행하여야 하는 업무에 대해서는 열성적으로 업무를 수행하지만 이 외의 업무에 대해서는 적극적인 모습을 보여주지 않는다. 특히 여러 작업이 복합적으로 연계된 혁신적인 작업들을 수행하는 경우와 같이, 업무가 상호의존적인 경우에는 이러한 문제가 두드러지게 나타난다. 다시 말해, 현재의 계약관계에서는 사업 참여자들로 하여금 각자의 계약 범위 내에서 개별적으로 자원의 소비, 공사비, 공사기간을 최적화하도록 할 수는 있지만 사업 전체라는 거시적 관점에서의 최적화를 추구하지는 못한다는 것이다.

미국에서는 이러한 전문건설업체의 협력 부족 문제를 해결하기 위해서 협력적 계약관

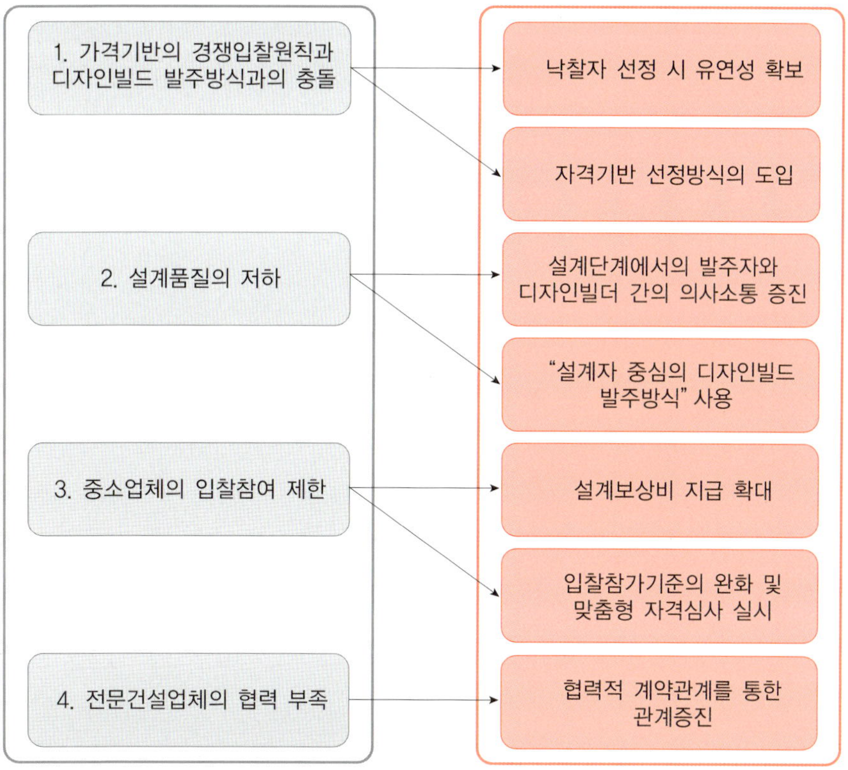

그림 2.6 미국 디자인빌드 발주방식의 현행 문제점과 개선방안

계(Relationship Contracting)의 필요성이 대두되고 있다. 협력적 계약관계는 프로젝트의 전체성과가 프로젝트의 참여주체 모두에게 영향을 미치는 계약관계를 의미한다. 협력적 계약관계를 형성할 경우, 프로젝트의 사업비가 증가하였다면 참여주체 모두가 해당 손해분에 대해서 공동으로 부담하게 되며, 역으로 프로젝트의 사업비를 절감하였다면 참여주체 모두가 절감액을 배분하게 된다. 따라서 협력적 계약관계를 형성할 경우, 상호 호혜원칙(Win-Win)을 기반으로 참여주체 모두가 공동의 목표를 달성하기 위해 협력할 수 있다는 장점이 있다. 협력적 계약관계를 형성할 때 보편적으로 사용하는 계약 서식으로는 미국의 통합합의서(Integrated Form of Agreement, IFOA)와 호주의 제휴계약서(Alliance Contracts)가 있다[21].

참 조

[1] Colorado Department of Transportation Innovative Contracting Advisory Committee (2012). "Project Delivery Selection Approach." <http://www.coloradodot.info/business/designsupport/innovative-contracting-and-design-build/pdsm/pdsm-blank-form/at_download/file> (Jul. 25, 2013)

[2] Georgia State Financing and Investment Commission (2003). "Project Delivery Options Vol 2: Recommended Guideline." <http://architecture.mt.gov/content/designconstruction/ docs/Georgia_Project_Delivery_Options_Vol2.pdf> (Jul. 25, 2013)

[3] Federal Acquisition Regulation, <http://www.acquisition.gov/far/current/html/Subpart%20 36_1.html> (Jul. 25, 2013)

[4] 1996년에 제정된 국방수권법(National Defense Authorization Act of 1996)의 초안에는 제안서를 제출하였으나 낙찰되지 못한 숏리스트(Short-list) 상의 입찰자들에게 설계보상비(Stipend)를 제공하도록 하는 조항이 포함되어 있었다. 하지만 2단계의 선정절차를 검토하는 도중에 메릴랜드 주의 길레스트 의원은 이러한 조항을 제거할 것을 제안하였으며, 청문회를 개최해 설계보상비 조항의 제거여부에 대해서 건축가와 엔지니어 공동체로부터 의견을 듣기도 하였다. 미국건축가협회(American Institute of Architects, AIA)에서 설계보상비용을 제공하는 조항을 지지하다는 발표를 하였음에도 불구하고, 결국 의회에서는 법령에서 해당 조항을 삭제하였다.

[5] American Institute of Architects (1997). "AIA Document B141 - 1997 Instructions." <http://app.ncarb.org/are/StudyAids/03.17.05_B141%20Instructions%20SAMPLE%20 encrypted.pdf> (Jul. 25, 2013)

[6] 상황에 따라 발주를 취소하지 않는 경우도 존재한다. 영국 올림픽 스타디움의 경우 1단계 입찰에서 7개의 업체가 입찰자격을 얻기 위해 사전심사에 참가하였지만, 로버트 맥 알파인社 (Sir Robert McAlpine Ltd) 만이 유일하게 입찰자격기준을 만족시켰다. 하지만 해당 발주를 취소하고 다른 발주방식으로 다시 발주를 하기에는 시간이 부족했던 터라 로버트 맥 알파인 社와의 협상을 통해 양해각서를 체결, 공사를 진행하였다.

[7] California Department of Education (2002). "Design-Build Projects Guidelines." <http:// www.cde.ca.gov/ls/fa/sf/documents/dbpguidelines.pdf> (Jul. 25, 2013)

[8] U. S. Air Force (2012). "U. S. Air Force Design-Build Handbook." <http://www.af.mil/shared/media/document/AFD-100709-018.pdf> (Jul. 25, 2013)

[9] Whole Building Design Guide (2003), "Naval Facilities Engineering Command Design -Build Request for Proposal." <http://www.wbdg.org/ndbm/rfp_format.php> (Jul. 25, 2013)

[10] General Services Administration (2009), Phase Two: Request for Proposals

[11] Florida Department of Transportation (2012), Design-Build Guideline

[12] California Department of Transportation (2008), Alternative Procurement Guide

[13] 작업 구역 분할 및 교통량 분배를 위한 도로 및 갓길의 폐쇄 등의 운영계획을 의미한다.

[14] 공공시설물의 이전 협약 일정, 이전 후보지, 이전 절차, 이전 시 제3자에게 미치는 영향과 대책을 의미한다.

[15] 알에스민즈(R.S.Means)에서 매년 발행하는 표준품셈자료를 의미한다.

[16] Quatman, William (2005). "The Ethical Advisor." Design-Build Dateline, DBIA

[17] U. S. Code of Virginia § 2.2-4371

[18] Bo Xia, Albert Chan, Jian Zuo, and Keith Molenaar (2012). "Analysis of Selection Criteria for Design-Builders through the Analysis of Request of Proposals." Journal of Management in Engineering, 29(1), American Society of Civil Engineers, pp. 19-24.

[19] Schiff Hard Ltd (1996), "Engineer-Led Design-Build: A Practical Business Plan for Engineers to Lead Design-Build Teams." <http://www.schiffhardin.com/binary/engineer_led_practical.pdf> (Jul. 25, 2013)

[20] 주(州) 수준의 종합건설업체 영업허가(License)가 요구되는 주는 알라바마(Alabama), 알래스카(Alaska), 애리조나(Arizona), 아칸소(Arkansas), 캘리포니아(California), 델라웨어(Delaware), 워싱턴 D.C., 하와이(Hawaii), 루이지애나(Louisiana), 매사추세츠(Massachusetts), 미시건(Michigan), 네브라스카(Nebraska), 네바다(Nevada), 뉴멕시코(New Mexico), 노스캐롤라이나(North Carolina), 노스다코타(North Dakota), 오레곤(Oregon), 로드아일랜드(Rhode Island), 사우스캐롤라이나(South Carolina), 테네시(Tennessee), 유타(Utah) 주가 있다. 그 중 매사추세츠 주는 건설 감독에 대해서만 영업허가를 요구하고 있으며, 미시건 주, 미네소타 주, 로드아일랜드 주는 거주시설에 대한 주(州) 수준의 영업허가가 존재한다. 네브라스카 주는 10만 이상 인구의 카운티에 한해 영업허가를 요구하고 있다.

[21] 제휴계약서를 사용한 계약은 호주의 전형적인 관계 계약 형태이다. 디자인빌드 발주방식에서 자주 쓰이며, 특히 남부지역의 민간 프로젝트에서 많이 사용된다.

3

국내 디자인빌드 발주방식 되짚어보기

1 국내에서 알고 있는 디자인빌드 발주방식이란?

국내에서 사용되고 있는 발주방식은 크게 설계 · 시공일괄입찰방식, 대안입찰방식, 기본설계 기술제안 입찰방식, 실시설계 기술제안 입찰방식과 이에 해당하지 않는 발주방식이라는 의미인 기타방식으로 나눌 수 있다.

먼저 설계 · 시공일괄입찰방식은 우리가 흔히 "턴키 방식"이라고 부르는 발주방식으로, 입찰참가자가 기본설계서와 기타 도면 및 서류를 작성하여 입찰서와 함께 제출하는 입찰방식을 의미한다.

둘째로, 대안입찰방식은 발주자가 제공하는 "실시설계서"를 토대로 입찰을 하되, 별도로 입찰자의 의사에 따라 "대안"의 제시가 허용된 공사의 입찰방식을 말한다. 여기서 "대안"이라 함은 정부가 작성한 실시설계서 상의 공종 중에서 대체가 가능한 공종에 대하여 기본방침의 변동 없이 정부가 작성한 설계에 대체될 수 있는 동등 이상의 기능 및 효과를 가진 신공법 · 신기술 · 공기단축 등이 반영된 방안을 말한다.

기본설계 기술제안 입찰방식과 실시설계 기술제안 입찰방식은 행정중심복합도시 건설사업 추진을 계기로 정부에서 2007년 10월 「국가를 당사자로 하는 계약과 관한 법률 시행령」을 개정하여 도입한 기술제안 입찰방식을 말한다. 기본설계 기술제안 입찰방식은 고품격 공공시설물 확보라는 도입 목적에 부합하게 상징성 · 예술성 등이 필요하거나 난이도가 높은 건축기술을 필요로 하는 시설물을 대상으로 사용되고 있으며, 주로 설계공모를 통해서 당선된 기본설계서를 입찰참가자에게 제공해 공사비 절감방안, 생애주기비용 개선방안, 공기단축방안, 공사관리방안 등을 제시하는 기술제안서를 작성하도록 하고 있다. 이에 따라 발주자는 작성된 기술제안서와 입찰서를 평가하여 실시설계적격자를 선정하고, 해당 실시설계적격자로 하여금 실시설계를 작성하고 시공을 수행하도록 하고 있다. 실시설계 기술제안 입찰방식은 기본설계 기술제안 입찰방식과 기본 개념 및 절차는 거의 유사하나 발주기관이 작성하여 교부하는 설계서가 기본설계서가 아닌, 실시설계서라는 차이가 있다.

마지막으로 기타방식은 설계와 시공을 각각 따로 발주하여 낙찰자를 선정하고 계약을 체결하는 설계 · 시공분리발주방식으로 300억 이상의 공사에는 예정가격 이하인 최저가 입찰금액에 대한 적정성을 심사하여 낙찰자를 결정하는 최저가 낙찰제를 사용하고 있으며, 300억 미만의 공사에서는 예정가격 이하로 가장 낮은 금액을 입찰한 순으로 당해계약이행능력을 심사하여 낙찰자를 결정하는 적격심사 낙찰제를 사용하고 있다.

디자인빌드 발주방식의 가장 큰 특징인 설계 서비스와 시공 서비스의 제공 및 책임의 일원화라는 측면에서 볼 때, 설계 · 시공일괄입찰방식과 기본설계 기술제안 입찰방식만이 디자인빌드 발주방식에 해당한다고 볼 수 있다. 반면 설계 · 시공분리발주방식에서 다양한 대안이나 기술제안을 허용하고 있는 외국의 사례를 볼 때 대안입찰방식이나 실시설계 기술제안 입찰방식을 디자인빌드 발주방식이라고 분류하기에는 어려움이 있다. 본서에서는 설계 · 시공일괄입찰방식과 기본설계 기술제안 입찰방식 중 도입된 기간이 길며 실제로 많이 활용되고 있는 설계 · 시공일괄입찰방식에 초점을 맞춰 국내의 디자인빌드 발주방식을 설명하고자 한다. 우선 2절에서는 국내에서 설계 · 시공일괄입찰방식을 도입하게 된 배경과 변천과정을 살펴보고, 3절에서는 현재 공공부문에서 사용되고 있는 설계 · 시공일괄입찰방식의 수행절차와 수행업무를 정리하였다. 그리고 이를 토대로 4절에서 설계 · 시공일괄입찰방식에서 언급되고 있는 문제점들과 개선방안을 논의해보고자 한다.

2 설계 · 시공일괄입찰방식은 어떻게 도입되고 변해왔는가?

국내에서 설계 · 시공일괄입찰방식을 도입한 지 어느덧 40년이 가까워지고 있다. 그 동안 설계 · 시공일괄입찰방식의 사용과 관련하여 다양한 문제점들이 발생하였고, 이에 발맞춰 정부에서는 [그림 3.1]과 같이 여러 번 법령을 제 · 개정하여 설계 · 시공일괄입찰방식을 개선해왔다. 우리나라의 설계 · 시공일괄입찰방식에 대한 이해를 증진하기 위해 본 절에서는 국내 설계 · 시공일괄입찰방식이 도입된 배경과 도입된 이후 어떠한 변화를 겪어왔는지를 대상공사, 낙찰자 선정절차, 설계심의제도를 중심으로 간략하게 살펴보고자 한다.

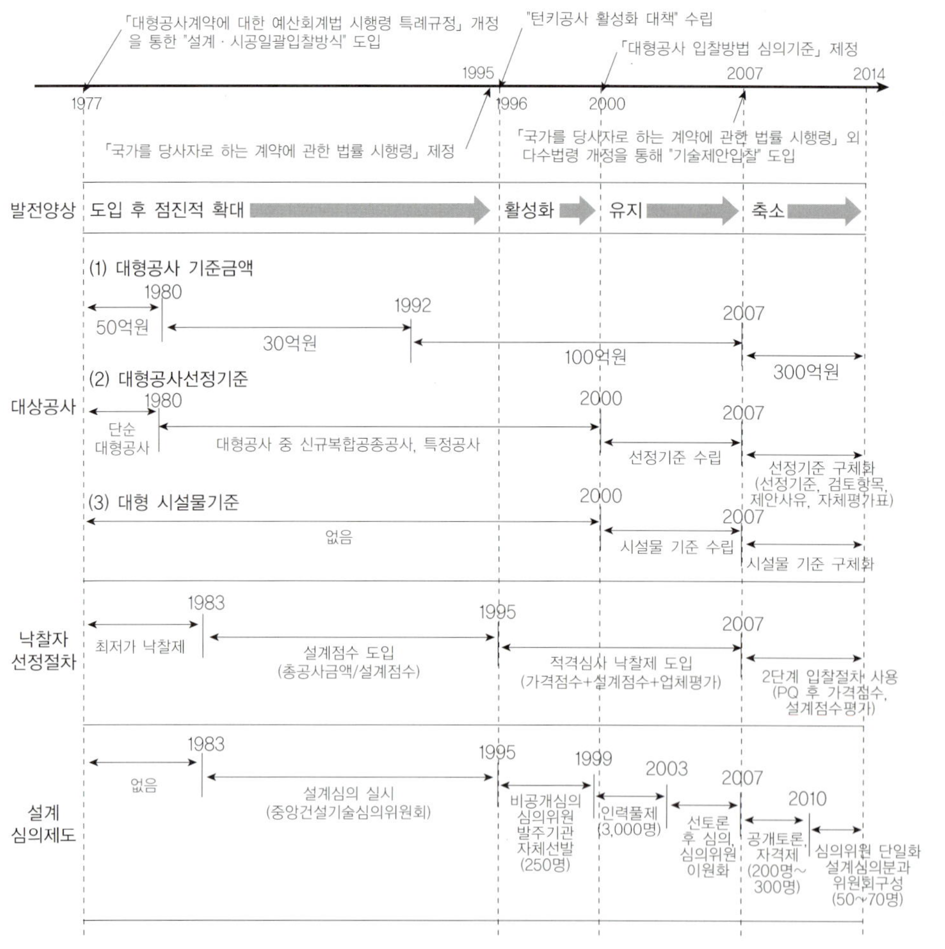

그림 3.1 설계 · 시공일괄입찰방식의 발전양상

2.1 설계 · 시공일괄입찰방식의 도입배경과 변천사

민간의 요구에 따라 자연스럽게 디자인빌드 발주방식의 도입이 시작된 미국과 달리, 국내에서의 디자인빌드 발주방식의 도입은 공사 수행 시 설계와 시공의 일관성 확보, 설계평가를 통한 낙찰자 선정과정에서의 기술 경쟁 및 국내 건설기술 발전 유도, 민간의 창의력 또는 신공법을 활용한 공사비 절감 및 시공기간 단축 등을 목적으로 정부의 주도하에 추진되었었다.

1975년 「대형공사계약에 관한 예산회계법시행령 특례규정」을 제정하여 기존에 사용하던 설계 · 시공분리발주방식 대신 대안입찰방식을 사용할 수 있도록 허용한 뒤, 1977년 추가적인 개정을 실시하여 설계 · 시공일괄입찰방식의 사용을 허용하였다. 이에 따라 1977년 국내 최초로 삼일항 석유화학 항만공사가 설계 · 시공일괄입찰방식으로 발주되었으며, 점차 항만, 플랜트, 공공주택 등 다양한 분야에서 설계 · 시공일괄입찰방식이 사용되기 시작하였다. 하지만 설계 · 시공일괄입찰방식이 대형공사에서 주요한 발주방식 중 하나로 활용되기 시작한 것은 1996년 건설교통부에서 건설기술발전, 공공사업 효율성 제고 등을 목적으로 한 "턴키공사 활성화 대책"을 수립하면서 부터이다. "턴키공사 활성화 대책"의 수립 이후 설계 · 시공일괄입찰방식으로 발주된 공공공사의 수는 1996년 33건에서 1997년 64건으로 급증하였으며, 국내에서 디자인빌드 발주방식을 "턴키 방식"이라고 부르게 되었다.

1996년 설계 · 시공일괄입찰방식의 사용이 활성화된 후 국내에서 설계 · 시공일괄입찰방식의 사용은 일정 수준 이상을 유지하되, 국내 건설산업의 환경 변화와 건설정책의 흐름 변화에 따라 민감하게 변화하는 경향을 보였다. 조달청 자료에 따르면, [표 3.1]과 같이 2001년~2008년 동안 설계 · 시공일괄입찰방식의 공공부문 신규공사 계약실적은 전체 공사계약의 15~25% 수준인 2~3조 원 규모를 유지하였으며 2009년, 2010년에는 4대강 정비사업 등 대형 공공건설사업의 발주 증가로 전체 공사계약의 40% 수준, 금액으로는 10조 원까지 급등하는 모습을 보였다.

하지만 2007년 이후 기술제안입찰방식의 도입, 엄격한 선정기준에 따른 적용 가능한 대상공사의 축소, 낙찰자 선정과정에서의 투명성 및 공정성 논란에 따른 발주기관의 선호도 감소 등이 원인으로 작용하여 2011년, 2012년에는 전체 공사계약의 13% 수준, 금액으로는 1조 원 수준으로 급감하는 추세를 보이고 있다[1].

표 3.1 공사형태별 공공부문 신규공사 계약실적(e-나라지표 통계자료 참조)

구 분	01년	02년	03년	04년	05년	06년	07년	08년	09년	10년	11년	12년
일괄입찰(ⓐ)	21,717	25,544	31,159	21,337	27,461	28,750	35,472	30,255	105,741	51,139	30,455	12,290
대안입찰	8,029	16,324	12,060	22,867	14,021	13,043	5,385	1,983	12,840	7,980	347	1,711
기타	37,970	50,633	50,950	57,660	45,381	39,062	38,650	39,052	60,581	89,282	80,431	82,382
합계(ⓑ)	97,327	131,273	119,943	145,915	109,465	106,614	121,425	109,840	263,536	148,401	111,233	96,383
비율(ⓐ/ⓑ)	22.31%	19.46%	25.98%	14.62%	25.09%	26.97%	29.21%	27.54%	40.12%	34.46%	27.38%	12.75%

※ 단위 : 억원

최근(2012년 이후)에는 설계 · 시공일괄입찰방식의 감소 추세에 따라 설계 · 시공일괄입찰방식을 대신하여 기술제안 입찰방식의 사용이 확대될 것으로 예상되고 있다. 그러나 조달청의 통계 자료에 따르면 2012~2013년 설계 · 시공일괄입찰방식으로 체결된 공공공사 신규 계약건수가 45건인데 비해, 기본설계 기술제안 입찰방식으로 체결된 신규 계약건수는 4건, 실시설계 기술제안 입찰방식은 5건으로 아직 설계 · 시공일괄입찰방식을 대체하고 있다고 이야기하기에는 부족한 수준이다.

2.2 설계 · 시공일괄입찰방식 대상공사기준

설계 · 시공일괄입찰방식이 도입된 초기에는 특별한 사유가 없는 한 공공부문의 모든 대형공사에서 설계 · 시공일괄입찰방식의 사용이 의무화되었으나, 시간이 지남에 따라 대형공사를 규정하는 대상 공사비의 금액이 높아지고, 발주공사의 유형에 따른 발주방식 선정기준과 대상시설물 기준이 엄격해짐에 따라 설계 · 시공일괄입찰방식을 사용할 수 있는 공사의 범위는 갈수록 줄어들고 있다. 본 절에서는 우리나라 공공건설사업에서 설계 · 시공일괄입찰방식의 사용 여부를 결정하는 기준인 대상 공사비 기준, 대상공사 선정기준, 대상 시설물 기준이 어떻게 변화해왔는지를 살펴보고자 한다.

대상 공사비 기준의 변천과정

설계 · 시공일괄입찰방식이 도입된 초기에는 설계 · 시공일괄입찰방식을 사용할 수 있는 대상공사를 총 공사비가 50억 원 이상이며, 공사기간이 2년 이상인 대형공사로 한정하였었다. 이 후 대형공사를 규정하는 기준금액은 한차례 "30억 원 이상"으로 하향된 기간도 있었으나, 1992년 "100억 원 이상", 최근(2007년 이후)에는 "300억 원 이상"으로 계속 증가하는 추세를 보이고 있다.

대상공사 선정기준의 변천과정

설계·시공일괄입찰방식이 도입된 초기에는 설계·시공일괄입찰방식의 사용여부를 결정하는 기준이 구체적이지 못하였다. 일례로 1977년 개정된 「대형공사계약에 대한 예산회계법 시행령 특례규정」에서는 설계·시공일괄입찰방식을 대형공사 중 공사비 절감, 시공기간의 단축 등의 효과가 현저할 것으로 예상되는 공사에서만 사용하도록 하였으며, 1980년 개정안을 통해 분리발주 시 빈번한 설계변경이 예상되는 "복합공종공사"로 한 번 더 대상공사의 범위를 한정하였으나 구체적으로 어떤 공사가 공사비 절감, 시공기간의 단축 등의 효과가 나타나는 복합공종공사인지에 대해서는 설명하지 않았다.

설계·시공일괄입찰방식의 사용이 가능한 공사에 대한 실질적인 선정기준이 수립된 것은 2000년 1월 「대형공사 입찰방법 심의기준(現 대형공사 등의 입찰방법 심의기준)」이

표 3.2 대상 공사비의 변천과정

관계법령	년도	법령 내용 요약	대형공사 기준금액	특정공사 기준금액
대형공사계약에 대한 예산회계법 시행령 특례규정	1977년	• 설계·시공일괄입찰방식의 사용 허용	50억 원 이상 (공사기간 2년 이상)	–
	1979년	• 공가기간에 대한 항목 삭제	50억 원 이상	–
	1980년	• 공사비 기준금액 하향 : 최저가 낙찰제의 부실공사 문제를 해결하기 위해 대형공사 해당범위 확대 • 특정공사의 개념 도입 : 대형공사는 아니나 설계·시공일괄입찰방식 또는 대안입찰방식의 사용이 유리하다고 인정하는 공사	30억 원 이상	30억 원 미만
	1992년	• 공사비 기준금액 상향	100억 원 이상	100억 원 미만
국가를 당사자로 하는 계약에 관한 법률 시행령	1995년	• 「대형공사계약에 대한 예산회계법 시행령 특례규정」 폐지 및 「국가를 당사자로 하는 계약에 관한 법률 시행령」 제정 • 공사비 기준금액 유지	100억 원 이상	100억 원 미만
	2007년	• 공사비 기준금액 상향 : 물가상승률 감안 및 지역 중소업체 수주기회 확대를 위해 대형공사 해당범위 축소	300억 원 이상	300억 원 미만

제정되면서부터이다[21]. 「대형공사 입찰방법 심의기준」에서는 2000년 특정공사 선정기준을 수립하였으며, 2001년 개정을 통해 대형공사 선정기준 또한 수립하였다. 하지만 이러한 선정기준 또한 자의적으로 해석할 수 있는 부분이 많아, 설계 · 시공일괄공사의 무분별한 발주를 제재하는데 한계점을 계속해서 안고 있었다.

파이낸셜뉴스 : 턴키 · 대안 입찰제 이후 대형 건설사 발주사업 67% 독식(2006. 10. 13)

13일 국회 건설교통위원회 유정복 의원(한나라당 · 경기김포)이 건설교통부 국정감사에서 질의한 자료에 따르면 … 나타났다. 특히 지난 2002~2005년 4년 동안 공사 종류별 턴키 · 대안 발주현황을 보면 아파트나 일반 건물 공사가 23건, 택지 및 산업단지 조성이 13건, 일반도로 건설이 45건으로 굳이 턴키 · 대안 공사를 하지 않아도 될 공사가 전체 181건 가운데 81건으로 전체의 44.8%에 이르는 것으로 나타났다. 유 의원은 "아파트 공사나 택지조성, 일반도로건설 등은 굳이 이러한 제도를 도입하지 않아도 충분히 공정성과 효율성을 겸비한 사업자 선정이 가능한데 오히려 제도 적용으로 대형업체의 독점구조만 키우는 병폐를 낳고 있다"며 문제점을 지적했다.

이에 정부에서는 2007년 10월 개정안을 통해 발주공사의 유형에 따라 "[별표 2] 발주목적별 일괄 · 대안입찰 대상공사 선정기준"과 "[별표 3] 발주목적별 일괄 · 대안공사 선정시 검토항목"을 검토하도록 하고, "입찰방법 제안사유"에서 발주기관의 발주방식 검토의견을 구체적으로 작성하도록 하여 설계 · 시공일괄입찰방식의 무분별한 사용을 규제하고자 하였다. 나아가 2010년에는 "[별표 4] 대상공사 선정기준별 우선 입찰방식(안)"을 통해 설계 · 시공일괄입찰방식과 대안입찰방식, 기본설계 기술제안 입찰방식, 실시설계 기술제안 입찰방식 중 대상공사 선정기준 및 검토항목에 가장 부합하는 발주방식을 선정하도록 하였으며, "대형공사 입찰방법 심의 자체 평가표(예시)"를 이용한 발주기관 자체평가를 통해 80점 이상인 경우에만 해당 입찰방법 심의요청을 할 수 있게 하는 등 설계 · 시공일괄입찰방식의 사용을 엄격하게 제한하고 있다.

표 3.3 대상공사 선정기준의 변천과정

관계법령	년도	법령 내용 요약
대형공사 입찰방법 심의기준	2000년	• (특정공사 선정기준 수립) – 신기술 · 신공법 또는 특수공법을 채택하여 시행하고자 하는 공사 – 공기단축이 특별히 필요한 공사 – 발주기관 또는 공사의 특성상 설계 · 시공일괄공사로 시행함이 유리하다고 판단되는 공사
	2001년	• (대형공사 선정기준 수립) 고난도 · 고기술이 요구되는 신규복합공종공사 중 민간이 보유한 기술력과 창의력의 활용이 필요한 공사 – 공종 간 상호 연계정도가 복잡하여 설계 · 시공의 일괄시행이 필요한 경우 – 공사기간이 촉박하여 공기단축이 필요한 경우 – 복합공종으로서 설계와 시공을 분리발주할 경우 빈번한 설계변경이 예상되는 경우 – 시설물의 성능확보를 위하여 기자재 공급자가 직접 설계와 시공을 하여야 하는 경우 – 설계VE 또는 신기술 · 신공법의 적용으로 경제적인 대안의 활용이 필요한 경우
	2007년	• 대형공사 중 "복합공종으로서 설계와 시공을 분리발주할 경우 빈번한 설계변경이 예상되는 경우" 삭제, "상징성 · 예술성 · 창의성이 특별히 요구되는 경우" 추가 • "[별표 2] 발주목적별 일괄 · 대안입찰 대상공사 선정기준" 추가 • "[별표 3] 발주목적별 일괄 · 대안공사 선정 시 검토항목" 추가 • "[별지 제1호의2서식] 中 6. 입찰방법 제안사유"추가 • "[별지 제1호의3서식] 대형공사 분할시공(불가능 사유)검토서" 추가
대형공사 등의 입찰방법 심의 기준	2008년	• 기술제안입찰의 도입에 따라 「대형공사 입찰방법 심의기준」 폐지 및 「대형공사 등의 입찰방법 심의기준」 개정 · 고시 • 대형공사나 특정공사 외에도 "상징성 · 기념성 · 예술성이 필요하다고 인정되거나 난이도가 높은 기술이 필요한 시설물"에 한해 기술제안입찰의 사용을 허용함.
	2010년	• 대형공사 중 "공사기간이 촉박하여 공기단축이 필요한 경우"가 분리되어 나와 "공기단축공사"가 신설됨. • "공기단축공사"에 한해 설계 · 시공일괄입찰방식 또는 실시설계 · 기술제안 입찰방식을 사용할 수 있도록 변경됨. • "[별표 4] 대상공사 선정기준별 우선 입찰방식(안)" 추가 • "[별지 제1호의2서식] 中 7. 대형공사 입찰방법 심의 자체 평가표(예시)" 추가

대상 시설물 기준의 변천과정

우리나라 공공건설사업에서 설계 · 시공일괄입찰방식을 활용할 수 있는 대상 시설물 기준은 대상공사 기준과 마찬가지로 2000년 「대형공사 입찰방법 심의기준」이 제정되기 이전까지는 구체적인 기준이 존재하지 않았다. 기존 「대형공사계약에 대한 예산회계법 시행령 특례규정」에서는 설계 · 시공일괄입찰방식의 사용이 가능한 시설물을 특별히 정의 내리지 않고 있었으며, 발주기관에서는 「시설물 안전관리에 관한 특별법」의 1종 시설물에 대해서 임의로 설계 · 시공일괄입찰방식을 사용하고 있었다[3]. 하지만, 「대형공사 입찰

표 3.4 대상 시설물 기준의 변천과정 (「대형공사 입찰방법 심의기준」 참조)

분야	세부분야	시설물 규모			
		2000년	2001년	2007년	2010년 이후
토목	도로	• 터널 2,000m 이상으로서 환기시설이 포함된 공사 • 3차선 이상의 터널(500m 이상) • 특수교량(현수교, 사장교, 아치교, 트러스교 등) • 교량 1,000m 이상으로서 경간장 50m 이상이거나, 교각 높이 30m 이상 또는 기초 깊이 30m 이상 공사	• 특수교량(현수교, 사장교, 아치교, 트러스교 등)	• 교량(연장 500m 이상으로 경간장 100m 이상) 및 특수교량(현수교, 사장교, 아치교, 트러스교 등)	• 교량(연장 500m 이상으로 경간장 100m 이상) • 경간장 100m 이상(철도교량은 70m 이상)인 특수교량(현수교, 사장교, 아치교, 트러스교 등)
	철도	• 하저터널 • 특수교량 • 교량 1,000m 이상 • 터널 2,000m 이상 • 대도시 역사 중 복합역사, 환승역사, 지하공간 개발역사 등 • 도시철도 중 환승역사구간, 특수공법 및 특수단면으로 굴착하는 구간 • 차량기지	• 하저터널	• 일반터널(3,000m 이상 또는 방재1 등급터널) • 하저 및 해저터널 • 철도(철도차량기지)	• 일반터널(3,000m 이상 또는 방재 1 등급 터널) • 하저 및 해저터널 • 철도(철도차량기지)
	공항	• 여객터미널 3만5천㎡ 이상 • 활주로 2,000m 이상 확장	• 공항	• 공항(활주로, 여객터미널 등)	• 공항(활주로, 여객·화물 터미널 등)
	상수도 시설	• 정수시설 5만톤/일 규모 이상 (광역상수도, 공업용수도는 20만톤/일 이상) • 고도처리시설 및 확장시설인 경우 10만톤/일 이상 • 수로터널 2,000m 이상	–	–	–
	댐	• 저수용량 2천만톤 이상의 농업용수 등 용수전용댐은 당해공사의 여건을 감안하여 심의 • 댐높이 50m 이상의 다목적댐, 발전용댐 본체는 당해공사의 여건을 감안하여 심의 • 발전소, 발전설비	• 댐	• 댐	• 댐(총저수용량 1천만 톤 이상)
	항만	• 갑문시설 • 5만톤급 이상 계류시설 • 안벽 500m 이상 및 호안 3,000m 이상	• 항만	• 항만(계류시설, 외곽시설 등)	• 항만(계류시설, 외곽시설 등)
	하천	• 하구둑 • 특별시, 광역시지격의 직할하천 제방에 설치하는 배수암거 수문, 육갑문 등	• 배수갑문	• 배수갑문	• 배수갑문
	교통	–	• 첨단교통체계시설	• 지능형교통체계시설	• 통제센터와 연계된 통합시스템이 필요한 지능형교통체계시설

표 3.4 (계속)

<table>
<tr><th rowspan="2">분야</th><th rowspan="2">세부분야</th><th colspan="4">시설물 규모</th></tr>
<tr><th>2000년</th><th>2001년</th><th>2007년</th><th>2010년 이후</th></tr>
<tr><td rowspan="2">건축</td><td>다중
이용
건축물
및
공공
청사</td><td>• 체육 · 문화관련시설 5만m² 이상
• 농수산물유통센타 등 물류시설 3만5천m² 이상
• 공공청사(청사, 도서관, 정보통신시설 등) 2만m² 이상
• 아파트형공장, 여객터미널 기타건축물 등 3만5천m² 이상
• 대경간구조 등 특수공법 구조물</td><td>• 상징성 · 예술성 · 창의성이 요구되는 건축물
• 환승 · 복합 역사
• 대경간구조 등 특수공법 구조물</td><td>• 다중이용건축물(환승 · 복합역사, 문화 및 집회, 체육시설 등)
• 공용청사</td><td>• 21층 이상 또는 연면적 3만m² 이상(막구조, 돔구조는 바닥면적 1만m² 이상)인 다중이용 건축물
• 연면적 3만m² 이상인 공용청사</td></tr>
<tr><td>공동주택</td><td>• 연면적 합계가 12만m² 이상</td><td>• 공동주택 및 학교</td><td>• 공동주택 및 학교</td><td>• 50층 이상이거나 높이가 200m 이상인 공동주택</td></tr>
<tr><td rowspan="5">기계</td><td>전력
및
통신</td><td>• 도심지 지중선 연장 2000m² 이상
• 기타지역 5000m² 이상</td><td>–</td><td>–</td><td>–</td></tr>
<tr><td>하수
처리
시설</td><td>• 하수처리시설 규모 5만톤/일 이상(차, 집관거 포함)
• 폐수처리시설 1만톤/일 이상</td><td>• 고도처리시설 방식에 의한 정수장, 하수 · 폐수처리 공사</td><td>• 고도처리방식에 의한 정수장, 하수 · 폐수처리시설</td><td>• 고도처리방식에 의한 정수장, 하수(5만 톤/일 이상) · 폐수(1만 톤/일 이상) 처리시설</td></tr>
<tr><td>환경
설비</td><td>• 규모 50톤/일 이상
• 슬러지소각시설 규모 30톤/일 이상
• 탈황설비
• 재활용설비(소각에너지재활용시설 포함)</td><td>• 폐기물소각시설</td><td>• 폐기물(쓰레기, 슬러지 등)소각시설, 쓰레기 자동집하시설, 슬러지 건조 및 매립시설</td><td>• 폐기물(쓰레기, 슬러지 등)소각시설(30톤/일 이상), 쓰레기자동집하시설, 슬러지 건조 및 매립시설</td></tr>
<tr><td>가스
배관망
설비</td><td>• 규모 공급거리 50Km 이상, 또는 공급기지 3개소 이상</td><td>–</td><td>• 가스공급시설</td><td>• 가스공급시설</td></tr>
<tr><td>발전
설비</td><td>• 열병합발전설비 규모 200MW 이상
• 화력발전설비 규모 300MW 이상</td><td>• 열병합 · 화력발전설비 공사</td><td>• 열병합발전설비, 집단에너지시설 등</td><td>• 열병합발전설비, 집단에너지시설 등</td></tr>
</table>

방법 심의기준」을 제정하여 설계 · 시공일괄입찰방식을 사용할 수 있는 대상 시설물 기준을 토목, 건축, 기계 3개 분야 14개 공종으로 구체적으로 명시함으로써 대상 시설물에 제한을 두기 시작하였다.

2010년에는 「대형공사 입찰방법 심의기준」 개정을 통해 대상 시설물의 분류 기준과 규모 제한을 간소화하고 항목들을 통합하는 변화가 이루어지기도 하였다. 시설별 규모제한을 폐지하는 대신 앞서 "대상공사 선정기준"에서 살펴본 것처럼 공사의 특성을 반영하여 설계 · 시공일괄입찰방식의 사용여부를 결정하는 형태로 변화를 꾀하였던 것이다. 하지만 설계 · 시공일괄입찰방식의 무분별한 사용과 관련된 문제가 불거짐에 따라 2007년 「대형공사 입찰방법 심의기준」을 재개정해 대상 시설물 기준도 좀 더 엄격하게 변화하였으며, 2010년 추가적인 사용규제로 대상 시설물 기준의 규모제한을 한층 더 강화하는 등 설계 · 시공일괄입찰방식의 사용을 보다 엄격히 제한하는 방향으로 변화하는 추세에 있다.

2.3 낙찰자 선정절차 및 선정방식

국내에서 설계 · 시공일괄입찰방식을 사용하기 시작한 이후, 낙찰자 선정절차와 선정방식은 합리적인 낙찰자 선정과정의 구축과 설계 · 시공일괄입찰방식의 운영상에서 발생하는 문제점 해소를 위해 지속적인 변화를 거쳐 왔다. 예를 들어 도입 초기에는 미국의 경우와 마찬가지로 최저가 낙찰제를 사용하여 낙찰자를 선정하였으나, 최저가 낙찰제를 사용함에 따라 업체들의 덤핑 입찰 문제가 불거지자 1983년 「대형공사계약에 대한 예산회계법 시행령 특례규정」을 개정하여 낙찰자 선정 시 설계 평가를 통해 설계 점수를 반영하였다. 이후 1995년에는 성수대교 붕괴 등 부실공사를 방지하고 업체들의 기술경쟁력 향상을 도모하기 위한 방안으로 적격심사 낙찰제가 도입되어 가격, 설계점수, 업체의 공사수행능력을 종합적으로 평가하는 방식으로 변화하였다. 최근(2007년 이후)에는 사업의 특성에 맞춰서 다양한 낙찰자 결정방식을 사용하기 위해서 「국가를 당사자로 하는 계약에 관한 법률 시행령」 상에서 "일괄입찰 등의 입찰참가자격 사전심사" 조항을 신설하여 설계 · 시공일괄입찰방식 사용 시 적격 업체를 우선적으로 선별한 뒤 설계적합 최저가 방식, 종합평가방식, 확정가격 최상설계 방식을 활용해 가격과 설계 점수만으로 낙찰자를 선정하도록 변경하였다. 하지만 실제로는 종합평가 방식 중 하나인 가중치 방식만을 사용하고 있어 공사유형에 따른 다양한 낙찰자 결정방식의 실질적인 사용이 요구되고 있는 실정이다.

표 3.5 낙찰자 선정절차 및 선정방식의 변천과정

<table>
<tr><th>관계법령</th><th>년도</th><th>법령 내용 요약</th></tr>
<tr><td rowspan="5">대형공사계약에 대한 예산회계법 시행령 특례규정</td><td>1977년</td><td>• 최저가 낙찰제 실시 : 최저가를 제출한 5인 선발
• 설계품질, 가격 검토를 위해 설계적격입찰여부 검토와 계약심의위원회 심의를 거쳐 낮은 가격 순으로 낙찰자를 선정함.</td></tr>
<tr><td>1983년</td><td>• 설계적격입찰여부 검토 대신 설계점수 평가제도 도입
• 2단계 설계평가 후 계약심의위원회 심의를 거쳐 낙찰자 선정
– 기본설계입찰(1단계) : [총공사금액/기본설계점수]가 낮은 5인 선별
– 실시설계입찰(2단계) : [총공사금액/실시설계점수]가 낮은 1인 선정</td></tr>
<tr><td>1987년</td><td>• 계약심의위원회 심의절차 삭제</td></tr>
<tr><td>1992년</td><td>• 실시설계입찰절차 삭제
• [총공사금액/기본설계점수]가 낮은 1인을 실시설계적격자로 선정</td></tr>
<tr><td>1994년</td><td>• 설계점수가 높은 4인 선별 후 [총공사금액/기본설계점수]가 낮은 1인을 실시설계적격자로 선정</td></tr>
<tr><td rowspan="5">국가를 당사자로 하는 계약에 관한 법률 시행령</td><td>1995년</td><td>• 「대형공사계약에 대한 예산회계법 시행령 특례규정」 폐지 및 「국가를 당사자로 하는 계약에 관한 법률 시행령」 제정
• 기본설계입찰과 실시설계 · 시공입찰과정 분리
• 적격심사 낙찰제 도입 : 낙찰자 선정 시 설계점수가 높은 4인을 선별한 후 당해공사 수행능력, 설계점수, 입찰가격을 종합적으로 평가하여 낙찰자 선정</td></tr>
<tr><td>1999년</td><td>• 실시설계 · 시공입찰과정 폐지</td></tr>
<tr><td>2006년</td><td>• 입찰자 선별 인원을 6인으로 확대 : 설계점수가 높은 6인 선별 후 계약이행능력 심사기준에 합당한 자를 실시설계적격자로 결정</td></tr>
<tr><td>2007년</td><td>• 적격심사 낙찰제 폐지
• 2단계 입찰절차 사용 : 일괄입찰 등의 입찰참가자격 사전심사조항 신설
• 발주기관이 입찰참가자격 사전심사를 통과한 업체를 대상으로 가격과 설계 점수만으로 낙찰자 결정
– 설계적합 최저가방식
– 종합평가방식 : 입찰가격 조정방식, 설계점수 조정방식, 가중치방식
– 확정가격 최상설계방식</td></tr>
<tr><td>2010년</td><td>• 발주기관의 의사를 반영할 수 있도록 입찰참가자격 사전심사 대상 및 기준 자율화</td></tr>
</table>

2.4 설계심의제도의 변화

설계심의제도는 설계 · 시공일괄입찰방식에서 낙찰자를 결정하는 주요한 요인인 설계점수를 산정하는 과정을 통틀어 일컫는 말로 국내 설계 · 시공일괄입찰방식의 운영과정에서 가장 많은 문제점들이 발생하였으며, 그만큼 많은 수정 · 보완을 거친 부분이라 할 수 있다.

표 3.6 설계심의제도의 변천과정(「건설기술개발 및 관리 등에 관한 운영기준」 참조)

구분	2003년 7월 이전	2003년 7월	2007년	2010년 이후
심의 방식	• 비공개심의	• 공개토론제 (선토론 후심의)	• 공개토론 심의	• 공개토론 심의
심의 위원 구성	• 단일위원회 (15명~30명 이내)	• 심의위원 이원화 – 기술위원회 : 20인 이내, 전문분야별 2인 이상 – 평가위원회 : 10인 이내	• 심의위원 이원화 – 기술위원회 : 20인 이내, 전문분야별 2인 이상 – 평가위원회 : 10인 ~15인	• 심의위원 단일화 – 기술위원회 : 폐지 – 평가위원회 : 10인 ~20인 이내
심의 위원 선정 방법	• 인력풀제 : 3,000명의 건설전문가 중 심의 실시 전날 추첨을 통해 선정	• 인력풀제 : 3,000명의 건설전문가 중 심의 실시 전날 추첨을 통해 선정	• 자격제 : 중앙건설기술 심의위원회의 기준에 맞는 자격을 갖춘 사람들 중 선정 (200~300명)	• 중앙 · 지방 · 특별건설기술 심의위원회 내 설계심의 분과위원회 심의위원 중 선정 • 설계자문위원회가 설치되어 있는 경우 설계자문위원회 심의가능
평가 방법	• 심의위원이 설계검토 및 평가 수행	• 심의 이원화 – 기술위원 : 설계검토, 토론 실시 – 평가위원 : 채점 실시	• 심의 이원화 – 기술위원 : 설계검토, 토론 실시 – 평가위원 : 채점 실시	• 심의 일원화 : 공동설명회, 현장답사, 설계검토, 토론, 채점 실시
설계 도서 검토	• 비공개 • 당일 검토 • 세부 전문분야별 평가	• 공개 • 설계도서를 최소 10일 전 기술위원에게 배포하여 심층 검토 • 기술위원은 필요시 업체에 설명요구 가능 • 평가위원 全 분야 평가	• 공개 • 설계도서를 최소 10일 전 기술위원에게 배포하여 심층 검토 • 기술위원과 업체 간의 사전접촉 금지 • 업체 간 설계도서 검토, 질문 제출, 답변 절차 추가 • 기술위원과 평가위원 토론 허용 • 평가위원 全 분야 평가	• 공개 • 심의 내용을 충분히 검토할 수 있도록 심의일 20일 이전에 배포 • 심의위원과 업체 간의 사전접촉 금지 • 업체와의 질의응답 후 전문분야별 심의위원 간 설계평가 토론회 실시 • 평가위원 해당 전문분야 평가

설계심의제도는 1983년 「대형공사계약에 대한 예산회계법 시행령 특례규정」의 개정을 통해서 기존 설계적격여부 심사가 아닌, 설계점수를 직접적으로 산정하여 낙찰자를 선정하는 기준으로 반영하면서부터 중요성이 부각되기 시작하였다. 하지만 객관적인 비교가 가능한 가격점수와 달리 설계점수는 심의위원의 주관적인 판단에 따라 결정된다는 점을 악용하여 지속적으로 심의위원과 입찰참가업체 간의 비리문제가 발생하여 오고 있다. 정부에서는 이러한 문제점을 해결하기 위해서 [표 3.6]과 같이 대대적인 설계심의제도 개선을 추진해오고 있으나, 그럼에도 불구하고 실질적인 효과를 얻지는 못하고 있다.

3 국내 설계 · 시공일괄입찰방식은 어떻게 수행되는가?

2절에서 국내 공공부문에서의 설계 · 시공일괄입찰 방식의 변천과정을 설펴보았다면, 3절에서는 발주자 관점에서 실제로 설계 · 시공일괄입찰방식을 어떻게 사용하고 있는지를 살펴보고자 한다.

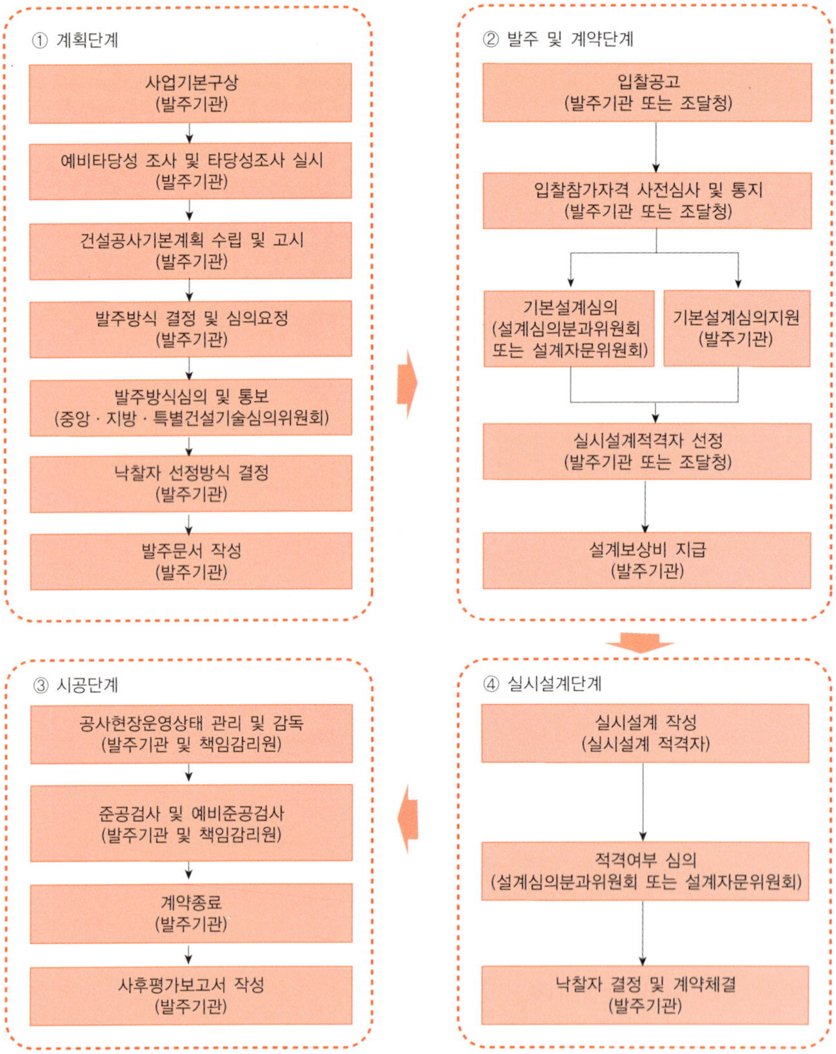

※발주자 역량 부족 시 발주자의 발주 및 계약 관련 업무를 조달청에 위임하여 사업을 진행할 수 있음.

그림 3.2 발주자 관점에서 바라본 설계 · 시공일괄입찰방식의 일반적인 수행절차

[그림 3.2]는 설계 · 시공일괄입찰방식의 수행절차를 발주자 중심으로 정리한 것이다. 국내 공공부문에서의 설계 · 시공일괄입찰방식은 앞서 2장에서 살펴 본 미국의 디자인빌드 발주방식과 달리 사업의 수행절차를 크게 계획단계, 발주단계, 실시설계 및 계약단계, 시공단계로 나눌 수 있다. 이러한 차이는 계약 시점의 차이로 인한 것으로, 낙찰자 선정 후 바로 계약을 체결하여 디자인빌더로 하여금 실시설계를 작성하도록 하는 미국과 달리 국내에서는 실시설계 적격자가 선정된 뒤 바로 계약을 체결하지 않고 실시설계를 작성한 후 적격여부 심사를 거쳐서 낙찰자로 최종 선정이 되어야만 계약을 체결할 수 있다는데 있다. 이러한 절차의 차이는 국내 공공공사에서 설계 · 시공병행기법을 사용하기 어려운 이유 중 하나로 작용하고 있다.

3.1 계획단계에서의 수행업무

계획단계에서 발주자는 발주문서를 작성하여 입찰공고를 내기 위한 사전 작업을 진행하게 된다. 발주자는 우선 일반적인 공공사업과 마찬가지로 사업에 대한 기본구상, 예비타당성 조사 및 타당성 조사를 통해 건설공사에 대한 기본계획을 수립 · 고시한다. 이후 발주자는 건설공사 기본계획의 수립 · 고시가 끝난 뒤 해당 건설공사의 규모와 성격을 고려하여 발주방식을 결정하게 된다. 발주방식을 결정한 뒤에는 위원회 주관 행정기관의 장(국토교통부장관, 시 · 도지사 및 국방부장관)에게 "집행기본계획서"를 작성 · 제출하여 발주방식에 대한 심의를 받게 되며, 발주방식이 결정된 다음, 발주기관에서는 낙찰자 선정방식을 결정하고 발주문서를 작성하게 된다.

사업 기본구상

발주자는 건설공사를 시행하기 위해서 우선 공사내용에 대한 기본적인 개요에 해당하는 "기본구상"을 마련하여야 한다. 「건설기술관리법 시행령」 제56조에서는 기본구상에 다음과 같은 내용들을 포함하도록 하고 있다[4].

- 공사의 필요성
- 「국토의 계획 및 이용에 관한 법률」 제2조 제4호에 따른 도시 · 군관리계획 등 다른

법령에 따른 계획과의 연계성

- 공사의 시행에 따른 위험요소의 예측
- 공사예정지의 입지조건
- 공사의 규모 및 공사비
- 공사의 시행이 환경에 미치는 영향
- 건설사업관리 또는 책임감리 등의 적용 여부, 공사의 기대효과, 그 밖에 발주청이 필요하다고 인정하는 사항

기본구상을 마련할 때에는 유사한 건설공사의 사후평가보고서를 참조하여 사업수행성과, 사업효율, 파급효과 등의 평가결과, 사후평가보고서 축적 및 분석결과로 도출된 건설공사의 목적물별, 시행과정별 표준적인 소요기간 및 투자비용의 기준 등을 검토하여야 한다.

예비타당성 조사 및 타당성 조사

기본구상이 끝난 후 발주자는 예비타당성 조사를 실시한다. 예비타당성 조사는 타당성 조사 이전에 예산반영 여부 및 투자 우선순위 결정을 위한 조사를 수행하는 것을 말하며, 기획재정부가 조사의 주체이다. 예비타당성 조사는 본격적인 타당성 조사의 필요성 여부를 판단하기 위하여 개략적인 수준에서 수행되며, 경제성 분석과 국민경제적 · 정책적 차원에서 고려되어야 할 사항들을 주로 조사한다. 입지 및 공법 분석, 현장여건 실사 등 기술적 타당성 평가는 검토대상은 아니지만, 필요시에는 전문가 자문 등을 통해 조사할 수 있다. 대체적으로 6개월 정도의 시간을 투입하여 시행한다.

예비타당성 조사 후 실시하는 타당성 조사는 경제적 타당성 및 정책적 타당성이 주된 검토의 대상인 예비타당성 조사와 달리 주로 기술적 타당성을 검토하며, 사업 주무부처에서 시행한다. 실제 사업 착수를 위하여 보다 정밀하고 세부적인 수준에서 조사가 이루어지며, 토질조사, 공법 분석 등 다각적인 측면에서 기술성 분석이 이루어진다. 또한 환경영향분석 등 실제 사업추진과 관련된 일부 항목에 대해서는 면밀한 조사가 시행된다.

건설공사기본계획 수립

기본구상, 예비타당성 조사, 타당성 조사가 마무리되면, 발주자는 "건설공사기본계획"을 수립하게 된다. 「건설기술관리법 시행령」 제58조에서는 건설공사 기본계획에 포함되

는 내용들을 다음과 같이 정의하고 있다. 발주자는 이러한 건설공사기본계획을 수립할 때 도시·군관리계획 등 다른 법령에 따른 계획과의 연계성을 고려하여야 하며, 해당 건설공사의 시행이 환경 등에 미치는 영향 또한 분석하여야 한다.

- 공사의 목표 및 기본방향
- 공사의 내용·기간, 시행자 및 공사수행계획
- 공사비 및 재원조달계획
- 개별 공사별 투자 우선순위(도로공사·하천공사·지역개발사업 등 동일하거나 유사한 공종(工種)의 공사를 묶어 하나의 사업으로 기획 및 예산편성을 하는 경우만 해당)
- 연차별 공사시행계획
- 시설물 유지관리계획
- 환경보전계획
- 기대효과와 그 밖에 발주기관이 필요하다고 인정하는 사항

발주방식의 결정 및 심의요청

발주자는 건설공사기본계획을 수립·고시한 후, 수립한 건설공사기본계획의 내용을 검토하여 사업에 적합한 발주방식을 결정하게 된다. 특히 발주방식으로 기타 방식을 제외한 설계·시공일괄입찰방식, 대안입찰방식, 기본설계 기술제안입찰방식, 실시설계 기술제안입찰방식(이하 "일괄·대안·기술제안입찰방식")을 사용하고자 하는 경우, 「대형공사 등의 입찰방법 심의기준」에 따라 발주방식을 결정하여야 한다[6]. 이러한 과정을 거쳐 발주방식을 결정한 다음, 결정한 발주방식의 적정성에 대해서 심의를 요청하게 된다.

(1) 발주방식 결정하기

발주자는 우선 프로젝트의 특성을 고려하여 발주방식을 결정하여야 한다. 만약 발주자가 설계·시공일괄입찰방식을 사용하고자 하는 경우, 다음과 같은 3가지 선정기준을 만족하는 지를 확인하여야 한다.

선정기준 1. 대상 공사비 기준

기본적으로 "일괄·대안·기술제안입찰방식"을 사용할 수 있는 공사는 앞서 2절에서 언급한 것과 같이 총공사비 추정가격이 300억 원 이상인 신규복합공종 공사(이하 "대형

공사")이다. 하지만 "대형공사"가 아니더라도 대안입찰 또는 일괄입찰로 집행함이 유리하다고 인정되는 총공사비 추정가격이 300억 원 미만인 신규복합공종 공사(이하 "특정공사")나 상징성 · 기념성 · 예술성이 필요하다고 인정되거나 난이도가 높은 기술이 필요한 시설물로서 기본설계 기술제안입찰 또는 실시설계 기술제안입찰로 집행하려는 공사, 그리고 공기단축이 필요한 공사 중 일괄입찰로 집행하는 것이 유리하다고 인정되는 공사(이하 "공기단축공사")에서도 설계 · 시공일괄입찰방식, 대안입찰방식, 기본설계 기술제안입찰방식, 실시설계 기술제안입찰방식을 사용할 수 있다.

선정기준 2. 대상 시설물 기준

"일괄 · 대안 · 기술제안입찰방식"을 사용하기 위해서 짓고자 하는 건축물이 시설물 기준에 부합하는 지를 확인하여야 한다. 「대형공사 등의 입찰방법 심의기준」에서는 아래 [표 3.7]과 같은 시설물에 한해 "일괄 · 대안 · 기술제안입찰방식"의 사용을 허용하고 있다.

표 3.7 "일괄 · 대안 · 기술제안 입찰방식" 대상 시설물 기준

분야	심의대상 시설기준
토목	• 교량(연장 500m 이상으로 경간장 100m 이상) 및 경간장 100m 이상(철도교량은 70m 이상)인 특수교량(현수교, 사장교, 아치교, 트러스교 등) • 일반터널(3,000m 이상 또는 방재1등급터널), 하저 및 해저터널 • 댐(총저수용량 1천만톤 이상), 배수갑문 • 공항(활주로, 여객 · 화물터미널 등) • 항만(계류시설, 외곽시설 등) • 철도(철도차량기지) • 통제센터와 연계된 통합시스템이 필요한 지능형교통체계시설
건축	• 50층 이상이거나 높이가 200m 이상인 공동주택 • 21층 이상 또는 연면적 3만㎡ 이상(막구조, 돔구조는 바닥면적 1만㎡ 이상)인 다중이용건축물 • 연면적 3만㎡ 이상인 공용청사
플랜트	• 고도처리방식에 의한 정수장, 하수(5만톤/일 이상) · 폐수(1만톤/일 이상) 처리시설 • 폐기물(쓰레기, 슬러지등)소각시설(30톤/일 이상), 쓰레기자동집하시설, 슬러지 건조 및 매립시설 • 가스공급시설 • 열병합발전설비, 집단에너지시설등

※ 상기 시설기준에 미달되나 특수한 현장 여건으로 신기술 · 신공법 등이 현저히 필요한 경우 상세한 설명서를 첨부하여 심의요청 가능

선정기준 3. 대상공사 선정기준

"대형공사"나 "특정공사", 그리고 상징성 · 기념성 · 예술성이 필요하다고 인정되거나

난이도가 높은 기술이 필요한 시설물로서 기본설계 기술제안입찰 또는 실시설계 기술제안입찰로 집행하려는 공사에서는 "일괄 · 대안 · 기술제안방식"을 사용할 수 있다. 하지만 이것이 "일괄 · 대안 · 기술제안방식"의 사용을 무조건적으로 허용하는 것은 아니다. 「대형공사 등의 입찰방법 심의기준」에서는 발주공사의 유형별로 "일괄 · 대안 · 기술제안방식"을 사용할 수 있는 공사의 선정기준과 "일괄 · 대안 · 기술제안방식"의 사용이 적합한

표 3.8 발주공사 유형별 대상공사 선정기준 및 검토항목(「대형공사 등의 입찰방법 심의기준」 참조)

발주공사 유형	대상공사 선정기준	검토항목
1. 여러 공종 (토목, 건축, 기계, 전기 등)이 포함된 복합공사로서 설계와 시공의 동시 입찰이 필요한 경우	1) 공사의 특성상 복잡한 고난도 · 고기술이 요구되는 때 2) 복합공종으로서 분리발주 시, 빈번한 설계변경이 예상되는 때 3) 공종간 연계에 따른 성능보증 책임을 명확히 할 수 없는 경우	• 공종의 복잡성 및 분할 정도 • 고난이도 기술 및 공법의 적용 필요성 • 분리발주 시, 설계변경이 예상되는 공종과 공사비(기타공사 발주 시와 비교하여 유 · 불리 사항 비교) • 설계변경에 따른 발주자의 책임에 대한 사전검토 여부 • 하자발생에 따른 책임소재 불분명 사항 • 적용공법에 따른 공종간의 연계성 변화 정도 • 공종간의 연계성에 따른 효율보증 검증 용이 정도 • 법적 운영기준 초과에 따른 부과금 발생 시 책임소재의 불분명 사항
2. 성능확보를 위하여 기자재 공급자가 직접 설계와 시공을 하여야 하는 경우	1) 설비의 규모, 용량에 따라 시설물의 설계가 변경되어지는 때 2) 시공자의 전적인 책임 하에 공급된 기자재의 성능 및 품질보증이 요구되는 때	• 기계설비의 규모 · 용량에 따라 설계변경이 필요한 부분과 규모 • 기타공사로 할 경우 성능확보 및 보증 요구가 곤란한 경우 • 기자재 공급자가 시공능력을 갖추고 있는지 여부
3. 설계VE, 신기술 · 신공법의 적용으로 경제적인 대안의 활용이 필요한 경우	1) 경제적인 대안을 통해 가장 우수하고 유리한 목적물을 얻고자 하는 때 2) 신기술 · 신공법의 적용으로 고난이도 기술 발전 유도가 가능할 때 3) 공기단축, 공사비 절감이 가능한 여러 대안이 존재하는 경우	• 신기술 · 신공법의 적용 필요성 • 해외 신기술 국내 도입 필요성 • 적용 가능한 신기술 · 신공법의 정량적 추정치 비교(공기분석, 유지관리를 포함한경제성, 품질 등) • 원안과 예측 가능한 대안의 정량적 추정치 검토(유지관리를 포함한 경제성, 품질, 성능 등)
4. 상징성 · 예술성 · 창의성이 요구되는 경우	1) 가격 외에 시공자의 기술 및 창의적 요소 반영이 요구되는 때 2) 국가, 지역적으로 명소화에 필요한 시설물 획득이 필요할 때	• 상징성 · 예술성 · 창의성이 특별히 필요한지 구체적 사유 • 설계경기 등 다른 다양한 발주방식 활용이 가능한지 여부 • 준공 또는 공사 중인 현장주변의 사례 및 조화 적정성

표 3.9 공기단축공사의 대상공사 선정기준 및 검토항목(「대형공사 등의 입찰방법 심의기준」 참조)

발주공사 유형	대상공사 선정기준	검토항목
공사기간이 촉박하여 공기단축이 필요한 경우	1) 국제적 대형행사, 대형국책사업, 수해복구 등 일반적인 공법으로는 준공기한을 맞추기 어려울 때 2) 군사적 목적 등 국가안보상 공기단축이 요구되는 때	• 공기단축의 필요성 및 공기단축의 정도(준공시점 설정사유, 발주기관 사유로 늦어진 공기 만회를 위해 추진하는지 여부 등) • 예산확보여부 및 연차별 투자계획 • 설계 · 시공병행기법(Fast-Track) 실시 및 가능성 여부 • 기타공사로 시행시공기내 준공 불가능 여부(세부적인 공기산출 내역제출, 실적공정 자료 포함)

지 여부를 검토하는 항목을 [표 3.8]과 같이 제시하고 있다.

공사기간이 촉박하여 공기단축이 필요한 경우에도 "일괄 · 대안 · 기술제안방식"을 사용할 수 있으나, 위와 마찬가지로 선정기준과 검토항목이 존재한다. 공기단축공사의 주요 검토항목은 [표 3.9]와 같다.

표 3.10 대상공사 선정기준별 우선 입찰방식(「대형공사 등의 입찰방법 심의기준」 참조)

발주공사 유형별 대상공사 선정기준	발주방식 (우선순위)			
	기본계획완료 후		실시설계완료 후	
	일괄	기본설계 기술제안	대안	실시설계 기술제안
Ⅰ. 여러 공종의 복합공사로 설계 · 시공의 일괄시행이 필요한 경우				
1) 복잡한 고난도 · 고기술이 요구				
2) 분리발주 시, 빈번한 설계변경 예상				
3) 연계공종간 책임이 불분명				
Ⅱ. 기자재 공급자가 직접 설계와 시공을 하여야 하는 경우				
1) 설비규모, 용량에 따라 시설물의 설계가 변경되어지는 때				
2) 시공자의 전적인 책임 하에 공급된 기자재의 성능과 품질보증이 요구				
Ⅲ. 설계VE, 신기술 · 신공법 적용 등 경제적인 대안이 필요				
1) 경제적인 목적물을 얻고자 하는 때				
2) 신기술 · 신공법 적용으로 기술 발전 유도가 가능				
3) 공기, 공사비 절감이 가능한 여러 대안이 존재하는 경우				
Ⅳ. 상징성 · 예술성 · 창의성이 요구되는 경우				
1) 가격 외에 시공자 기술, 창의적 요소 반영이 필요				
2) 국가, 지역적 명소화에 필요한 시설물 획득이 필요				
Ⅴ. 공사기간이 촉박하여 공기단축이 필요한 경우				

발주자는 [표 3.8]과 [표 3.9]의 검토항목들을 토대로 발주하고자 하는 공사에 맞춘 "대상공사 선정기준별 우선 입찰방식"을 [표 3.10]의 양식에 맞춰 작성하게 된다. 이 경우 공사의 특성을 반영하여 검토항목에 맞춰 "○"와 "△"를 작성한 뒤, "○"가 많은 발주방식을 사용하게 된다. 만약 발주자가 임의로 후(後) 순위에 있는 발주방식을 사용하고자 하는 경우, 현장여건 · 사업여건과 발주방식 간의 장 · 단점 비교를 통해 발주방식 선택의 당위성을 증명하여야 한다.

발주자는 발주방식을 선택하기 위해서 해당 발주방식의 선정사유를 구체적으로 설명하는 자료를 작성할 수 있어야 한다. 「대형공사 등의 입찰방법 심의기준」 중 "별지 제1호의2서식"에서는 [표 3.11]과 같이 "입찰방법 제안사유"를 구체적으로 작성하도록 하고 있으며, [표 3.12]와 같이 "대형공사 입찰방법 심의 자체 평가표"를 평가해 최종평점이 80점 이상인 경우에만 입찰방법 심의요청을 하도록 하고 있다.

또한 발주방식 선정의 적정성 검토와 더불어 "별지 제1호의3서식"에서는 해당 공사의 "대형공사 분할시공(불가능 사유)검토서"를 작성하도록 하여, 공사 자체가 대형공사로 발주하여야만 하는지에 대한 당위성을 검토하도록 하고 있다.

표 3.11 입찰방법 제안사유 작성방법 예시(「대형공사 등의 입찰방법 심의기준」 참조)

구분	내용
입찰방법	• 기타, 일괄, 대안 중 택일 • 대안입찰의 경우에는 대안입찰에 부칠 사항 또는 범위
입찰방법 심의요청 근거규정	• 입찰방법 심의대상시설 및 발주목적별 선정기준에 관한 근거규정 명시 • 입찰방법 심의대상시설에 해당하지 않는 공사를 일괄 · 대안입찰의 방법에 의해 요청할 경우에는 제4조 제2항 각호 및 제5조 제2항에 대하여 구체적으로 검토하여 명확하게 기재
공사의 목적 및 특성	
입찰방법을 통한 사업효과	
발주목적별 검토항목별 검토의견(구체적 근거 제시)	
총괄검토의견	대상공사 선정기준별 검토의견을 토대로 발주청의 총괄 검토의견 기재
1. —	
2. —	
3. —	
4. —	

※일괄입찰방법 공사에 대한 개략개요를 판단할 수 있는 기본구상, 예비타당성 조사, 타당성 조사 또는 기본계획에 대한 내용을 요약하여 반드시 별도 첨부

표 3.12 대형공사 입찰방법 심의 자체 평가표 예시(「대형공사 등의 입찰방법 심의기준」 참조)

발주공사유형	대상공사 선정기준	평가기준		자체평가(%)						평가 점수
		평점	가중치 (%)	A (100)	B (90)	C (80)	D (70)	E (60)	미제출 (0)	
여러 공종이 포함된 복합공사로 설계 · 시공 일괄 시행이 필요	1) 공사의 특성상 복잡한 고난도 · 고기술 요구	60	50		V					27.0
	2) 복합공종으로 분리발주 시, 빈번한 설계변경 예상		30		V					16.2
	3) 공종 간 연계에 따른 성능보증 책임 명확		20	V						12.0
	합계		100							55.2
공급자의 직접 설계 · 시공이 필요	시공자의 전적인 책임 하에 공급된 기자재의 성능 및 품질보증 요구	30	100			V				24.0
상징성 · 예술성 · 창의성 요구	1) 가격 외에 시공자의 기술 및 창의적 요소 반영 요구	10	50		V					4.5
	2) 국가, 지역적으로 명소화에 필요한 시설물 획득 필요		50		V					4.5
	합계		100							9.0
평 점										88.2
감 점 (총공사비 300억 원 미만, −5점)		−5								–
최종평점		100								88.2

※ A: 선정기준에서 요구하는 내용을 충분히 만족시킨 경우
B: 선정기준에서 요구하는 내용을 상당수준 만족시킨 경우
C: 선정기준에서 요구하는 내용을 일정수준 만족시킨 경우
D: 선정기준에서 요구하는 내용을 만족시키지 못하거나 추가적인 보완이 필요한 경우
E: 선정기준에서 요구하는 내용이 상당부분 결여되어 있거나 부족한 경우

(2) 심의 요청하기

발주방식을 결정한 다음 발주자는 "집행기본계획서"를 작성하여 심의를 담당하는 건설기술심의위원회 주관 행정기관의 장(국토교통부장관, 시 · 도지사 및 국방부장관)에게 제출하여야 한다.

발주방식의 심의를 담당하는 곳은 발주자의 소속에 따라 달라진다. 만약 발주자가 중앙관서인 경우에는 중앙건설기술심의위원회에서 심의를 담당하며, 발주자가 특별시 · 광역

시 · 특별자치시 · 도 · 특별자치도와 소속 시 · 군 · 자치구 경우에는 지방건설기술심의위원회에서 심의를 담당한다. 그리고 발주자가 국방부 소속인 경우에는 특별건설기술심의위원회에게 심의를 받게 된다.

예를 들어 중앙관서의 장이 설계 · 시공일괄입찰방식을 사용하기로 결정하였다면, 집행기본계획서를 작성하여 국토교통부장관에게 제출하여야 하며, 국토교통부에서는 중앙건설기술심의위원회에서 설계 · 시공일괄입찰방식의 사용여부를 심의하도록 한다. 발주방식의 심의는 심의 10일 전에 심의위원을 선정하여 기술검토를 실시한 뒤, 소위원회의 심의를 거쳐 발주방법을 의결하고 그 결과를 다시 10일 이내에 발주기관에 통보하는 절차로 수행된다[6].

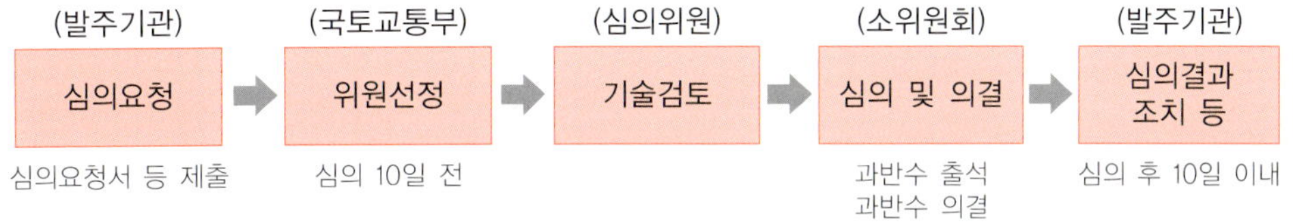

그림 3.3 발주방식 심의절차 사례(국토교통부 홈페이지 자료 참조)

[표 3.13]은 집행기본계획서의 작성 양식이다.

표 3.13 집행기본계획서 양식(「대형공사 등의 입찰방법 심의기준」 참조)

발주 기관	공사명	공사 개요	총 공사비	공사 기간	공사 위치	입찰 시기	입찰 방법	제안 사유	입찰방법 심의요청 필요여부 및 심의요청시기
			(억원)			• 설계공모: • 기본설계: • 실시설계: • 공사발주:			

낙찰자 선정방식 결정

발주방식의 심의를 통해 설계 · 시공일괄입찰방식의 사용이 결정된 다음, 발주자는 발

표 3.14 설계 · 시공일괄입찰방식의 실시설계적격자 선정 방식(「계약예규」 참조)

종류		실시설계적격자 선정방식	비고
설계적합 최저가방식		• 설계점수가 설계기준(60점~85점 중 발주기관 선택) 이상인 자 중 최저가격으로 입찰한 자 • 설계점수가 설계기준에 미치지 못하는 경우에는 가격입찰서를 개봉하지 않고 탈락	• 설계기준이 정형화되어 있고, 비용절감이 요구되는 공사 • 단순반복 축조공사 등 시공사례가 많은 공사 • 기술적 난이도가 높지 않은 공사 • 예) 도로(특수구조물이 없는 경우), 방파제(20m 미만) 등
종합 평가방식	입찰가격 조정방식	• 입찰가격을 설계점수로 나누어 조정된 가격이 가장 낮은 자 • 조정가격=입찰가격/(설계점수/100)	
	설계점수 조정방식	• 설계점수를 입찰가격으로 나누어 조정된 수치가 가장 높은 자 • 조정가격=[설계점수x예정가격(부가세포함)]/입찰가격	
	가중치 기준방식	• 설계점수와 가격점수에 가중치를 부여하여 각각 평가한 결과를 합산한 점수가 최고인 자 • 가격점수=가격점수 가중치x(최저입찰가격/당해 입찰가격)	• 기술강조, 가격강조 및 기술 · 가격균등평가 방식이 있음 – 기술강조 : 설계가중치를 전체의 50%~70% 적용 – 가격강조 : 설계 가중치를 전체의 30%~50% 적용 – 균등평가 : 설계와 가격의 가중치를 45%~55% 적용
확정가격 최상설계방식		• 계약금액을 확정하고 기본설계서만 제출되도록 한 경우 설계 점수가 가장 높은 자	• 극도의 안정성이 요구되는 공사 • 국내, 국제적으로 시공사례가 적거나 없는 경우 • 국가 랜드마크 시설로서 창의성, 예술성 등이 특별히 요구되는 시설물 • 예) 원자력 발전소, 조력 발전소, 월드컵 경기장 등

주하고자 하는 공사의 목적, 특성 등을 고려하여 적합한 실시설계적격자 선정방식을 결정하여야 한다. 현재 「(계약예규) 일괄입찰 등에 의한 낙찰자 결정기준」에 포함되어 있는 낙찰자 선정방식의 종류는 [표 3.14]와 같이 5가지로 분류할 수 있다[7].

낙찰자 선정방식 1. 설계적합 최저가방식

"설계적합 최저가방식"은 기본설계심사를 거쳐 설계기준을 충족한 입찰자를 대상으로 가격 입찰을 실시, 최저가 입찰자를 선정하는 방식이다. [표 3.15]는 설계적합 최저가방식의 적용 예시이다.

표 3.15 설계적합 최저가방식을 통한 낙찰자 결정 예시

입찰자	설계점수	입찰가격 (만원)	실시설계적격자
입찰자 A	94	9,600,000	
입찰자 B	89	9,000,000	
입찰자 C	82	8,700,000	
입찰자 D	65	7,500,000	선정
입찰자 E	59	가격입찰서 미개봉	탈락

※ 설계점수 100점 만점, 탈락기준점수 60점인 경우

낙찰자 선정방식 2. 입찰가격 조정방식

"입찰가격 조정방식"은 입찰가격을 설계점수로 나눈 조정가격이 가장 낮은 입찰자를 선정하는 방식이다. [표 3.16]은 입찰가격 조정방식의 적용 예시이다.

표 3.16 입찰가격 조정방식을 통한 낙찰자 결정 예시

입찰자	설계점수	입찰가격 (만원)	조정가격 (만원)	실시설계적격자
입찰자 A	94	9,600,000	10,212,765	
입찰자 B	89	9,000,000	10,112,359	선정
입찰자 C	82	8,700,000	10,609,756	
입찰자 D	65	7,500,000	11,538,461	
입찰자 E	59	가격입찰서 미개봉	–	탈락

※ 설계점수 100점 만점, 탈락기준점수 60점인 경우

낙찰자 선정방식 3. 설계점수 조정방식

"설계점수 조정방식"은 설계점수를 입찰가격으로 나눈 조정점수가 가장 높은 입찰자를 선정하는 방식이다. [표 3.17]은 설계점수 조정방식의 적용 예시이다.

표 3.17 설계점수 조정방식을 통한 낙찰자 결정 예시

입찰자	설계 점수	입찰가격 (만원)	조정점수	실시설계 적격자
입찰자 A	94	9,600,000	94 × 10,000,000/9,600,000 = 97.92	
입찰자 B	89	9,000,000	89 × 10,000,000/9,000,000 = 98.89	선정
입찰자 C	82	8,700,000	82 × 10,000,000/8,700,000 = 94.25	

표 3.17 계속

입찰자	설계 점수	입찰가격 (만원)	조정점수	실시설계 적격자
입찰자 D	65	7,500,000	65 × 10,000,000/7,500,000 = 86.67	
입찰자 E	59	가격입찰서 미개봉	–	탈락

※ 추정가격 1,000억원, 탈락기준점수 60점인 경우

낙찰자 선정방식 4. 가중치 기준방식

"가중치 기준방식"은 설계점수와 가격점수에 가중치를 부여하여 각각 평가한 결과를 합산한 점수가 가장 높은 입찰자를 실시설계적격자로 결정하는 방식이다. [표 3.16]과 [표 3.17]은 가중치 기준방식의 적용 예시이다.

표 3.18 가중치 기준방식을 통한 낙찰자 결정 예시 1

입찰자	설계점수 (60점 만점)	입찰가격 (만원)	가격점수 (40점 만점)	총점 (100점 만점)	실시설계 적격자
입찰자 A	51	1,200,000	40 × (1,000,000/1,200,000) = 33	84	
입찰자 B	57	1,250,000	40 × (1,000,000/1,250,000) = 32	89	선정
입찰자 C	48	1,000,000	40 × (1,000,000/1,000,000) = 40	88	
입찰자 D	39	가격 미개봉	–	–	탈락

※ 설계점수:가격점수 = 60:40, 설계탈락기준점수가 40점인 경우

표 3.19 가중치 기준방식을 통한 낙찰자 결정 예시 2

입찰자	설계점수 (40점 만점)	입찰가격 (만원)	가격점수 (60점 만점)	총점 (100점 만점)	실시설계 적격자
입찰자 A	38	1,200,000	60 × (1,000,000/1,200,000) = 50	88	
입찰자 B	35	1,100,000	60 × (1,000,000/1,100,000) = 54	89	
입찰자 C	33	1,000,000	60 × (1,000,000/1,000,000) = 60	93	선정
입찰자 D	30	가격 미개봉	–	–	탈락

※ 설계점수:가격점수 = 40 :60, 설계탈락기준점수가 32점인 경우

가중치 기준방식을 사용할 경우, 가중치는 [표 3.20]과 같이 유형별로 설계가중치를 조절하여 적용하여야 한다. 단, 설계가중치의 상한은 추정가격 500억 원 미만인 공사는

60%를, 추정가격 500억 원 이상인 공사는 70%를 초과할 수 없도록 되어 있다. 공사규모 및 난이도 등을 감안하여 등급을 달리 적용할 수 있으되, 공사 목적물의 상징성 · 기념성 등 발주목적 및 공사특성 등의 불가피한 사유로 상위 등급의 설계가중치를 적용하려는 경우에는 중앙 · 지방 · 특별건설기술심의위원회 또는 설계자문위원회의 자문을 거쳐야만 상위등급을 적용할 수 있다.

표 3.20 설계가중치 적용기준(「계약예규」 참조)

등급 (유형)	기술적 난이도	설계가중치
A 기술강조형	① 고난도 · 고기술이 필요한 특수교량 – 현수교, 사장교, 아치교, 트러스교 등 이에 준하는 공사 ② 공사여건이 극히 열악하여 시공자의 기술 및 경험이 요구되고 하자책임 보증이 중요한 공사 – 연육교, 연도교, 해상교량, 해저 · 하저터널, 평균 높이 30m 이상 항만구조물(단, 잔교식은 제외) 등 이에 준하는 공사 ③ 설계부실에 따른 안전사고시 재산 및 인명피해가 커서 설계의 기술비중을 특히 중요시해야 할 필요가 있는 공사 – 댐(본체 및 여수로 공사에 한함), 철도(환승 · 복합역사 포함), 공항(활주로, 여객터미널) 등 이에 준하는 공사 ④ 기자재 공급자가 직접 설계와 시공을 하는 공사로서 성능보장이 특히 필요한 공사 – 폐기물(쓰레기, 슬러지 등) 소각시설, 철도차량기지, 열병합발전설비, 집단에너지시설 등 이에 준하는 공사	50초과 ~ 70%이하
B 균등평가형	① 경간 100m 이상이 포함된 연장 500m 이상의 교량, 장대터널(3,000m 이상, 방재 1등급 터널에 한함) ② 지하 10m 이상의 복개식 도시철도(지하철) 등 이에 준하는 공사 ③ 평균 높이 20m 이상인 항만구조물(방파제, 안벽, 단, 잔교식은 제외), 배수갑문(2,000㎥/sec 이상) ④ 관람집회시설(공연장, 집회장, 관람장, 운동장, 체육관), 전시시설(전시장) ⑤ 고도처리방식에 의한 정수장 ⑥ 폐수 · 하수종말처리장(차집관로 제외), 생활폐기물 자동집하시설, 슬러지 건조 시설 ⑦ 지능형교통체계시설, 공동주택, 학교, 병원, 공용청사 ⑧ 가스공급시설	45%이상 ~ 55%이하
C 가격강조형	① A 및 B등급 이외의 공사	50%미만 ~ 30%이상

낙찰자 선정방식 5. 확정가격 최상설계방식

"확정가격 최상설계방식"은 가격경쟁 없이 설계점수가 가장 높은 입찰자를 선정하는 방식이다. [표 3.21]는 확정가격 최상설계방식의 적용 예시이다.

표 3.21 확정가격 최상설계방식을 통한 낙찰자 결정 예시

입찰자	설계점수	실시설계적격자
입찰자 A	93	선정
입찰자 B	90	
입찰자 C	84	
입찰자 D	77	탈락

※ 설계점수 100점 만점, 탈락기준점수 80점인 경우

발주문서 작성

「건설기술개발 및 관리 등에 관한 운영규정」에서는 "제13장 일괄사업 입찰안내서 작성"에 따라 설계 · 시공일괄입찰방식에서의 발주문서의 작성내용을 규정하고 있다[8]. 제86조에서는 "분야별 입찰안내서 목록(예시)"를 참고하여 작성하되 다음과 같은 내용이 포함되도록 하고 있으며, 최근에는 토질조사보고서 등 입찰참가자가 공동 활용할 수 있는 기초자료는 발주기관에서 사전에 작성하여 발주문서에 포함하도록 하여 입찰참가자의 입찰비용 부담을 최소화하기 위해 노력하고 있다.

- 국가계약법 시행령, 국가계약법 시행규칙, 국가계약법 특례규정 및 계약예규 등에서 규정하고 있는 입찰, 계약 관련 일반사항
- 공사설명서, 기본계획보고서 등 당해사업의 내용을 나타내는 자료
- 설계, 시공, 관리 등과 관련한 지침
- 설계배점표, 설계평가방식, 감점기준 등 설계심의 관련 사항
- 입찰서 목록 등 입찰참여자가 제출하여야 하는 자료의 목록 및 양식
- 토질조사보고서 등 입찰참가자가 공동 활용할 수 있는 기초자료(다만, 노선의 불확정 등으로 기초자료의 활용성이 크지 않다고 판단되는 경우는 생략 가능)
- 기타 참고사항을 기재한 서류

표 3.22 분야별 입찰안내서 작성목록(「건설기술개발 및 관리 등에 관한 운영규정」 참조)

분 야	자료명	분 야	자료명
도로분야	• 입찰안내서 유의사항 • 공사설명서 • 입찰서 목록 • 공사입찰 유의서 • 공사입찰 특별유의서 • 공동계약 운용기준 • 청렴계약 입찰특별유의서 • 공사계약 일반조건 • 공사계약 특수조건 • 청렴계약 특수조건 • 설계지침 • 시공지침 • 설계도서 작성지침 • 공사관리지침 • 공사관리도서 작성지침 • 입찰참가자격 사전심사 세부기준 • 설계배점표 • 설계평가방식 • 감점기준 • 토질조사 보고서(단, 노선의 미확정 등 으로 활용성이 낮은 경우 생략가능)	철도분야	• 입찰안내서 유의사항 • 공사 설명서 • 입찰서 목록 • 공사계약 일반조건 • 공사계약 특수조건(1) • 공사계약 특수조건(2) • 청렴계약 특수조건 • 공사현장 안전관리수칙 • 사업자료 작성 및 제출 표준요건 (특별시방서) • 설계지침 • 시공지침 • 설계서 작성지침 • 관리지침 • 관리계획서 작성지침 • 입찰서 평가기준 • 입찰서 감점기준 • 기본계획보고서 • 기본계획설계도면 등 • 지질조사 자료
수자원분야	• 일괄입찰공사 설명서 • 공사입찰 유의서 • 공사입찰 특별유의서 • 청렴계약 입찰특별유의서 • 공사계약 일반조건 • 공사계약 특수조건 • 청렴계약 특수조건 • 기계경비 지수조정 특수조건 • 설계지침 • 시공지침 • 기본계획 또는 타당성조사 보고서 • 입찰도서 작성지침 • 지질조사 자료 • 설계시공 일괄입찰 적격자 선정기준	항만분야	• 입찰안내서 유의사항 • 공사설명서 • 입찰서 목록 • 공사입찰 유의서 • 공사입찰 특별유의서 • 공동계약 운용기준 • 청렴계약 입찰특별유의서 • 공사계약 일반조건 • 공사계약 특수조건 • 청렴계약 특수조건 • 설계지침 • 시공지침 • 설계도서 작성지침 • 공사관리지침 • 공사관리도서 작성지침 • 입찰참가자격 사전심사 세부기준 • 설계배점표 • 설계평가방식 • 감점기준 • 기초자료 조사용역(지질조사, 측량 보고서, 구조검토서 등) 보고서 등

표 3.22 (계속)

분 야	자료명	분 야	자료명
			• 환경영향평가보고서 및 협의서류 • 수중 문화재 지표조사 보고서 • 현장설명서 자료배포
건축분야	• 일괄입찰공사 일반사항 • 공사설명서 • 공사입찰유의서 • 계약에 관한 사항 • 설계 및 시공지침 • 관리지침 • 입찰양식 및 평가기준 • 부록(토질조사)		

※ 건축분야에서 입찰비용 경감을 위해 BIM(Building Information Modeling) 시스템은 설계적격자 선정 후 실시설계 단계부터 구축토록 입찰안내서에 명시

특히 입찰참가자가 제출하는 입찰서의 목록을 "분야별 입찰서 목록(예시)"를 참고하여 작성하되, 평가에 직접 필요한 사항만 제출하도록 제한하고 있으며 입찰서의 설계도서 내용이 「기본설계 등에 관한 세부시행기준」과 「건설기술관리법 시행령」 제60조 제3항의 건설공사 설계도서 작성기준의 기본설계 성과품 작성기준의 범위를 벗어나지 못하도록 함으로써 입찰비용을 최소화하고, 과다설계가 이루어지지 못하도록 하고 있다.

표 3.23 분야별 입찰서 목록(「건설기술개발 및 관리 등에 관한 운영규정」 참조)

분 야	자료명	분 야	자료명
도로분야	• 설계보고서 • 설계요약보고서 • 지반해석보고서 • 터널해석보고서(터널 존재시) • 설계도 • 공사관리계획서	철도분야	• 기본설계 보고서 • 기본설계 요약보고서 • 기본설계도면 • 선로 종단면도 • 선로 평면도 • 구조 등 각종계산서 • 지반해석보고서 • 사업수행계획서 • 산출내역서
수자원분야	• 기본설계보고서 • 기본설계 요약보고서 • 지반해석보고서 • 설계도면 • 공사관리계획서	항만분야	• 설계도면 • 기본설계 보고서 • 기본설계 설명서 • 지반해석보고서 • 공사관리계획서

표 3.23 (계속)

분 야	자료명	분 야	자료명
건축분야	• 기본설계 보고서 • 설계도면 • 실시설계 계획서 • 지반해석 보고서 • 공사관리계획서		

3.2 발주단계에서의 수행업무

발주단계에서 발주자는 입찰공고를 내고 입찰에 참가하고자 하는 입찰참자가들을 대상으로 입찰참가자격 사전심사를 실시하게 된다. 입찰참가자격 사전심사가 끝나면 발주자는 공동설명회, 현장 답사 등 설계심의를 하기 위한 절차를 진행하며, 설계심의가 끝나면 실시설계적격자를 선정하게 된다.

입찰참가자격 사전심사 및 통지

「국가를 당사자로 하는 계약에 관한 법률 시행령」과 「지방자치단체를 당사자로 하는 계약에 관한 법률 시행령」에서는 설계 · 시공일괄입찰방식을 사용할 경우, 발주자가 자율적으로 입찰참가자격 사전심사를 실시 할 것인지를 결정하도록 하고 있다. 입찰참가자격 사전심사의 기준과 절차와 관련해서 「국가를 당사자로 하는 계약에 관한 법률 시행령」에서는 기획재정부령 중 「(계약예규) 입찰참가자격사전심사요령」을 따르도록 하고 있으며, 「지방자치단체를 당사자로 하는 계약에 관한 법률 시행령」에서는 안전행정부령 중 「입찰참가자격사전심사 기준」을 따르도록 하고 있다. 두 기준 모두 기본틀은 유사하며, 세부적인 기준에서 약간의 차이만 존재하므로 본 서에서는 이 중 「(계약예규) 입찰참가자격사전심사요령」의 내용을 중심으로 입찰참가자격 사전심사제도를 설명하도록 하겠다.

「(계약예규) 입찰참가자격사전심사요령」에 따라 입찰참가자격 사전심사는 크게 경영상태부문과 기술적 공사이행능력으로 구분하여 심사되며, 우선적으로 경영상태부문의 적격요건을 충족한 자를 선별한 뒤 기술적 공사이행능력부문을 심사하고 있다.

(1) 경영상태부문 적격여부 판별

경영상태부문은 [표 3.24]와 같이 회사채, 기업어음에 대한 신용평가등급이나 기업신용평가등급을 기준으로 평가하게 된다[9].

표 3.24 경영상태부문 적격기준(「(계약예규) 입찰참가자격사전심사 요령」 참조)

공사 규모	평가기준	적격기준
추정가격 500억 원 이상	1. 회사채에 대한 신용평가등급	BB+(단, 공동이행방식에서 공동수급체 대표자 이외의 구성원은 BB0) 이상
	2. 기업어음에 대한 신용평가등급	B+ 이상
	3. 기업신용평가등급	BB+(단, 공동이행방식에서 공동수급체 대표자 이외의 구성원은 BB0)에 준하는 등급 이상
추정가격 500억 원 미만	1. 회사채에 대한 신용평가등급	BB-(단, 공동이행방식에서 공동수급체 대표자 이외의 구성원은 B+) 이상
	2. 기업어음에 대한 신용평가등급	B0(단, 공동이행방식에서 공동수급체 대표자 이외의 구성원은 B-) 이상
	3. 기업신용평가등급	BB-(단, 공동이행방식에서 공동수급체 대표자 이외의 구성원은 B+) 이상

(2) 기술적 공사이행능력부문 적격여부 판별

기술적 공사이행능력부문에는 시공경험분야, 기술능력분야, 시공평가결과분야, 지역업체참여도분야, 신인도분야를 종합적으로 심사하며, 적격요건은 평점 90점 이상으로 한다. 기술적 공사이행능력부문의 분야별 배점기준은 공사의 종류에 따라 2가지가 있으며, 그 중 추정공사 200억 원 이상의 대형공사들은 주로 [표 3.25]의 심사항목 및 배점기준을 적용하도록 하고 있다. 발주기관은 공사의 성질, 내용 등을 고려하여 위의 적격요건과 심사기준을 조정할 수 있으며, 심사기준을 수립한 후에는 입찰참가자가 입찰 전에 열람할 수 있도록 ① 심사기준, ② 입찰참가자격 사전심사에 필요한 증명서류의 작성 및 제출방법, ③ 기타 입찰참가자격 사전심사에 관한 사항을 작성하여 교부하거나 지정정보처리장치에 등재하여야 한다.

표 3.25 입찰참가자격 사전심사의 분야별 심사항목 및 배점기준 (「(계약예규) 입찰참가자격사전심사요령」 참조)

<table>
<tr><th colspan="2">심사분야</th><th colspan="2">심사항목</th></tr>
<tr><th>분야별</th><th>배점한도</th><th>항목별</th><th>배점한도</th></tr>
<tr><td rowspan="3">1. 시공경험</td><td rowspan="3">40 (45)</td><td>가. 최근 10년간 당해공사와 동일한 종류의 공사실적</td><td>30(34)</td></tr>
<tr><td>나. 최근 10년간 당해공사와 유사한 종류의 공사실적(시공 중인 동종공사실적 포함)</td><td>20(22)</td></tr>
<tr><td>다. 최근 5년간 토목 · 건축 · 전기 · 정보통신공사 또는 플랜트공사의 실적합계</td><td>10(11)</td></tr>
<tr><td rowspan="4">2. 기술능력</td><td rowspan="4">45</td><td>가. 당해공사의 시공에 필요한 기술자 보유현황(해당공종 경험기술자 우대)</td><td>30</td></tr>
<tr><td>나. 신기술 개발 · 활용실적</td><td>4</td></tr>
<tr><td>다. 최근년도 건설부문 매출액에 대한 건설부문 기술개발 투자비율</td><td>8</td></tr>
<tr><td>라. 기타 당해공사 시공에 필요한 사항</td><td>3</td></tr>
<tr><td>3. 시공평가결과</td><td>10</td><td></td><td>10</td></tr>
<tr><td>4. 지역업체 참여도</td><td>5</td><td></td><td>5</td></tr>
<tr><td rowspan="18">5. 신인도</td><td rowspan="18">+3 ~ −10</td><td>가. 시공업체로서의 성실성</td><td></td></tr>
<tr><td>1) 1년동안 「건설산업기본법」에 정한 벌금이상의 행정형벌, 영업정지, 영업 · 면허 · 등록취소 처분 또는 과징금 부과를 받은 자</td><td>−2</td></tr>
<tr><td>2) 「국가를 당사자로 하는 계약에 관한 법률 시행령」 제76조제1항 각 호에 따라 6개월 이상의 입찰참가자격 제한을 받은 후 입찰참가자격 제한기간 만료일로부터 당해 제한기간 만큼의 기간이 경과하지 아니한 자 〈신설 2012.5.1.〉</td><td>−2</td></tr>
<tr><td>3) 기타 건설교통부장관이 정한「건설업체의 부실벌점 기준」에 해당되는 자(2012.7.9. 라목에서 이동)</td><td>−5</td></tr>
<tr><td>나. 하도급관련사항</td><td></td></tr>
<tr><td>1) 최근 건설교통부장관이 협력업자와의 협력관계를 평가한 결과 그 실적이 우수한 자</td><td>+2</td></tr>
<tr><td>2) 당해 계약에서의 표준계약서 사용여부</td><td></td></tr>
<tr><td>• 표준하도급 계약서 사용</td><td>+2</td></tr>
<tr><td>• 건설기계임대차 표준계약서 사용</td><td>+1</td></tr>
<tr><td>3) 최근 2년 동안 불공정하도급거래로 과징금 부과를 받은 자(개정 2012.7.9)</td><td>−7</td></tr>
<tr><td>4) 최근 2년 이내에 공정거래위원장으로부터 하도급 상습법위반자로 통보 받은자(개정 2012.7.9)</td><td>−7</td></tr>
<tr><td>5) 동반성장위원회가 동반성장지수를 평가한 결과 그 실적이 우수한 자(신설 2012.7.9)</td><td>+2</td></tr>
<tr><td>6) 공정거래위원회가 공정거래협약 이행실적을 평가한 결과 그 실적이 우수한 자(신설 2012.7.9)</td><td>+1</td></tr>
<tr><td>다. 건설재해 및 제재처분사항</td><td></td></tr>
<tr><td>1) 최근 3년간 노동부장관이 산정한 환산재해율의 가중평균이 평균환산재해율의 가중평균 이하인 자</td><td>+2</td></tr>
<tr><td>2) 최근 1년동안 「산업안전보건법」 제30조제3항에 의한 산업안전보건관리비 사용의무를 위반하여 목적외 사용금액이 1,000만원을 초과하거나 사용내역서를 작성 · 보관하지 아니한자.</td><td>−1</td></tr>
</table>

표 3.25 (계속)

심사분야		심사항목	
분야별	배점한도	항목별	배점한도
5. 신인도	+3 ~ −10	3) 최근 1년동안 「산업안전보건법 시행규칙」 별표1 제1호 및 제7호의 규정에 따른 산업재해발생 보고의무 위반건수가 배분된 자	−2
		4) 최근 1년동안 환경관련법령에 의한 벌금이상의 행정형벌, 영업정지 · 영업취소 처분 또는 과징금 부과를 받은 자	
		• 1회 받은 자	−0.5
		• 2회이상 받은 자	−1
		라. 녹색기술 관련사항	
		1) 녹색기술이나 녹색사업 인증서 또는 녹색전문기업 확인서를 보유한 자(신설 2012.7.9)	+2
		2) 친환경 건축물 또는 건축물 에너지효율 2등급 이상 인증 실적을 보유한 자(신설 2012.7.9)	+2

※ 시공경험은 "가"항목과 "나"항목은 택일 적용함

※ ( )의 점수는 시행령 제42조 제1항에 따른 공사, 시행령 제72조 제3항에 따른 공사, 시행령 제6장과 제8장에 따른 공사, 회계예규 「공동계약 운용요령」 제2조의3에 따른 공사, 해당 지역에 공사의 이행에 필요한 자격을 갖춘 자가 10인 미만인 경우에 대해 적용함

발주자는 심사기준에 따라 심사를 실시하고, 심사결과 경영상태부문에 대한 적격요건과 기술적 공사이행능력부문에 대한 적격요건을 모두 충족하는 자를 입찰적격자로 선정하여 해당자에 적격여부를 통보하고 이를 지정정보처리장치, 게시판, 일간건설지 등에 게재하여야 하며, 공사종류별로 입찰적격자명부를 작성 · 비치하여야 한다.

기본설계심의 지원

입찰참가자격 사전심사가 끝난 뒤, 발주자는 설계심의를 위한 준비를 진행하여야 한다. 설계심의는 발주자가 속한 건설기술심의위원회의 설계심의분과위원회에서 담당하나, 만약 발주자가 자체적으로 설계자문위원회를 구성하고 있다면, 해당 설계자문위원회에서 설계심의를 대신할 수 있다. 실질적인 설계심의는 설계심의분과위원회 또는 설계자문위원회에서 수행하며, 발주자는 협의사항 논의, 공동 설명회 개최 지원, 현장 답사 지원, 설계평가회의 진행 지원 등의 각종 지원 업무를 수행한다. 본서에서는 이 중 중앙건설기술심의위원회에 설계심의를 요청한 경우를 가정하여 설계심의과정을 설명하고 발주자의 역할을 설명하고자 한다.

중앙건설기술심의위원회에 의한 설계심의과정은 [그림 3.4]와 같다[10].

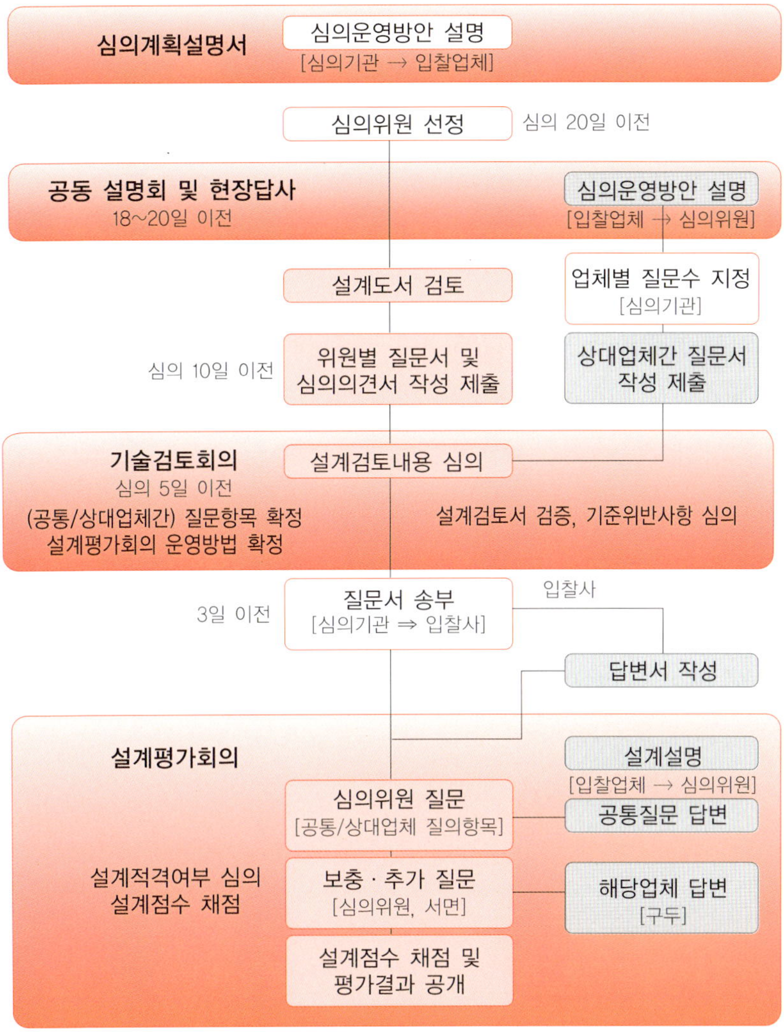

그림 3.4 설계시공일괄입찰방식의 설계심의 절차(국토교통부 홈페이지 자료 참조)

(1) 설계심의운영 종합계획 수립

설계심의 요청이 들어오면 중앙건설기술심의위원회의 설계심의분과위원회에서는 해당 설계심의를 담당할 소위원회를 구성한다. 소위원회 구성을 위해서 우선 설계심의분과위원회의 위원장 또는 위원장이 지명하는 설계심의분과위원을 소위원회의 "심의위원장"으로 선정한다. "심의위원장"은 설계 적격여부 및 설계점수 평가를 하지 않으며, 설계심의를 진행하는 역할만을 수행한다. 심의위원장이 결정되면, 심의위원장은 발주자와 협의를 통해 "설계심의운영 종합계획"을 수립하게 된다. "설계심의운영 종합계획"은 아래와 같은 내용으로 구성된다.

- 설계심의 대상공사 개요
- 심의일정 계획 및 장소에 관한 사항
- 소위원회 구성(전문분야별 위원구성 및 배점)
- 설계심의지원반 운영계획
- 심의진행 공개설명회 계획
- 소위원을 상대로 한 입찰업체 설계내용 공동설명회 계획
- 소위원의 현장답사 계획
- 소위원회의 기술검토 추진계획
- 설계평가회의 개최계획
- 설계심의결과 발표계획
- 설계심의결과 이의제기 및 설명계획

(2) 심의계획설명회 개최 및 심의위원 선정

종합계획을 수립한 후, 설계심의분과위원회에서는 입찰업체를 초청하여 심의계획과 운

표 3.26 소위원회의 구성 및 선정 기준(「건설기술개발 및 관리 등에 관한 운영기준」 참조)

구 분	세부내용
소위원회의 구성	소위원회는 분과위원회 위원 중 소위원장 1인을 포함한 10인~20인 이내의 심의위원으로 구성하며, 발주기관에서 정한 평가기준에 따라 전문분야별로 적합한 자를 선정하되 당해 건설공사의 주된 전문분야는 2인 이상 선정하도록 함
소위원의 선정시기	심의내용을 충분히 검토할 수 있도록 심의일 20일 이전에 선정하고 홈페이지 등을 통하여 선정된 위원의 명단은 공개함
소위원의 자격기준 (중앙건설기술심의위원회 기준)	1. 건설업무와 관련된 행정기관의 기술직렬 4급 이상, 기술사(건축사 포함) 또는 박사학위를 소지한 5급 이상 공무원 2. 「공공기관의 운영에 관한 법률」에 의한 건설관련 공기업 또는 준 정부기관의 건설업무관련 기술직렬의 임원, 기술사(건축사 포함) 또는 박사학위를 소지한 2급 이상의 기술직렬 직원 3. 「공공기관의 운영에 관한 법률」에 의한 기타 공공기관 중 건설관련 분야 연구기관의 책임연구원(선임연구위원)급 이상 또는 「고등교육법」 제2조제1호 대학의 교수

영방안에 대한 설명회를 개최하고 설계심의 20일 이전까지 심의위원을 선정하여야 한다. 심의위원은 설계심의분과위원장이 설계심의분과위원회 위원들 내에서 선발한다. 소위원회의 구성 및 선정에 관한 사항은 [표 3.26]과 같다.

(3) 입찰참가업체의 공동 설명회 및 현장 답사 실시

소위원회에서는 소위원들의 선정이 끝난 후, 선정된 소위원들을 대상으로 입찰참가업체의 "공동 설명회"를 시행하여야 한다. "공동 설명회"는 입찰참가업체들이 소위원회 위원들에게 심의진행과 관련한 공지사항과 협조사항을 전달하고 설계내용을 위원들에게 설명할 수 있는 자리이며, 1회 이상 개최토록 하고 있다. 설명회는 업체별로 제출 설계도서에 반영된 신기술 · 신공법 등 설계의 주안점 및 설계특성을 설명하게 되며, 다음과 같은 규정 하에 진행된다.

- 설명시간은 업체별 동일한 시간으로 제한하고, 초과 시 강제로 중단함(전원 차단 등)
- 문자, 도면, 사진(그림)에 한함(애니메이션, 동영상, 음향 등 불가)
- 소위원장은 설명 도중 동영상이나 애니메이션이라고 인정되는 사항이 발견되면 즉시 설명을 강제로 중단(전원차단 등) 조치한 후 설명제한시간 잔여분은 입찰자의 의견을 들어 구두로 설명하게 하거나, 타 입찰자의 설명이 끝난 후 즉시 삭제 · 수정토록 하고 잔여시간만큼 재설명하도록 함

"현장 답사"는 설계심의의 효율성 제고를 위해 시행하며, 발주자가 소위원회 위원들을 대상으로 실시한다.

(4) 설계검토 실시

"공동 설명회"와 "현장 답사"를 진행한 후 소위원회의 설계심의위원, 발주자, 입찰참가업체 각각은 정해진 기간 내에 설계도서를 검토하여 소위원장에게 다음의 사항들을 제출하여야 한다. 먼저 소위원회의 설계심의위원은 업체들이 제출한 설계도서를 검토하고, 이를 토대로 질문서 및 심의의견서를 작성하여 제출해야 한다. 입찰참가업체는 타 업체의 설계도서를 살펴본 뒤 사전에 정해진 질문 개수 안에서 검토내용을 질문서의 형태로 작성하여 제출하게 된다.

표 3.27 설계도서 검토 시 제출사항

구 분	세부내용
설계심의 위원	질문서 및 심의의견서(평가회의 10일 전)
발주기관	설계검토서(평가회의 7일 전)
입찰참가업체	상대업체 질문사항(평가회의 10일 전)

발주자는 다음과 같은 설계검토서를 작성하여 제출하여야 한다.

- 입찰안내서에서 제시한 설계조건 부합여부 등 설계도서 검토결과
- 각 입찰업체가 제출한 입찰도서에 대하여 입찰안내서 제시(요구)내용의 위배여부, 최소시설기준 미달 등 부적격한 설계내용이 있는지에 대한 사실적 사항과 관계법령에 따른 행정사항 등의 검토내용 설명
- 실시설계서의 설계적격 여부 심의 시에는 기본설계 시 반영된 신기술 및 주요공법 비교 검토내용 및 심의 시 지적내용의 적정 반영 여부

(5) 기술검토회의 실시

소위원회는 입찰업체, 설계심의위원, 발주자가 설계를 검토한 뒤 제출한 질문서 및 심의의견서, 설계검토서, 상대업체 질문사항을 취합하여 심의 5일 이전에 검토내용에 대한 심의를 수행하는 기술검토회의를 실시하게 된다. 기술검토회의에서는 입찰업체 제출도서의 입찰안내서 위배여부 및 최소설계기준 미달여부, 설계평가회의 운영방법 및 절차를 논의하고, 공통질문사항과 업체별 질문사항을 확정한다. 확정된 질문사항들은 설계평가회의 3일 이전에 발주자와 입찰참가업체에 통보된다. 입찰참가업체들은 통보된 질문사항에 대한 답변서를 작성하여 설계평가회의 참가 시 서면으로 제출하게 된다.

(6) 설계평가회의 실시

설계평가회의의 세부적인 운영절차를 보면, 먼저 설계평가회의를 준비하는 과정에서 소위원회는 입찰참가업체를 대표한 전문분야별 기술자(답변자)를 등록하게 하고 성실답변 서약서를 제출하도록 한다. 또한 설계심의위원들에게 설계도서, 설계심의위원 기술검토서, 입찰업체 질문서, 입찰업체 답변서(설계의 보완 및 추가사항 포함), 발주기관 기술

검토서 등 평가에 필요한 관련서류를 제공한다.

설계평가회의를 개최하면 소위원장은 설계심의위원 및 입찰업체의 참석여부 등을 확인하여 설계평가회의 개최조건이 성립되었는지 여부를 확인한 뒤, 설계심의위원들에게 청렴서약서 및 보안각서를 징구한다. 소위원장은 개회선언과 함께 설계평가회의 운영방법 및 절차, 입찰업체의 답변순서 및 시간, 답변시간 초과 시 제재방법 등 운영과 관련한 유의사항을 전달한다.

설계심의에 들어가면 설계심의위원들은 입찰업체의 질문 및 답변사항을 전문분야 그룹별로 내용을 검토하고 입찰업체에게 질의할 건수와 내용을 최종적으로 확정한다. 만약, 입찰업체의 답변이 설계도서와 상이한 부분이 있거나 입찰시 제출한 설계를 보완·추가하고자 하는 내용이 있을 때에는 위원들은 논의를 통해 제안내용의 처리의견 및 수용여부 등을 결정하게 된다. 특히 당초와 상이하거나 보완할 내용이 구조의 변경 또는 공사비 변경을 수반하는 중대한 사항일 경우에는 소위원회의 심의·의결을 거쳐 처리의견을 당해 입찰업체, 계약부서에 그 결과를 통보하게 된다. 당초와 상이하거나 보완할 내용이 단순히 입찰도서의 보완 또는 추가를 요하는 경미한 사항일 경우에는 소위원회 심의·의결을 거쳐 수용 시에는 사전에 보완 또는 추가사항에 대한 이행확약서를 징구하고, 입찰업체에서 이행확약서를 거부할 경우에는 당해 입찰업체, 계약부서에 통보하게 된다.

입찰업체와의 질의응답이 끝나면 내실 있는 평가를 위하여 충분한 시간을 확보한 후 전문분야별로 심의위원 간 설계평가 토론회를 실시하게 된다. 설계심의위원들은 발주자가 사전에 작성한 설계검토서와 소위원회에서 사전에 작성한 질문사항, 그리고 입찰참여업

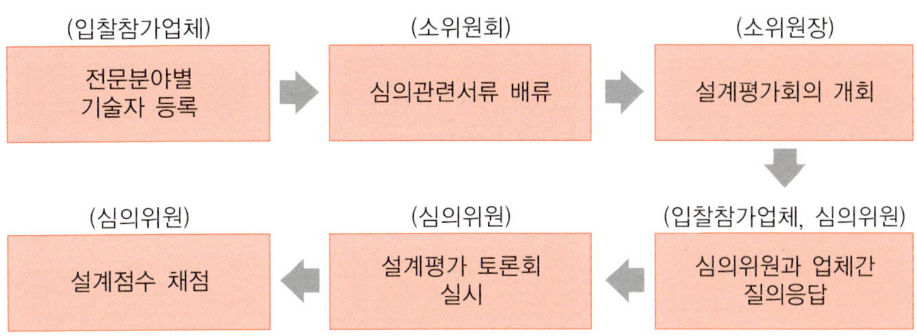

그림 3.5 설계평가회의 진행절차

체 간 질문사항에 대한 답변서, 그리고 설계평가회의에서 심의위원 및 입찰참가업체 간의 질의 · 답변내용, 입찰업체가 제출한 설계도서 및 관계서류, 그 밖에 소위원회가 필요하다고 인정하여 요구한 서류들을 모두 검토하여 전문분야별로 설계점수를 채점하고 채점결과 및 항목별 평가사유서를 작성하여 소위원장에게 제출하게 된다.

채점 시 심의위원들은 발주자가 「건설기술개발 및 관리 등에 관한 운영규정」 내 "[별표 4-3] 일괄입찰공사 설계평자지표 및 배점기준"을 참조하여 사전에 작성하여 소위원장에게 제출한 설계배점기준과 소위원장이 정한 평가 차등방법을 따른다. 소위원장은 평가 차등방법의 결정 시, ① 평가항목별 차등평가, ② 평가항목별 차등평가 후 전문분야별 차등평가, ③ 평가항목별 차등평가 후 총점 차등평가 중 하나를 선택해야 한다. 또한 평가항목별 차등평가 후 전문분야별 차등평가나 평가항목별 차등평가 후 총점 차등평가 방법을 사용할 경우, 차등의 폭은 분야별 배점 또는 총점의 15% 이내로 해야 된다.

평가항목별 설계점수의 소수점 처리는 소수점 3자리에서 사사오입하며, 전문분야별 점수는 위원별 평가점수를 집계하여 산술평균하여 산출한다. 업체별 점수는 채점 총괄표에 전문분야별 점수를 작성하여 총점을 산출한다. 업체별 종합평가점수의 산정 시에는 발주자가 검토 · 작성한 감점사항을 반영해야 한다. 감점의 적용은 감점기준에 따라 채점한 점수의 합계를 "위원별 · 입찰업체별 총점 집계표"의 업체별 평균점수에서 최종 감점처리한다. 발주자는 당해 심의사항에 대하여 감점하고자 하는 경우, 감점사항, 감점방법, 감점한도 등에 관한 감점기준을 작성하여 입찰안내서 또는 입찰공고 시 이를 제시하거나 입찰참가 희망업체에게 사전에 서면으로 통보하여야 한다. 감점기준은 평가점수에 미치는 영향 등을 감안하여 적정범위를 정하되 총 감점 한도는 3점 이내로 하여야 하고, 운영규정 제33조 제1항 및 제2항, 제38조 제1항 및 제2항의 내용범위 내에서 감점기준을 정하되 설계의 본질과 무관한 경미한 사항에 대하여 감점하는 경우가 발생하지 않도록 하여야 한다.

다만 설계심의와 관련된 비리에 대해서는 위의 감점기준과 별도로 다음 [표 3.28]과 같이 추가적인 감점부과기준을 제시하여 부과된 비리감점을 모두 적용토록 하고 있다. 「건설기술개발 및 관리 등에 관한 운영규정」에 따르면 설계심의와 관련된 비리업체는 일정기간(2년 이내) 공공발주 일괄입찰사업의 수주를 금지하도록 하였으며, 설계평가 시 비리행위 뿐 아니라 심의위원 개별접촉 등 일체의 행위에 대해서 감점을 부여하여 설계심의 시 불이익을 제공하게 하였다. 또한 낙찰된 업체는 해당사업의 심의위원에게 일정기간 동

표 3.28 설계심의 관련 비리 시 벌점 기준(「건설기술 개발 및 관리 등에 운영 규정」 참조)

구 분	감점	감점기간
1. 심의위원 선정이후 사전접촉	1점	당해심의
2. 설계심의분과위원(중앙위원 포함)에 대한 사전설명	2점	감점부과 결정일로부터 1년
3. 사전신고 없이 낙찰된 후 1년 이내 심의참여 위원에게 용역, 연구, 자문 등을 의뢰한 경우	2점	감점부과 결정일로부터 1년
4. 심의와 관련하여 심의당시 소속직원(감점부과 결정일 퇴직자 포함)이 비리행위 또는 부정행위를 한 사실이 있는 경우	10점	감점부과 결정일로부터 2년

※ 공동으로 입찰하는 경우 참여업체가 감점행위를 한 경우 대표 입찰사에게도 1/2의 감점을 적용

안 용역, 자문비, 연구 등을 주지 못하도록 함으로써 로비를 방지하고자 하였으며, 지자체 등의 설계심의 시 국토교통부 소속 심의위원의 참여를 활성화하여 지연, 학연, 상급자를 통한 로비 등을 사전에 방지하고자 노력하고 있다.

이렇게 채점된 점수들을 집계하는 입찰업체별 종합평가점수의 산정양식은 [표 3.29]와 같다.

표 3.29 업체별 설계평가점수 총괄집계표(양식 예)

전문분야별	배점	공사명				비고
		A사	B사	C사	D사	
도로						
구조						
토질 및 기초						
토목시공						
환경						
조경						
전기설비						
기계설비						
합계	100.0					
감점						
종합 평가점수	100.0					
순위						

(7) 디브리핑(Debriefing) 실시

설계평가가 끝나면 소위원장은 설계심의위원 및 입찰참가업체 대리인 모두가 참석한 가운데 평가결과를 발표하고 그 내용을 공개한다. 설계 심의결과에 이의가 있는 입찰참가업체는 3일 이내에 서면으로 심의기관에 디브리핑(Debriefing)을 요청할 수 있고, 심의기관은 서면요청을 접수한 후 5일 이내에 디브리핑을 실시하여야 한다. 공개할 세부항목으로는 "소위원별 · 입찰업체별 평가항목별 점수 집계표", "항목별 평가사유서" 및 "업체별 세부감점내용"이 제시되고 있다. 해명과정에서 포함될 내용과 포함해서는 안 되는 내용은 [표 3.30]과 같다.

표 3.30 해명 요청 시 제공정보

해명에 포함되어야 할 내용	해명에 포함되지 않아야 하는 내용
• 입찰자의 제안서에 중대한 약점 또는 결함에 대한 평가 – 전체적으로 평가된 성공한 입찰자의 가격 또는 비용 그리고 기술 등급, 해명된 입찰자에 대한 과거 수행 정보 – 낙찰자 선정과정에서 기관이 작성한 어떤 순위가 있을 경우, 모든 입찰자의 전체 순위 – 입찰초청서에 포함된 낙찰자 선정절차, 적용규정 그리고 기타 적용된 위원회 등에 관한 적절한 질문에 대한 합리적 답변	• 다른 제안서들과 입찰자 제안서의 항목별 비교 • 거래처 비밀 – 특권이 있는 또는 비밀인 기술 – 가격분석, 이윤, 직접비 비율 그리고 유사한 정보를 포함하는 특권이 있는 또는 비밀인 재정정보 – 입찰자의 과거 수행에 관한 관련 정보를 제공하는 개인의 이름

실시설계 적격자 선정

발주자는 설계심의에 따라 설계점수를 통보받은 뒤, 입찰참가자 중 설계점수가 높은 순으로 최대 6인(적격으로 통지된 입찰자가 6인 미만인 경우에는 적격 통지된 모든 입찰자)을 선정한 후, 사전에 결정한 낙찰자 선정방식을 적용하여 실시설계 적격자를 결정하게 된다. 다만, 기본설계 적격자가 1인 이하인 경우에는 재공고입찰을 진행하여야 한다.

설계보상비 지급

설계점수가 높아 실시설계 적격자 후보에는 올랐으나, 실제 실시설계 적격자로 선정되지 못한 업체들에게는 설계보상비가 지급된다. 발주자가 사전에 설계보상비 지급기준을 정하는 미국과 달리, 국내에서는 「(계약예규) 정부입찰 계약 집행기준」과 「지방자치단체 입찰 및 계약집행기준」에 따라 정해진 비율만큼 설계보상비를 지급하고 있다[11].

설계보상비는 입찰자 중 낙찰자로 결정되지 않은 낙찰탈락자 또는 발주기관의 귀책사유로 취소된 입찰에서의 입찰참가자에게 지급된다. 우선 우수설계에 대한 인센티브를 강화한다는 목적 하에 설계점수가 높은 순으로 최대 3인(낙찰탈락자가 3인 미만인 경우에는 모든 낙찰탈락자)을 선정하여 설계점수 60점 이상에 대해 고정설계비용(0.3%)을 지급하고 나머지는 설계점수에 연동하여 지급하고 있다. 만약 설계보상비 총액이 공사예산의 2% 초과 시에는 산정금액에 따라 비율을 배분하도록 하고 있다.

$$\text{공사예산} \times \left(0.3\% + \frac{\text{설계점수} - 60}{40} \times 0.6\%\right)$$

만약 설계심의를 진행하였으나 발주기관의 귀책사유로 입찰이 취소된 경우에는 설계심의를 통해서 실시설계적격자로 선정된 사람 중 설계점수가 높은 순으로 최대 4인(선정된 자가 4인 미만인 경우에는 선정된 모든 사람)에게 위 산식에 따라 설계보상비를 지급하도록 하고 있다. 그리고 설계심의를 진행하지 않아 실시설계적격자가 선정되지 않은 경우에는 모든 입찰참가자에게 당해 공사의 설계보상비인 2.0%를 균등하게 나누어 지급하되, 1인당 0.5% 이상은 지급되지 못하도록 하고 있다.

3.3 실시설계 및 계약단계에서의 수행업무

설계 · 시공일괄입찰방식의 경우, 미국에서 디자인빌드 발주방식을 사용할 때와 마찬가지로 실시설계단계에서 발주자가 수행하는 업무들은 상당히 줄어들게 된다. 또한 설계도서 검토 작업을 발주자가 아닌 설계심의분과위원회나 설계자문위원회에서 실시하기 때문에, 설계 단계에서 발주자의 설계 영향력 행사는 더욱 어려워진다.

계약 체결

실시설계 적격자로 선정된 건설업체가 낙찰자로 결정되기 위해서는 제안서에서 제출한 기본설계 내용을 기반으로 실시설계를 작성하고, 이를 중앙건설기술심의위원회의 설계심의분과위원회 또는 설계자문위원회에 심의, 평가를 거쳐 최종 승인을 받아야 한다. 발주자는 실시설계의 적격통지를 받은 경우, 실시설계서를 제출한 자를 낙찰자로 결정하고 계약을 체결하게 된다.

계약은 총액확정금액방식(Lump-Sum) 방식으로 진행되며, 해당 공사에 대한 예산은 계속비대형공사에 있어서는 계속비예산으로, 일반대형공사에 있어서는 총공사예산으로 사전에 확정되어 있으므로, 입찰참가업체가 제출한 입찰금액이 해당 예산을 초과하는 경우에는 협의를 통해 가격을 낮춰야 한다. 만약 협의가 성립되지 않은 경우에는 재공고입찰에 들어가야 한다.

설계 · 시공병행기법의 사용여부 결정

발주자는 공사의 긴급성이 높은 경우, 설계 · 시공병행기법(Fast-Track)을 사용하여 실시설계 적격자로 하여금 공정별 우선순위를 구분하여 실시설계서를 작성하게 할 수 있으며, 당해 실시설계서에 대하여 설계심의분과위원회 또는 설계자문위원회로부터 실시설계적격통지를 받은 때에는 그 실시설계적격자를 낙찰자로 결정하여 계약을 체결하고 우선순위에 따라 공사를 시행하게 할 수 있다.

그러나 실시설계서를 작성하여 적격통지를 받는 과정에서 장시간이 소요됨에 따라 설계 · 시공병행기법의 사용을 통한 공기 단축 효과는 떨어지는 편이다. 또한 공기단축 효과를 제대로 보기 위해서 공사비 총액이 일정 공사기간동안 확정되어 운영되어야 하는 계속비계약제도를 활용하여야 함에도 불구하고, 공사 착공 위주의 정책으로 매년도 예산을 신청하고, 제시된 예산안에서 공사를 수행하는 장기계속계약제도에서 운영하는 사례들이 많아 공기단축 유도효과가 매우 떨어진다.

3.4 시공단계에서의 수행업무

공사현장 운영상태 감독

시공단계에서 발주자가 수행하는 업무는 다른 발주방식을 사용하였을 경우와 거의 동일하다. 발주자는 디자인빌더가 해당 건설공사의 공정 · 비용 · 품질 · 안전 및 하도급 관리 등 사전에 수립한 "공사관리계획"과 시공에 따른 교통 소통 및 환경오염 방지에 관한 대책을 적절히 이행하고 있는지를 감독해야 한다.

공사비의 지급

발주자는 총액확정금액방식으로 디자인빌더와 계약을 체결하므로, 공사비는 매월 약식 기성을 통해서 작업수행률에 맞춰 지급하고, 3개월마다 정식 기성검사를 실시하여 정산 처리하는 방식으로 지급된다.

예비준공검사 및 준공검사

공사가 마무리되면 발주자는 예비준공검사와 준공검사를 할 수 있다. 「건설기술관리법 시행령」에 따라 디자인빌더는 예비준공검사와 준공검사 시 다음과 같은 사항들을 준공보고서에 첨부하여야 하며, 발주자는 준공검사 시 예비준공검사에서 지적한 사항들이 제대로 반영되었는지를 꼼꼼히 확인하여야 한다.

- 준공도서
- 품질기록(품질시험 또는 검사 성과 총괄표를 포함한다)
- 구조계산서(처음 실시설계 시의 구조계산서와 다르게 시공된 경우만 해당한다)
- 시설물의 유지 · 관리에 필요한 사항
- 신공법 또는 특수공법 평가보고서(신공법 또는 특수공법을 적용한 경우만 해당한다)
- 시운전(試運轉) 평가결과서(시운전을 한 경우만 해당한다)

사후평가보고서 작성(해당 시)

「건설기술관리법 시행령」에서는 총공사비가 500억 원 이상인 건설공사에 한해 사후평가보고서를 작성하도록 하고 있다. 따라서 300억 원 이상의 대형공사를 대상으로 하는 설계 · 시공일괄공사의 경우, 사후평가보고서를 작성해야 하는 경우가 많이 발생한다. 「건설공사 사후평가 시행지침」에서는 사후평가보고서에서 다음과 같은 사항들을 조사 · 분석하도록 하고 있다[12].

- 예상 공사비 및 공사기간과 실제 소요된 공사비 및 공사기간의 비교 · 분석
- 공사기획 시 예측한 수요 및 기대효과와 공사 완료 후의 실제 수요 및 공사효과의 비교 · 분석
- 당해 건설공사의 문제점과 개선방안

- 주민의 호응도 및 사용자 만족도
- 건설공사 시행단계별 발생되는 건설정보의 내용 및 조치계획
- 설계 · 시공일괄입찰 및 대안입찰방식으로 수행한 경우 건설공사의 추진성과
- 공사비, 공사기간, 효과 등 당해 건설공사에 대한 전반적인 평가, 당해 건설공사에 따른 주변환경의 변화 및 영향, 재원조달의 타당성 등 기타 발주청에서 필요하다고 인정하는 사항

사후평가는 전체 공사의 준공 이후 3년 이내에 실시하여야 하되, 건설공사의 특성에 따라 기간 내 사후평가가 곤란한 경우 5년 이내에 실시할 수 있다. 사후평가는 발주자가 실시하여야 하나, 전문인력 부족 등 직접 사후평가를 수행하기 곤란한 경우에는 외부전문기관에 사후평가업무의 전부 또는 일부를 수행토록 할 수 있다. 사후평가보고서를 작성한 다음에는 건설CALS포탈시스템 내 "건설공사 사후평가시스템"에 다음 년도 2월말까지 입력하여야 하며, 입력이 완료된 후에는 홈페이지나 관보에 일반인들이 볼 수 있게 공시하여야 한다.

4 국내 설계 · 시공일괄입찰방식의 문제점을 어떻게 해결해야 하는가?

최근 국내에서는 설계 · 시공일괄입찰방식의 개선을 위한 다양한 노력을 기울이고 있음에도 불구하고 무분별한 설계 · 시공일괄공사의 발주, 과도한 입찰비용에 따른 대형업체 독과점 현상, 낙찰률 과다에 따른 공적자금의 낭비, 입찰참여업체 간 담합, 심의위원 로비 등 다양한 문제들이 발생하고 있다. 4절에서는 국내 설계 · 시공일괄입찰방식에서 발생하고 있는 문제점의 원인을 살펴보고 개선방안을 논의해보고자 한다.

4.1 적합한 프로젝트에서 사용되고 있는가?

설계 · 시공일괄입찰방식의 발주 남용은 크게 발주기관의 선호와 구체적인 선정기준의 수립 미비에 의해 발생한다. 먼저 국내 발주기관들이 설계 · 시공일괄입찰방식을 선호하는 사유로는 ① 책임의 일원화로 문제가 발생하였을 때 책임소재를 따지기 쉬우며, ② 발주기관이 기초설계비를 부담하지 않아도 되며, ③ 설계 · 시공의 관리를 낙찰업체가 담당하므로 발주기관의 업무 부담이 줄어들어 효율성이 증가하며, ④ 추정 공사비의 80~90% 선에서 낙찰업체가 결정되므로 부실공사에 부담이 적다는 점을 들 수 있다. 구체적인 선정기준의 수립 미비사항으로 앞서 "2.2 설계 · 시공일괄입찰방식의 사용이 가능한 공사의 변천과정"에서 언급한 것처럼 지속적으로 선정기준을 개선해왔음에도 불구하고, 여전히 "대상공사 선정기준 및 검토항목"이 주관적이거나 구체적이지 못하다는 점을 들 수 있다. 이 두 가지 요인에 의해 발주기관이 설계 · 시공일괄입찰방식을 우선 채택한 후, 역으로 채택 사유를 끼워 맞출 수 있다는 문제점을 가진다.

이에 2010년 국민권익위원회에서는 [표 3.31]과 같이 설계 · 시공일괄입찰방식의 "대상공사 선정기준 및 검토항목"을 구체화할 것을 권고하기도 하였다[13]. 하지만 선정기준을 명확화하는 것이 문제의 해결법이라고 단정지을 수는 없다. 또한 너무 오히려 엄격한 기준의 수립은 역으로 적합한 발주방식의 선정에 장애로 작용할 수 있다는 점도 고려하여야 한다.

표 3.31 국민권익위원회 권고사항

구분	세부기준	권고사항
대상공사 선정 기준	• 공사의 특성상 복잡한 고난도 · 고기술이 요구되는 때	• 설계 · 시공일괄 입찰공사로 발주해야만 하는 경우에 대한 구체적인 설명이 필요
	• 복합공종으로 분리발주 시, 빈번한 설계변경이 예상되는 때	• 건설공사 대부분이 복합공정이므로 어떤 복합공종인지 구체적 예시 필요
	• 하자책임이 불분명한 때	• 구체적 사례 또는 예시 필요
대상공사 검토항목	• 고난이도 기술 및 공법의 적용 필요성	• 고난도 · 고기술 및 공법에 해당하는 구체적 예시 필요
	• 분리발주 시 설계변경이 예상되는 공종과 규모	• 구체적 예시 필요
	• 하자발생에 따른 책임소재 불분명 사항	• 구체적 사례 또는 예시 필요
	• 신기술 · 신공법의 적용 필요성	• 신기술 · 신공법 적용 필요성은 발주자 주관적 판단에 따라 좌우되므로 채택사유에서 제외

단순히 시설물이 가지는 복잡성과 기술적 난이도, 그리고 공기단축의 필요성만을 고려하여 발주방식을 선정하는 것이 아니라, 미국과 같이 요구사항의 명확한 정의 여부, 발주기관의 사업관리 역량 보유 여부, 프로젝트의 예산의 확보 여부, 프로젝트를 진행함에 따라 발생 가능한 리스크의 종류 등 프로젝트 수행여건에 관한 보다 더 다양한 항목들을 평가하여 디자인빌드 발주방식의 사용여부를 결정하도록 할 필요가 있다. 또한 발주기관 스스로가 발주방식의 선정 시 책임을 강화하기 위해서 발주방식의 결정사유에 대해 작성하는 "입찰방법 제안사유"의 내용을 좀 더 자세히 작성하도록 하고 발주방식의 결정과 관련되어 문제가 발생하였을 때 책임을 지도록 하는 방향으로 제도를 개선하여야 할 것으로 보인다.

4.2 대형업체의 독과점은 피할 수 없는 문제인가?

설계 · 시공일괄입찰방식의 문제점으로 제기되고 있는 것 중 하나로 대형업체들에 의한 독과점 문제를 들 수 있다. 대형업체들의 독과점 문제가 발생하는 원인으로는 ① 과다한 입찰비용의 소요, ② 가격경쟁 강화 추세에 따른 대형업체 덤핑 입찰, ③ 대형업체의 심사위원 상시관리 및 로비를 들 수 있다.

문제점 1. 과다한 입찰비용의 소요

2장에서도 언급하였던 것처럼, 제안서 작성 시 기본설계를 함께 제출하여야 하는 디자인빌드 발주방식의 특성 상 입찰비용의 과다 소요는 불가피한 면이 없지 않다. 국토교통부 발표에 따르면 기본설계를 작성하는데 소요되는 비용으로 해외의 경우 총공사비의 0.5% 정도가 소요되며, 국내의 경우 총공사비의 2.45%가 소요된다고 한다[14]. 이 비용은 일종의 선투자 비용이며 업체가 낙찰되지 못한 경우, 해당 비용은 고스란히 업체에게 손해로 돌아가게 된다. 디자인빌드 발주방식이 대형공사에서 주로 사용된다는 점을 고려할 때, 중소업체에게 탈락에 따른 손실비용은 큰 부담으로 작용하게 되며 결과적으로 기술력 있는 중소업체의 참여를 가로막는 장벽으로 작용하게 된다.

따라서 중소업체의 참여 독려를 위해서는 기본설계 작성 시 소요비용을 줄여줄 수 있는 방안의 수립과 함께 충분한 설계보상비의 지급이 요구된다.

국내에서는 입찰참가자들이 기본설계를 작성할 때 소요되는 비용에 대한 부담을 줄여주기 위해서 2003년 「건설기술개발 및 관리 등에 관한 운영규정」 개정을 통해 입찰 시 제출하는 설계의 수준을 기본설계수준의 개략설계로 제한하고 이를 준수하지 않은 경우 평가 시 감점하도록 하는 조항을 추가하였다. 또한 2012년 「건설기술개발 및 관리 등에 관한 운영규정」 개정에서는 "제13장 일괄사업 입찰안내서 작성"을 신설하여, 입찰 시 토질 · 지질 조사보고서 등 비용이 많이 드는 공통자료는 발주자가 작성하고 입찰자 제출 자료에서 구조계산서, 수리계산서 등 실시설계 수준의 자료를 제출하지 못하도록 하여 중소

표 3.32 입찰 시 제출하는 설계도서 비교(「건설기술개발 및 관리 등에 관한 운영규정」 참조)

구분	2001년 11월 개정안	2003년 7월 개정안
제출 기준	1. 설계도면은 기본설계도면을 기준으로 100쪽 이내 2. 설계도면 및 설명자료는 색도사용 금지 3. 투시도, 조감도 작성 및 제출금지 4. 애니메에션 등의 컴퓨터 동화상 및 파워포인트, OHP 등에 의한 설명자료 작성금지	1. 보고서 및 설계도서는 「건설공사의 설계도서 작성기준」(1998, 건교부)를 참조하여 별표3의 「기본설계 · 실시설계의 내용 및 작성기준」에 따라 작성 2. (기본)설계보고서 250쪽 이내, 요약보고서 30쪽 이내 3. 설계도면은 기본설계도면을 기준으로 150쪽 이내 4. 설계도면 및 설명자료는 색도사용 금지 5. 투시도, 조감도 제출금지 6. 애니메에션 등의 컴퓨터 동화상 및 파워포인트, OHP 등에 의한 설명자료 작성금지 7. 보고서 및 설계도서 작성 시 고급용지 사용 및 바탕면 · 여백부 등의 치장금지(MAC작업금지)

[건설기술개발 및 관리 등에 관한 운영규정(개정 2012.07.05)]

제86조(입찰안내서) 발주청은 일괄사업 입찰안내서 작성 시 별표 10의 '분야별 입찰안내서 목록(예시)'를 참고하여 작성하되, 다음 각 호의 내용을 포함하여야한다.

6. 토질조사보고서 등 입찰참가자가 공동 활용할 수 있는 기초자료(다만, 노선의 미확정 등으로 기초자료의 활용성이 크지 않다고 판단되는 경우는 생략할 수 있다.)

제87조(사전조사실시) 발주청은 기초자료조사 등 입찰자들이 기본설계 시 공동으로 활용할 수 있는 자료를 제공하여야 하며, 이 경우 발주청에서는 입찰 전에 이와 관련한 용역 등을 실시할 수 있다.

제88조(입찰서) ① 발주청장은 일괄입찰에 참여하는 입찰참가자가 제출하는 입찰서의 목록을 별표 11의 '분야별 입찰서 목록(예시)'를 참고하여 작성하되, 평가에 직접 필요한 사항으로 제한하고 입찰서의 설계도서 내용이 「기본설계 등에 관한 세부시행기준」(국토해양부 훈령)에 따른 기본설계의 내용과 「건설기술관리법 시행령」 제60조제2항에 의한 건설공사의 설계도서 작성기준의 기본설계 성과품 작성기준의 범위를 벗어나지 않도록 하여야 한다.

업체의 참여기회를 확대하고자 하고 있다. 또한 설계보상비와 관련해서 도입 초기 총공사비의 1.0%로 책정되던 설계보상비를 2.0%로 확대하여 입찰참가자 중 설계 우수업체 3곳에게 차등을 주어 설계보상비를 지급하고 있어 있다. 하지만 여전히 입찰참가 비용에 대한 리스크를 완전히 해소시켜 준다고 보기엔 어려움이 있다. 중소업체의 참여유도를 위해서는 보다 많은 설계보상비 지급이 필요할 것이다.

문제점 2. 가격경쟁 강화 추세에 따른 대형업체 덤핑 입찰

현재 설계 · 시공일괄입찰방식에서는 입찰참가자격 사전심사를 통해서 업체의 경영상태부문과 기술적 공사이행능력을 살펴본 뒤, 제출한 제안서의 설계점수와 가격점수를 합쳐 낙찰자를 결정하고 있다. 입찰참가자격 사전심사에서는 업체의 계약이행능력을 주로 평가하다보니, 대형업체는 사전심사 통과에 그리 어려움이 없다. 따라서 대형업체에 입장에서 낙찰 여부를 결정하는 것은 설계점수와 가격점수에 달려있다.

최근에는 설계 · 시공일괄입찰방식의 과다한 낙찰률이 사회적인 문제로 불거짐에 따라 발주기관에서는 낙찰자 결정 시, 가중치 방식을 주로 사용하되 가격 경쟁을 위해 설계보다 가격의 평가비중을 높이는 경향이 나타나고 있다. 이에 따라 [그림 3.33]과 같이 설계점수에서 뒤쳐진 업체들이 저가 입찰을 통해서 설계점수를 역전하는 사례들이 종종 나타나고 있다.

표 3.33 일괄입찰방식에서의 저가입찰을 통한 낙찰사례

년도	공사명	상세 내용
2007년	신고리원자력발전소 3, 4호기 공사	• 현대건설 컨소시엄이 예정가의 61.5%인 8,000억원에 투찰해 최종 사업자로 선정됨
	금강1교 건설공사, 국도 1호선 우회도로 1공구	• 60%대 가격을 투찰한 업체가 낙찰업체가 선정됨
2008년	고속국도 제12호선 담양 · 성산간 확장공사 4공구	• 삼환기업이 낙찰률 53%를 제시, 낙찰업체로 결정됨
2009년	고속국도 제12호선 담양 · 성산간 확장공사 10공구	• 한양 컨소시엄이 낙찰률 51.97%를 제시, 태영건설 컨소시엄에 13.15점 뒤진 설계점수를 역전함
2010년	4대강 살리기 2차 턴키공사	• 1차 턴키공사에서 기술:가격 비율을 60:40으로 하던 것을 50:50으로 변경함에 따라, 5개 공구 평균 낙찰가가 70.38%를 보임 • 특히 3개 공구는 50%대의 낙찰률을 보임
	부산도시철도 1호선 연장공사 6공구	• 대우건설이 60%대의 낙찰률을 제시하여, SK건설에 5.62점 뒤지던 설계점수를 역전함
	서울지하철 9호선 3단계공사 923공구	• 대우건설이 63.78%의 낙찰률을 제시하여, 코오롱 컨소시엄에 2.65점 뒤지던 설계점수를 역전함
	수서~평택 9공구 건설공사	• GS건설 컨소시엄이 낙찰률 65.4%를 제시, 낙찰업체로 결정됨

하지만 덤핑을 통한 저가 낙찰은 품질 저하로 이어질 수 있다. 덤핑을 통한 저가 낙찰 문제를 방지하기 위해서는 낙찰자 선정과정이 단순히 가격에 의해서 좌우되지 않도록 발주기관에서 프로젝트의 특성에 맞게 다양한 발주방식을 사용하도록 하고, 가중치 방식을 사용할 경우에는 설계비중과 가격비중을 적절하게 설정하도록 해야 할 것이다. 또한 미국과 같이 입찰참가자격 사전심사의 심사항목을 단순히 업체 자체만을 대상으로 하는 것이 아니라 프로젝트를 실제 수행하는 디자인빌드팀 구성원 각각의 수행능력까지 평가를 진행함으로써 보다 실질적인 사전심사가 이루어질 수 있도록 할 필요가 있다.

4.3 낙찰률 과다는 국가의 재정낭비를 발생시키는가?

설계·시공일괄입찰방식 도입 초기에는 최저가 낙찰제를 사용하였으므로 낙찰률 과다 문제보다 덤핑에 의한 저가 낙찰에 따른 부실공사 문제가 다수 발생하였다. 낙찰률 과다 문제가 제기되기 시작한 것은 1983년 설계점수를 낙찰자 결정 시 반영한 후부터라 할 수 있다. 실제로 2000년대에 들어서면서 설계·시공일괄공사의 낙찰률은 몇몇 저가 수주에도 불구하고 전반적으로 90% 수준을 유지하여 오고 있다[15].

표 3.34 연도별 나라장터 설계·시공일괄입찰공사 낙찰률 변동 추이(2001년~2011년 10월)

구 분	2001년	2002년	2003년	2004년	2005년	2006년	2007년	2008년	2009년	2010년	2011년
계약건수	38건	33건	41건	31건	49건	52건	61건	41건	98건	64건	22건
낙찰률	92.13%	93.57%	93.64%	93.74%	91.37%	92.54%	94.26%	92.44%	92.86%	91.66%	87.67%

이에 따라 경제정의실천시민연합, 공정거래위원회, 국회 등에서는 최저가낙찰제의 낙찰률과 설계·시공일괄입찰방식의 낙찰률을 비교하여 설계·시공일괄입찰방식이 국가재정을 낭비하고 있다고 지적하기 시작하였다. 건설업체들이 높은 낙찰률을 통해 부당한 이득을 취하고 있으며, 담합을 통해 사전에 가격을 합의하여 낙찰률을 높이고 있다는 것이다.

하지만 대한건설협회, 건설기술연구원, 한국개발연구원 등 업계에서는 이러한 의견에 맞서 오히려 설계·시공일괄입찰방식의 수익성은 높지 않으며, 최저가 낙찰제나 적격심사제의 낙찰률과 설계·시공일괄입찰방식의 낙찰률을 단순 비교하는 것은 의미가 없다고 주장하고 있다. 또한 앞서 언급한 것처럼 낙찰률을 낮추기 위해 설계적합 최저가방식을 사용하거나, 가중치 방식에서 가격 비중을 강화할 경우 대형업체들의 저가 입찰에 의한 문제들이 발생할 수 있다는 문제점도 존재한다.

표 3.35 낙찰률 과다 지적사례

년 도	단 체	상세 내용
2003년	경제정의실천 시민연합	• 부산신항만 배후철도 제3공구 건설공사 등 철도청의 6개 턴키공사 입찰과정에서 6개 업체가 담합을 통해 95%의 높은 낙찰률을 기록했다고 주장함. • 6개 공구 평균 낙찰률이 94.3%로 최저가 낙찰 대상공사의 평균 낙찰률인 64.5%보다 무려 30% 포인트 정도 높아 총 3천억 원 가량의 예산낭비가 우려된다고 주장함.
2003년	국토연구원	• 국토연구원 김재영 선임연구위원이 턴키 입찰제도 개선방안 공청회에서 설계시공일괄입찰방식의 평균낙찰률이 85%로 최저가낙찰제의 64.2%, 적격심사제의 73%보다 훨씬 높았다는 문제점을 제시함.
2006년	국회	• 국회 건설교통위원회에서 한나라당 김석준 의원은 최저가낙찰제와 적격심사낙찰제, 설계시공일괄입찰방식 등을 잘못 적용, 수백억 원에서 수천억 원의 국민세금을 절약하지 못했다고 주장함. • 최저가낙찰제(50~60%), 적격심사제(70~80%)에 비해 일괄입찰방식의 낙찰률(90%대)이 과다하다는 문제점을 지적함.
2009년	국회	• 국회 국토해양위원회에서 한나라당 김정권 의원은 무분별한 일괄입찰방식의 사용, 가중치 방식에서의 가격경쟁 미비에 따른 낙찰률 과다문제를 지적함. • 2008년 설계적합 최저가방식(3건)의 평균 낙찰률은 74.6%였으나, 가중치방식(49건)은 90.4%를 기록함.
2011년	경제정의실천 시민연합	• 설계 · 시공일괄입찰공사의 평균낙찰률이 가격경쟁입찰의 60%에 비해 30%나 높은 90%를 보이고 있으며, 낙찰금액 차이는 고스란히 로비경쟁으로 사업을 수주한 재벌건설사 이득으로 돌아간다고 주장함.
2011년	광주시의회	• 광주시의회 조오섭 의원은 광주시의 2006년~2010년 일반경쟁입찰의 평균낙찰률은 68.28%이나, 설계 · 시공일괄입찰방식은 95.03%을 보여 세금 낭비가 우려된다고 지적함.

실제로 설계 · 시공일괄입찰방식의 높은 낙찰률을 단순히 업체들의 부정으로만 볼 수는 없다. 설계 · 시공일괄입찰방식에서는 프로젝트에서 발생할 수 있는 다양한 리스크를 디자인빌더에게 전가시킴으로써 불확실성에 대한 책임 또한 함께 전가시키게 된다. 또한 국내에서는 발주기관의 요구에 따라 공사 도중에 다수의 변경이 발생함에도 불구하고 설계변경을 통한 공사금액 증액을 원칙적으로 허용하고 있지 않고 있으므로 공사 도중에 발생할 수 있는 다양한 돌발 상황에 대한 책임을 업체가 부담하게 된다. 결국 입찰에 참여하는 업체의 입장에선 입찰가격에 불확실성에 대한 측면을 예비비로 포함할 수밖에 없다.

따라서 설계 · 시공일괄입찰방식의 낙찰률과 타 발주방식의 낙찰률을 단순 비교하는 것은 의미가 없으며, 발주자가 계획단계에서 요구사항의 정의, 사전조사 등을 철저히 수행

표 3.36 건설업계 반박의견

년 도	단 체	상세 내용
2007년	건설업체	• 한국건설산업연구원이 시공능력평가 순위 상위 100대 건설업체의 턴키 관련 부서팀장(차장)급 이상 임직원을 대상으로 설문조사를 실시함. • 설문조사 결과, 조사 대상업체의 17.7%가 매출원가율이 100%를 초과한다고 답했으며 90%에 미달하는 경우는 11~15% 수준에 불과하다고 답변함. • 공사비의 4~5%에 달하는 본사 관리비를 포함할 경우 턴키 · 대안공사의 수익성은 좋지 못한 편이라 주장함.
2011년	대한건설협회	• 2000년~2005년 사이 턴키공사의 평균 원가율이 108%를 기록, 평균 8%의 적자를 보았다고 주장함. • 원가계산방식으로 예정가격을 산정한 뒤 낙찰받는 최저가낙찰제나 적격심사와 달리 설계 · 시공일괄입찰방식은 정부가 작성한 기본계획을 토대로 예산을 책정하고 입찰자 스스로 기본설계를 작성한 뒤 가격으로 산정하기 때문에 단순한 낙찰률 비교는 의미가 없다고 주장함.
2013년	한국건설기술연구원	• 한국건설기술연구원에서 2009년 이후 준공된 94건의 턴키사업에 대해 분석한 결과에 따르면, 계약 시 턴키 평균 낙찰률은 91%였지만 준공기준 실 낙찰률로 환산하면 84.6%로 계약대비 6.4%포인트 낮았음.
2013년	한국개발연구원	• 총사업비 관리대상 도로공사 661건을 토대로 한 한국개발연구원의 분석 결과, 시공 과정의 총사업비 조정 등 공사비 변동률을 반영한 교정낙찰률은 턴키 87~87.8%(원 낙찰률 87%), 대안 83~83.8%(원 낙찰률 83%)로 큰 변동이 없었음. • 반면 낙찰률이 63~64%인 최저가공사의 교정낙찰률은 80.6~81.8%로 치솟았고 75~78%인 적격심사공사 교정낙찰률은 무려 95.9~99.7%을 기록함.

하여 사전에 계약 후 발생 가능한 리스크 요인들을 최소화하고, 리스크 할당 매트릭스의 활용 등을 통해 업체와 합리적으로 리스크를 분담함으로써 낙찰률을 낮출 필요가 있다.

4.4 비리가 발생할 수밖에 없는 발주방식인가?

사실 설계 · 시공일괄입찰방식에서 발생하는 문제점 중 가장 자주 언급되는 문제점으로 "입찰참여업체 간 담합 문제"와 "업체의 심의위원 로비 문제"를 들 수 있다. 정부에서는 이러한 문제들을 해결하기 위하여 해외사례 벤치마킹 등 다양한 연구결과를 토대로 처벌 규정을 강화하고 제도를 개선해왔지만 실질적인 성과를 보지는 못하고 있다.

문제점 1. 입찰참여업체 간 담합 문제

설계 · 시공일괄입찰방식에서 이루어지는 담합 행위는 크게 평가 시 고의로 낮은 점수를 받아 특정 업체를 밀어주는 행위와 설계내용이나 투찰금액을 사전에 합의하는 행위로 나눌 수 있다. 이러한 담합이 가능한 것은 대형공사의 특성 상 다수의 업체가 컨소시엄을 이루어 참여를 하게 되고 입찰비용이 과다하여 분리발주 방식에 비해 입찰참가자의 수가 2~3개 정도로 그리 많지 때문이다. [표 3.37]은 국내에서 최근 1999년부터 2009년까지 발생한 담합 사건들을 정리한 내용이다.

표 3.37 설계 · 시공일괄입찰방식에서의 담합 사례

년도	공사명	상세 내용
1999년	동해고속도로 동해–주문진 간 4차로 확장공사, 대전–통영 고속도로 건설공사	• H社와 S社는 고속도로 건설공사 입찰 때 각각 한 번씩 상대방을 밀어주는 담합 행위를 저지름 • 업체들은 훨씬 높은 가격으로 응찰, 적격심사 항목 가운데 가격점수를 크게 감점 받는 방법을 사용함
2004년	경남 사천시 청사 신축공사	• L社와 D社는 사전협의를 통해 건축 · 기계 · 전기설비 등에서 특정 공법이나 설비들을 제외하고 기본설계서를 작성하기로 합의함
2005년	하수관거정비 BTL 민간투자 사업(아산시, 김해시, 상주시)	• 아산시 하수관거정비 BTL 민간투자사업에서 D社가 낙찰될 수 있도록 B社가 들러리 역할을 함. 대신 입찰소요비용을 D社에서 부담하고, 타 공사에서 시공지분을 할애하기로 합의함 • 김해시 하수관거정비 BTL 민간투자사업에서 D社가 낙찰될 수 있도록 K社가 들러리 역할을 함. 입찰소요비용은 D社에서 부담함 • 상주시 하수관거정비 BTL 민간투자사업에서 P社가 낙찰될 수 있도록 K社가 들러리 역할을 함. P社가 입찰서류를 작성하여 K社에 제공함
2006년	남강댐상류 하수도시설공사	• S社, S社, K社는 각사의 투찰금액을 사전에 합의하고 설계심사에서만 경쟁하기로 합의함
2008년	대구 죽곡2지구 2공구 공동주택건립공사	• D社가 낙찰될 수 있도록 B社가 들러리 역할을 함
2009년	4대강 살리기 1차 턴키공사	• H社, G社, S社, S社, D社, H社, P社, D社 등의 업체들이 미리 의견을 교환해 4대강 사업 각 공사 구간을 배분한 뒤 입찰에 참가하는 방식으로 담합을 실시함
2009년	영주다목적댐 공사	• S社와 D社는 100여개 설계항목 중 평가에서 불리하게 작용할 수 있는 항목을 제외하거나 특정 항목의 설계를 같게 하기로 시전에 합의함
2012년	광주시 제 1,2 하수처리장 총인처리시설 설치공사	• D社, H社, K社, K社는 입찰가격을 미리 정하는 담합을 실시함

이와 같은 담합행위를 방지하기 위해 정부에서는 「국가를 당사자로 하는 계약에 관한 법률 시행규칙」에 의거한 입찰참가자격 제한과 「독점규제 및 공정거래에 관한 법률」에 의거한 과징금 부과를 통해 담합 행위를 규제하고 있다. 하지만 행정력 부족으로 인해 담합 행위를 규명하여 처벌을 내리는 데 많은 어려움을 겪고 있는 실정이다. 또한 담합에 따라 과징금의 솜방망이 처벌과 업체의 담합행위가 드러난 이후 발주청이 구상권 성격의 손해배상 소송의 장기화에 따른 실효성 논란에 따라 2010년 공정거래위원회에서 담합 시 손

국가를 당사자로 하는 계약에 관한 법률 시행규칙(개정 2012.03.23)

제76조(부정당업자의 입찰참가자격 제한기준등) ① 영 제76조제2항에 따른 부정당업자의 입찰참가자격 제한의 세부기준은 별표 2와 같다.

② 입찰참가자격의 제한을 받은 자에게 그 처분일부터 입찰참가자격제한기간 종료후 6월이 경과하는 날까지의 기간 중 다시 부정당업자에 해당하는 사유가 발생한 경우에는 자격제한기간을 그 위반행위의 동기 · 내용 및 횟수 등을 고려하여 별표 2의 해당호에서 정한 기간의 2분의 1의 범위 안에서 가중하여 제한할 수 있다. 이 경우 가중한 기간을 합산한 기간은 2년을 초과할 수 없다.

입찰참가자격 제한사유	제재기간
담합을 주도하여 낙찰을 받은 자	2년
담합을 주도한 자	1년
입찰자 간에 서로 상의하여 미리 입찰가격을 협정하거나 특정인의 낙찰을 위해 담합한 자	6개월

[독점규제 및 공정거래에 관한 법률(개정 2012.03.12)]

제22조(과징금) 공정거래위원회는 제19조(부당한 공동행위의 금지)제1항의 규정을 위반하는 행위가 있을 때에는 당해 사업자에 대하여 대통령령이 정하는 매출액에 100분의 10을 곱한 금액을 초과하지 아니하는 범위안에서 과징금을 부과할 수 있다. 다만, 매출액이 없는 경우등에는 20억원을 초과하지 아니하는 범위안에서 과징금을 부과할 수 있다.

해배상을 의무화하는 조항을 조달계약서에 명시하는 방안을 추진하였으나 결국 도입되지 못하였다.

하지만 앞으로 담합을 줄여나가기 위해서는 미국이나 서울특별시, 광주시와 같이 담합행위에 따른 손해배상 청구를 법적으로 허용할 필요가 있다[16]. 그리고 단순히 제도적인 개선에서 벗어나 업체들의 의식 개선을 위한 다양한 노력들이 이루어져야 할 것이다.

문제점 2. 업체의 심의위원 로비 문제

설계심의제도를 도입한 이후, 업체들의 심의위원 로비 문제는 지속적으로 발생하고 있다. 과거 3000명의 건설전문가들을 대상으로 심의위원을 선발하던 인력풀제에서는 대형업체에서 전문가 인력풀 전체를 대상으로 지속적인 로비를 펼쳐왔으며, 2007년 「건설기술개발 및 관리 등에 관한 운영규정」 개정을 통해 자격제로 전환한 뒤에도 200~300명의 자격자들로 관리 대상만 변경하였을 뿐, 로비 문제는 해결되지 않았다. 심지어 2010년 「건설기술관리법 시행령」과 「건설기술개발 및 관리 등에 관한 운영규정」의 개정을 통해

[한겨레신문 : 돈받고 입찰심사 교수 46명 적발(1999.11.29)]

대형 관급공사의 입찰 심의위원으로 참여하는 공과대 교수들이 입찰참가업체들한테 금품을 받고 점수를 올려준 혐의로 검찰에 무더기로 적발됐다. … 검찰은 또 금품을 제공한 15개 업체 가운데 H社 이아무개(46) 건설이사 등 3개 업체 관계자 3명을 배임중재 혐의로 불구속 입건했으나, … 점수 비중이 높은 설계심사분야 심의위원인 건축 · 토목 분야 교수들은 심의과정에서 특정 업체에 높은 점수를 주는 방식으로 돈을 준 업체가 공사를 따도록 도와온 것으로 수사 결과 밝혀졌다.

[경향신문 : [건설비리 대해부] '턴키를 잡아라' 로비 극성(2005.04.22)]

업계에 정통한 한 관계자는 21일 "인력풀제가 도입된 뒤 업체들은 로비 대상만 늘어났다고 푸념하고 있다"면서 "일부 업체는 이들을 주중에는 룸살롱, 주말에는 골프장에서 접대하고 있다"고 말했다. 이 관계자는 해당 교수의 연구실에 기자재와 장비를

기부하는 업체도 적지 않다고 전했다. 또 건설회사 간부들이 해당 교수의 교내 실적을 올려주고, 인맥 형성을 위해 소속 대학의 특수대학원에 진학하는 일도 잦은 것으로 밝혀졌다. … 업계의 한 관계자는 "일부 대형 건설사는 과장급 이상 직원 1명이 보통 심의위원 5명 정도를 관리한다"면서 "학연에 따라 자신의 출신 학교 교수를 관리하는 게 일반적"이라고 말했다. 일부 회사는 턴키 입찰 일정이 잡히면 관련 분야 전문가를 담당한 과장급 이상 직원에게 1인당 5백만~1천만 원을 줘 로비에 나선다는 것이다. 특히 한 대형 건설사는 평소에도 전문가 인력풀만 아니라 이곳에 포함되지 않은 전문가와 관련 공무원까지 모두 1만여 명을 관리하는 것으로 업계에서 유명하다. 10대 건설업체의 한 간부는 "심의위원은 심의 전날에야 결정되지만 업체마다 바로 명단을 뽑아내 다음날 아침 심의위원들에게 부탁하는 게 다반사"라고 밝혔다.

[대전일보 : 뇌물 건넨 건설사들 어떤 특혜 입었을까(2005.08.23)]

… 그동안 건설업체들은 관행상 공사 감독이나 인 · 허가와 관련 공무원들에게 떡값을 주고 공사편의나 설계변경, 인허가 과정의 특혜를 받아 수십 배의 이득을 취해왔고 이로 인해 '부실시공' 우려가 제기돼 왔었다. … 경찰조사 결과 일부 건설사들은 주 씨가 턴키입찰제도의 심사위원이라는 점을 알고 자신들이 대전시에서 발주할 턴키입찰에 참여하면 유리하게 해달라는 명목으로 주기적으로 주 씨에게 뇌물을 건넨 것으로 드러났다. …

[MBN : 서울 장지동 '동남권 유통단지' 입찰 비리 적발(2008.01.26)]

… 서울시 산하 SH공사가 시행을 맡은 송파구 장지동 일대 동남권 유통단지. 이 대규모 유통단지의 설계 · 시공 입찰에 참여한 건설사들과 서울시 평가위원 30여 명이 입찰 선정을 대가로 금품을 주고 받은 사실이 적발됐습니다. … 검찰은 이들의 자택을 압수수색해 뭉칫돈과 다량의 상품권을 확보하고, 광범위한 계좌추적을 벌여 명목이 불분명한 돈이 입금된 정황을 포착했습니다. …

[동아일보 : 건설사 거액 입찰로비 또 적발(2009.09.11)]

공사 수주를 위해 국내 대형건설사가 입찰평가 심의위원에게 억대의 뇌물을 건넸다가 적발됐다. … 부산지방경찰청 수사과는 10일 공사입찰평가 심의위원에게 거액을 건넨 혐의(특정범죄가중처벌법상 뇌물수수)로 L社 권모 이사(52), 강모 전 L社 상무이사(61)와 돈을 받은 대한주택공사 간부인 심의위원 이모 씨(52)에 대해 구속영장을 신청했다. 권 씨 등은 2006년 부산진해경제자유구역 내 화전산업단지 2공구 조성공사(입찰 예정가 759억 8000만 원)를 따내기 위해 입찰평가 심의위원인 이 씨에게 1억 원을 건넨 혐의를 받고 있다. 이들은 입찰 전날 서울, 호남, 부산, 대전권 책임소장에게 로비자금을 보낸 뒤 심의위원 예상자의 집 근처에 대기시켜 놨다가 입찰 당일 심의위원이 선정되면 바로 뒤따라가 돈을 건네도록 지시했다. 이에 따라 대전지역 현장소장은 화전산단 공사 입찰 당일 이 씨가 심의위원으로 선정되자 대전에서 부산 입찰 장소로 가기 위해 KTX를 탄 이 씨에게 자기앞수표 5000만 원권 두 장을 건넸다. 이 씨는 돈을 받은 뒤 L社에 높은 평가점수를 줬지만 L社는 공사를 따내지 못했다.

설계심의위원을 축소하고 사전에 공개하는 형태로 변화한 뒤에는 오히려 업체의 로비가 더 용이해졌다는 문제가 제기되고 있는 상황이다.

실제로 개선안에도 불구하고 2010년 광주시 총인처리시설 일괄입찰공사에서 입찰비리가 발생하였으며, 한국환경공단에서 2010년 5월부터 2011년 12월까지 발주한 공사에서 공단 임직원과 대학교수 등 설계심의위원 50명 중 23명이 금품을 수수한 사건이 발생하는 등 입찰비리는 여전히 해결되지 못하고 있다. 이처럼 다양한 노력에도 불구하고 로비와 관련된 문제들을 해결하지 못함에 따라 2012년 서울시와 광주시는 설계·시공일괄입찰방식의 적용을 중단하기로 결정하였으며, 2013년 인천시에서도 설계·시공일괄입찰방식의 사용을 엄격하게 제한하기로 결정하는 등 문제점의 본질은 개선하지 않은 채 설계·시공일괄입찰제도를 축소하는 불합리한 대응현상만 초래되고 있는 실정이다.

2010년 설계심의제도의 개전에서는 심의위원 대상자 수를 감소시켜 일괄입찰의 설계심의제도의 부조리에 따른 사회적 비용을 축소시키고 심의 20일 전에 심위위원을 선정하여 공개하고 심의과정을 공개하도록 하였다. 이는 설계심의 과정에서의 투명성을 확보하고 심도 있는 검토가 이루어지도록 유도하여 심의위원의 책임성을 강화하고 설계심의과정의 비리를 사회문제가 아닌 심사위원 개인 문제로 한정하려는 시도였으나, 결과적으로 사회적인 수준이 이를 뒷받침하지 못한다는 것을 보여준 사례라 할 수 있다.

사실 입찰 시 비리와 관련해서 국내의 처벌규정은 엄격한 편이다. 현재 심의를 담당하는 평가위원 중 민간위원도 공무원 의제에 따라 뇌물수수와 관련하여 엄중한 처벌이 가능하며, 가중처벌까지 받는 실정이다. 비리업체의 경우에도 앞서 [표 3.28]과 같이 벌점 적용을 받고 있다.

따라서 로비 문제는 처벌을 강화하는 것보다는 사회적인 의식구조를 개선하고, 설계심의 기간과 설계평가회의기간의 확대, 발주기관 관계자의 설계심의과정 참여확대 등을 통해 설계심의결과에 대한 투명성, 신뢰성을 높이는 방향으로 제도를 개선해나가야 할 것으로 보인다.

[형법(법률 제11731호, 2013.4.5., 일부개정)]

제129조(수뢰, 사전수뢰) ① 공무원 또는 중재인이 그 직무에 관하여 뇌물을 수수, 요구 또는 약속한 때에는 5년 이하의 징역 또는 10년 이하의 자격정지에 처한다.

② 공무원 또는 중재인이 될 자가 그 담당할 직무에 관하여 청탁을 받고 뇌물을 수수, 요구 또는 약속한 후 공무원 또는 중재인이 된 때에는 3년 이하의 징역 또는 7년 이하의 자격정지에 처한다.

제132조(알선수뢰) 공무원이 그 지위를 이용하여 다른 공무원의 직무에 속한 사항의 알선에 관하여 뇌물을 수수, 요구 또는 약속한 때에는 3년 이하의 징역 또는 7년 이하의 자격정지에 처한다.

제133조(뇌물공여 등) ① 제129조 내지 제132조에 기재한 뇌물을 약속, 공여 또는 공여의 의사를 표시한 자는 5년 이하의 징역 또는 2천만 원 이하의 벌금에 처한다.

② 전항의 행위에 공할 목적으로 제삼자에게 금품을 교부하거나 그 정을 알면서 교부를 받은 자도 전항의 형과 같다.

[특정범죄 가중처벌 등에 관한 법률(법률 제11955호, 2013.7.30., 일부개정)]

제2조(뇌물죄의 가중처벌) ① 「형법」 제129조 · 130조 또는 제132조에 규정된 죄를 범한 사람은 그 수수(收受) · 요구 또는 약속한 뇌물의 가액(價額)(이하 이 조에서 "수뢰

액"이라 한다)에 따라 다음 각 호와 같이 가중처벌한다.

1. 수뢰액이 1억 원 이상인 경우에는 무기 또는 10년 이상의 징역에 처한다.
2. 수뢰액이 5천만 원 이상 1억 원 미만인 경우에는 7년 이상의 유기징역에 처한다.
3. 수뢰액이 3천만 원 이상 5천만 원 미만인 경우에는 5년 이상의 유기징역에 처한다.

② 「형법」 제129조려 · 130조 또는 제132조에 규정된 죄를 범한 사람은 그 죄에 대하여 정한 형(제1항의 경우를 포함한다)에 수뢰액의 2배 이상 5배 이하의 벌금을 병과(倂科)한다.

참 조

[1] e-나라지표 웹사이트, "공사계약실적." <http://www.index.go.kr/egams/stts/jsp/potal/stts/ PO_STTS_IdxMain.jsp?idx_cd=2777&bbs=INDX_001&clas_div=A> (Jan. 08, 2014)

[2] 국가기록원 (2000). "대한민국정부 관보 제 14399호." <http://contents.archives.go.kr/next /search/showDetailPopup.do?rc_code=1310377&rc_rfile_no=200302688605&rc_ritem_no=&query=14399%ED%98%B8> (Jan. 08, 2014)

[3] 연합뉴스 (1999), "대형공사 입찰 심사위원 인력풀제 도입(종합)." <http://news.naver.com/main/read.nhn?mode=LSD&mid=sec&sid1=101&oid=001&aid=0004554670>

[4] 국가법령정보센터 (2013). "건설기술관리법 시행령 [대통령령 제24955호, 2013.12.11, 타법개정]." <http://www.law.go.kr/lsInfoP.do?lsiSeq=126913#0000> (Jan. 08, 2014)

[5] 국가법령정보센터 (2013). "대형공사 등의 입찰방법 심의기준 [국토교통부 고시 제2013-458호, 2013.7.22, 일부개정]." <http://www.law.go.kr/admRulSc.do?menuId=1&subMenu=1&p=&q uery=대형공사%20등의%20입찰방법%20심의기준#liBgcolor0> (Jan. 08, 2014)

[6] 국토교통부 (2011). "턴키, 대안입찰제도 제도소개." <http://www.molit.go.kr/USR/policyData/m_34681/dtl?id=202> (Jan. 08, 2014)

[7] 국가법령정보센터 (2012). "(계약예규) 일괄입찰 등에 의한 낙찰자 결정기준 [기획재정부계약예규 제113호, 2012.9.22, 폐지제정]." <http://www.law.go.kr/admRulSc.do?menuId=1&p1=& subMenu=1&nwYn=1&query=계약예규&x=-686&y=-208#liBgcolor10)> (Jan. 08, 2014)

[8] 국가법령정보센터 (2013). "건설기술개발 및 관리 등에 관한 운영규정 [국토교통부훈령 제256호, 2013.7.22, 일부개정]" <http://www.law.go.kr/admRulSc.do?menuId=1&query= 건설기술개발%20및%20관리%20등에%20관한%20운영규정#liBgcolor0> (Jan. 08, 2014)

[9] 국가법령정보센터 (2012). "(계약예규) 입찰참가자격사전심사요령 [기획재정부계약예규 제110호, 2012.9.22, 폐지제정]." <http://www.law.go.kr/admRulSc.do?menuId=1&subMenu=1&p=&query=입찰참가자격사전심사요령#liBgcolor0> (Jan. 08, 2014)

[10] 국토교통부 (2011). "턴키, 대안입찰제도 설계심의 절차도." <http://www.molit.go.kr/USR/policyData/m_34681/dtl?id=204> (Jan. 08, 2014)

[11] 국가법령정보센터 (2012). "(계약예규) 정부입찰 · 계약 집행기준 [기획재정부계약예규 제108호, 2012.9.22, 폐지제정]." <http://www.law.go.kr/admRulSc.do?menuId=1&subMenu=1&p=& query=회계예규#liBgcolor0> (Jan. 08, 2014)

[12] 국가법령정보센터 (2013). "건설공사 사후평가 시행지침 [국토교통부고시 제2013-191호, 2013.4.30, 일부개정]." <http://www.law.go.kr/admRulSc.do?menuId=1&query=사후평가#AJAX>

[13] 국민권익위원회(2010). "턴키 및 대안공사 발주방식 제도개선."

[14] 국토교통부(2011). "턴키 입찰비용 절반으로, 국토부 제도개선 추진."

[15] 건설경제 (2011). "턴키 덤핑 경쟁 낙찰률 곤두박질." <http://www.cnews.co.kr/uhtml/read.jsp?idxno=201111071445353640409> (Jul. 25, 2013)

[16] 서울특별시에서는 2012년 "대형건설공사 입찰 및 계약관행 4대 혁신방안"을 발표하여 공정거래위원회로부터 입찰담합으로 확인된 경우 2년간 입찰참가를 제한하기 위해 서울시와 업체 간 상호 서약인 "서울시 청렴계약이행서약서"에 이에 대한 내용을 명시하도록 하였으며, 입찰담합으로 입찰참가자격제한을 받은 업체가 재제조치기간 중 정부의 사면 등을 받아 다시 입찰에 참가한다 하더라도 원천적으로 낙찰을 받을 수 없도록 설계심의 시 적발일로부터 4년간 10점 감점 처리하도록 하였다. 그리고 입찰담합업체에게 정부(공정거래위원회)에서 부과했던 과징금 이외에 서울시가 입은 손해를 배상받기 위한 "손해배상 예정액제"를 도입하였다. 또한 2013년에는 "서울특별시 지방공무원 징계 등에 관한 규칙 일부 개정 규칙안"을 개정, 공무원이 대형 공사 발주 및 낙찰업체 선정과정에서 "입찰 담합 방지 점검표" 작성을 소홀히 하면 견책 이상의 징계를 내릴 수 있는 규정을 신설하였다. 광주시에서도 2012년 뇌물제공과 담합 등 입찰비리 업체에 대해서는 지방계약법상 입찰제한 조항과 별도로 최대 2년간 시 발주공사의 입찰참가를 제한하고, 부정당업체에 대해 손해배상을 청구키로 하고 이를 청렴이행각서와 입찰공고문에 명기하기로 결정하였다. 그리고 실제로 2012년 앞서 이야기한 총인처리시설 설치공사에 담합을 저지른 4개 업체를 대상으로 손해배상 청구소송을 한 상황이다.

4

디자인빌드 발주방식의 미래 내다보기

1 미국의 디자인빌드 발주방식은 어떻게 변화하고 있는가?

1.1 디자인빌드 발주방식의 사용 확대

국내에서는 설계 · 시공일괄입찰방식의 무분별한 발주남용, 낙찰률 과다에 따른 정부 예산 낭비, 입찰참가비용 과다에 따른 대형건설업체 수주 편중, 설계평가위원에 대한 로비의혹 등 각종 문제점에 의해 디자인빌드 발주방식의 사용에 대한 비판이 지속적으로 제기되고 있으며, 심지어 디자인빌드 발주방식의 사용에 대해서 근본적으로 다시 생각해보아야 한다는 주장도 나타나고 있는 실정이다.

반면 미국에서는 발주자 설계 통제권 부재, 진입장벽에 의한 대형업체 독과점 문제 등 디자인빌드 발주방식이 다양한 문제점들을 내포하고 있음에도 불구하고, 단일주체에 의한 설계 · 시공 책임의 일원화, 민간의 창의적인 아이디어 도입, 공기단축 등의 장점을 기반으로 하여 그 사용이 확대되고 있는 추세이다. 2013년 미국디자인빌드협회에서 발주방식별 미국 내 비주거 건설시장의 점유율을 조사한 자료에 따르면, 2005년에는 전체 프로젝트 수주액의 29%에 불과하던 디자인빌드 프로젝트는 2009년 38%까지 증가하였으며, 2010년~2012년 동안 40% 수준을 유지하고 있다. 특히 천만 불 이상의 대형 프로젝트에

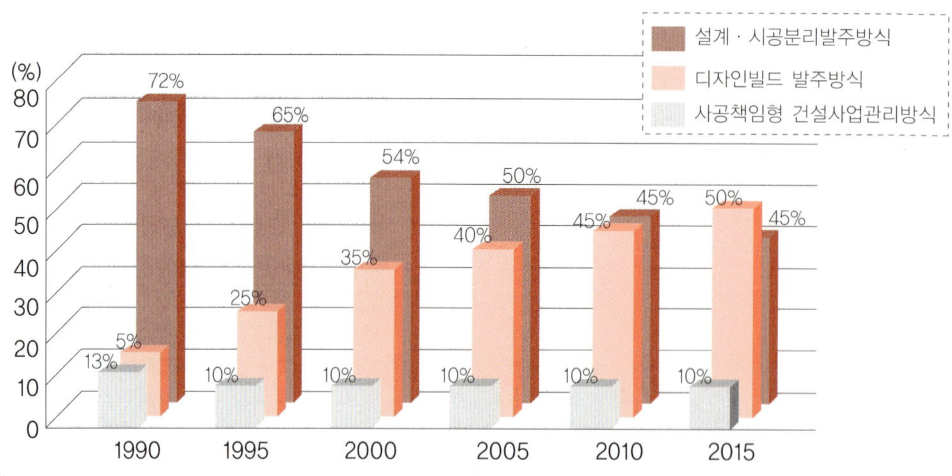

그림 4.1 비주거 건설시장에서의 발주방식별 시장 점유율 예상 추이(미국 디자인빌드 협회 자료 참조)

서 디자인빌드 프로젝트의 시장 점유율은 2005년 37%에서 2009년 49%까지 급격히 증가한 뒤 2010년~2012년에는 52%에 이르는 등 디자인빌드 발주방식은 대형 프로젝트를 중심으로 점차 대중화되어 가고 있다는 것을 알 수 있다[1].

미국디자인빌드협회에서는 [그림 4.1]과 같이 2015년에 이르면 비주거 건설시장에서 디자인빌드 발주방식이 설계 · 시공분리발주방식보다 더 선호되는 발주방식이 될 것으로 예측하기도 하였다. 물론 이는 예상수치였기 때문에 실제 2012년 설계 · 시공분리발주방식의 점유율인 57%와는 차이가 존재한다. 하지만 그럼에도 불구하고 디자인빌드 발주방식의 사용이 점차 증가하고 있다는 점은 부인할 수 없는 사실이다.

미국의 경우, 공공 프로젝트에서 디자인빌드 발주방식을 사용하기에는 많은 제약조건들이 존재하고 있어, 디자인빌드 프로젝트를 발주하는 것이 자유롭지는 못한 상황이다. 하지만 민간부문에서는 상대적으로 발주방식의 선택에 있어 자유로운 편이어서 민간 상업시설, 의료시설 등에서 디자인빌드 발주방식이 활발히 사용되고 있다. 민간에서 디자인빌드 발주방식의 활용이 증가함에 따라 공공부문에서도 디자인빌드 발주방식의 활성화를 목적으로 발주절차와 관련된 법령 및 규제들을 완화시켜 나가고 있다. 실제로 미 교통국(Department of Transportation, DOT), 미 연방조달국(General Services Administration, GSA) 등의 공공기관에서 디자인빌드 발주방식을 사용하는 빈도 또한 증가하는 추세이다.

특히 몇몇 분야에서는 디자인빌드 발주방식의 점유율 증가가 두드러지게 나타나고 있다. 비주거 건축물 중 군사시설부문의 경우, 디자인빌드 발주방식의 점유율이 80%에 이르고 있으며, 토목시설 중에서는 주 고속도로와 같은 도로부문에서 디자인빌드 발주방식의 사용이 눈에 띄게 증가하고 있다. 이 외에도 수처리시설 등 공공시설물에서의 디자인빌드 발주방식의 사용도 증가하고 있는 추세이다. 그리고 사회기반시설 개발의 민영화를 허용한 일부 주(州)의 경우, 디자인빌드 발주방식을 사용한 BOT(Build-Operate-Transfer) 기반의 교통시설물 개발 프로젝트의 수도 증가하고 있다[2][3].

그렇다면 이처럼 미국에서 디자인빌드 발주방식의 사용이 증가하는 이유는 무엇일까?

먼저 책임의 일원화에 따라 발주자가 프로젝트에서 발생 가능한 리스크를 회피할 수 있다는 점이다. 미국의 건설 주간지인 ENR(Engineering News Record)지의 최근 기사에 따르면, 미국의 많은 공공기관에서 프로젝트의 리스크 대부분을 디자인빌더에게 전가시키고자 하는 경향이 있으며 심지어 발주자 측에서 부담하는 것이 일반적인 리스크조차 디자인빌더에게 미루려 하고 있다고 한다[4]. 이처럼 부당한 리스크 전가에도 불구하고, 업체들은 건설경기 악화에 따른 프로젝트 수주 필요성에 의해 마지못해 전가된 리스크를 부담하게 된다고 기사에서는 밝히고 있었다.

둘째, 공공부문, 특히 주(州)의 발주절차 관련 법령들이 디자인빌드 프로젝트를 발주할 수 있도록 변화하고 있다는 점이다. 앞서 2장에서 언급된 자격기반선정방식(Qualification Based Selection, QBS)의 허용이나 디자인빌드 발주방식의 사용이 허용되는 최소 계약금액기준의 축소와 같이 기존에 엄격하던 법령 및 규제들이 점차 완화되어 가는 경향을 보이고 있다는 것이다. 특히 이러한 규제의 완화는 기존의 엄격한 발주절차 관련 규정들이 유연성을 가질 수 있게 된다는 점에서 의미가 크다고 할 수 있다.

셋째, 통합 추구라는 발주자들의 인식 변화를 원인으로 들 수 있다. 발주자들은 프로젝트의 불확실성 증가, 공기단축의 필요성 확대와 같은 환경변화 속에서 설계 · 시공분리발주방식과 같이 참여주체별로 업무와 책임이 분절된 기존의 접근방식이 적합하지 못하다고 인식하게 되었다. 이에 따라 최근 프로젝트 발주자들은 디자인빌드 발주방식과 같이 통합적인 접근방식을 사용하는 것을 선호하는 경향을 보이고 있다.

1.2 통합 추구에 따른 디자인빌드 발주방식의 변화

그렇다면 정말로 사업 참여주체들 간에 통합을 추구하는 접근방식이 프로젝트의 성과에 긍정적인 영향을 미치는 것인가? 이를 확인하기 위해서 미국건설산업연구원(Construction Industry Institute, CII)에서는 복잡성과 불확실성이 크고, 신속성을 요구하는 프로젝트에서 사업 참여주체들이 공동의 이익을 추구하고(Alignment of Interest), 사업 수행 시 참여주체들이 조직적인 통합을 이루었을 경우(Organizational Integration)에 더 좋은 성과를 낼 것이라는 가설을 증명하기 위한 연구를 진행하였다[5].

연구진은 프로젝트의 발주방식이 가지는 특성과 프로젝트가 가지는 특성을 중심으로 19개의 사례들을 분석하였다. 발주방식의 특성 측면에서 연구진은 해당 발주방식에서 프로젝트를 수행하는 팀이 얼마나 통합된 조직구조를 가지는지, 그리고 계약 상에서 공동의 이익을 어느 정도 추구하고 있는지를 조사하였다. 프로젝트의 특성 측면에서는 프로젝트의 복잡성, 불확실성, 그리고 요구되는 신속성에 대해서 조사하였다. 또한 연구진은 프로젝트의 성과를 비용과 일정 측면에서 조사하였다. 프로젝트의 성과는 1점에서 7점까지의 점수로 측정되었다.

사례들을 분석하기 위해서 연구진은 각 사례별로 도전지표(Challenge Index, CI)와 성과지표(Performance Index, PI)를 도출하였다. 도전지표는 앞서 설정한 복잡성, 불확실성, 요구되는 신속성을 측정하여 합산한 결과이며, 성과지표는 프로젝트의 성과와 사업 참여자들 간의 관계 수준을 합산한 결과이다. 즉, 일정과 비용 측면에서 좋은 결과를 보여주거나 사업 참여자들 간의 관계가 좋은 프로젝트가 성과지표에서 높은 점수를 받게 되는 것이다.

연구진은 [그림 4.2]와 같이 각 사례들을 도전지표와 성과지표에 따라 사분면에 배치하고, 각 사분면에서 배치한 사례들의 공동이익 추구수준(Alignment of Interests, AI)과 조직 통합수준(Organizational Integration, OI)의 평균값을 구하였다. 그 결과 성과지

제2사분면	평균값
공동이익 추구수준(AI)	5.1
조직 통합수준(OI)	5.9
참여자 간 관계개선수준(MBM)	5.9

제1사분면	평균값
공동이익 추구수준(AI)	6.5
조직 통합수준(OI)	4.4
참여자 간 관계개선수준(MBM)	5.5

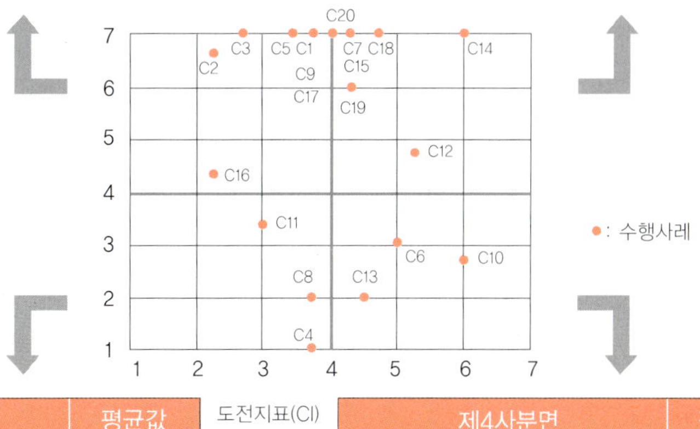

제3사분면	평균값
공동이익 추구수준(AI)	3.0
조직 통합수준(OI)	3.5
참여자 간 관계개선수준(MBM)	0.9

제4사분면	평균값
공동이익 추구수준(AI)	4.0
조직 통합수준(OI)	3.7
참여자 간 관계개선수준(MBM)	4.0

※ 참여자 간 관계개선수준(Manage-by-means, MBM) : 해당 프로젝트가 얼마나 참여자 간 관계개선에 중점을 두는지를 나타내는 점수

그림 4.2 도전지표(CI)-성과지표(PI) 다이어그램

표가 낮은 프로젝트에 비해 성과지표가 높은 프로젝트들이 공동이익 추구수준과 조직 통합수준이 높은 편이라는 것을 알 수 있었다. 반면 성과지표가 4점 이하로 낮은 프로젝트의 경우에는 공동이익 추구수준과 조직 통합수준 모두 또는 적어도 하나는 낮게 나타나고 있다는 것을 알 수 있었다. 이러한 결과는 역으로 공동의 이익을 추구하고 프로젝트 수행조직을 통합하여 운영함으로써 프로젝트의 성능을 개선할 수 있다는 것을 의미한다.

이러한 연구결과는 프로젝트의 복합성, 불확실성이 크고 신속성에 대한 요구가 큰 프로젝트에서 통합된 접근방식을 가질수록 더 나은 성과를 창출할 수 있다는 것을 보여주고 있다. 또한 연구결과를 토대로 앞으로 분절된 접근방식인 설계 · 시공분리발주방식보다 통합된 접근방식인 디자인빌드 발주방식의 사용이 증가할 것이라는 것을 예측할 수 있다.

실제로 최근 미국의 디자인빌드 발주방식은 통합을 추구하는 형태로 발전해 나가고 있다. [그림 4.3]은 미국의 디자인빌드 발주방식의 발주 경향의 변화를 분석한 "프로젝트 정의-패러다임 사분면 모델(Project Definition- Paradigm Quadrant Model)"이다.

미국에서 디자인빌드 발주방식을 도입한 초기에는 발주자들이 디자인빌드 프로젝트에

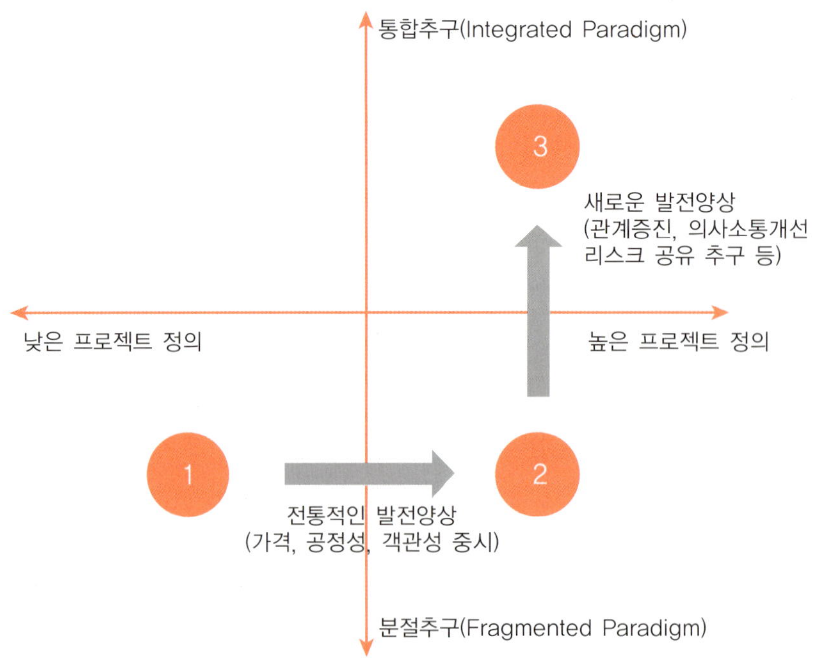

그림 4.3 디자인빌드 발주방식의 발전양상

대한 경험이 부족하였다. 이 당시에는 프로젝트에 대한 정의가 제대로 이루어지지 않았으며, 발주 시 참여주체들 간의 통합이 제대로 이루어지지 못하였다. 디자인빌드 발주방식의 사용이 증가하면서 실무진들의 경험과 각종 연구를 통해 디자인빌드 발주방식의 성과 개선을 위해서는 디자인빌드 프로젝트의 발주 공고 이전에 프로젝트의 정의를 명확하게 내리는 것이 필요하다는 의견이 제시되었다. 그리고 디자인빌드 발주방식의 사용 시, 발주절차 상에서 가격의 합리성, 낙찰자 선정 상의 공정성 및 객관성 등을 중시하는 경향을 보였다.

이러한 노력에 따라 프로젝트의 명확한 정의 여부에 따라 발생하던 다양한 문제들은 점차 감소하고 있으며, 최근에는 통합적인 패러다임을 추구하는 경향들이 새롭게 나타나기 시작하였다. 또한 과거 디자인빌드 발주방식을 사용할 때에 객관성과 효율성을 획득하는 것을 중시하였다면, 오늘날에는 관계의 증진, 의사소통의 개선, 리스크/이익/손실의 공유, 전체 가치의 증가와 같은 주체들 간의 관계를 더 중시하는 모습을 보이고 있다.

1.3 통합발주방식(Integrated Project Delivery)의 등장

디자인빌드 발주방식의 한계와 통합발주방식의 도입

현재 디자인빌드 발주방식은 통합된 접근방식 중 가장 대중적인 방식으로 인지되고 있다. 하지만 많은 실무자들과 연구자들은 디자인빌드 프로젝트에서 사업의 모든 참여자들이 진정으로 공동의 이익을 추구하고 통합을 이루는 것은 어렵다고 이야기하고 있다. 특히 디자인빌드 프로젝트 중 사업 결과에 따른 이익과 손실이 공유되지 않으며 사업 참여자 각자가 자신들의 이익을 추구하는 "경쟁적인 디자인빌드 프로젝트"에서 통합을 추구하는 일은 매우 어렵다고 이야기하고 있다.

디자인빌드 발주방식에서는 건설 프로젝트 가치사슬(Value Chains) 전반에 걸친 통합은 이루어질 수 없다. 따라서 이해관계자들은 각자의 이익을 추구하게 되며, 결과적으로 부분적인 최적화(Local Optimization)만이 가능하며, 이는 곧 생산성이 낮아지는 주요 원인으로 작용하게 된다[6]. 따라서 최근에는 통합의 주체를 발주자, 설계자, 시공자만으로 한정하는 것이 아니라 전문건설업체, 조달업체, 컨설턴트 등 프로젝트의 수행과정에서 주요한 업무들을 수행하고 그에 따른 책임을 지는 주체들까지로 범위를 확장시킬 것을 제안하는 의견들이 나타나고 있다[7]. 이처럼 기존의 분절된 프로세스를 협력 프로세스로 개선하고, 통합된 하나의 팀을 구성하여 공동을 성과를 달성하기 위한 방법으로 통합발주방식이 등장하게 되었다.

통합발주방식의 정의

통합발주방식(Integrated Project Delivery, IPD)의 개념은 2007년 미국건축사협회(American Institute of Architect, AIA) 캘리포니아 위원회(California Council)와 맥그로-힐社(McGraw-Hill Construction)가 발간한 "Integrated Project Delivery: A Working Definition"에서 처음 등장하였다. "Integrated Project Delivery: A Working Definition"에서 정의한 통합발주방식의 개념은 다음과 같다.

통합발주방식(Integrated Project Delivery, IPD)

통합발주방식은 프로젝트 참여주체, 시스템, 사업구조 및 업무를 하나의 프로세스로 통합함으로써 협력을 통한 모든 참여자의 능력과 통찰력을 이끌어내어 건설프로젝트의 기획, 설계, 시공 등 모든 단계에서 프로젝트의 성과를 최적화하고 발주자의 가치를 향상시키며, 낭비요소를 제거하여 효율을 극대화하기 위한 사업수행방식이다.

다시 말해 통합발주방식은 발주자, 설계자, 컨설턴트, 건설업체, 전문건설업체 등 프로젝트의 모든 참여주체들을 단일 계약을 통해 하나의 팀으로 묶어 이익, 목표, 업무의 공동화를 추구하는 사업수행방식이라 할 수 있다.

통합발주방식에서는 사업 참여자 각자가 건설 프로젝트의 각기 다른 분야의 업무들을 개별적으로 수행하는 것이 아니라, 발주자, 설계자, 주요 기술 컨설턴트, 종합건설업체, 주요 전문건설업체 등 주요 팀 구성원들(Primary Team Members, PTM)이 공동으로 하나의 회사에서 업무를 수행하는 것과 같이 전체 업무를 통합하여 수행하게 된다. 사업 참여자들은 프로젝트 초기단계에서부터 자신들이 가진 지식과 경험을 활용하여 프로젝트에 기여하며, 프로젝트 결과에 따른 성과 또는 손해를 자신들이 기여한 능력에 기반을 두어 분배받게 된다. 통합발주방식에서는 발주자와 통합발주 팀 구성원 모두가 하나의 계약을 체결하며, 계약 상의 조건, 요구사항에 대해서 공동으로 책임을 지게 된다[8]. 이처럼 통합발주방식을 사용하여 사업 참여자 간의 통합을 달성할 경우, 프로젝트 수행시간의 단축, 전체 사업비의 절감, 법적 소송 발생 가능성의 감소 등의 이점이 발생한다.

통합발주방식에서 추구하는 통합의 의미

통합이란 "분야나 조직이 다르며, 추구하는 목표, 필요로 하는 것, 조직 문화가 서로 다른 집단들이 공통의 프로세스와 조직 문화를 가지면서 서로 화합하고 도움을 주는 하나의 단위로 합쳐지는 것"을 의미한다[9]. 프로젝트에서 요구되는 통합의 정도는 프로젝트의 불확실성, 복잡성, 신속성의 요구정도에 따라 각기 상이하나, 일반적으로 프로젝트팀이 다음과 같은 상태에 도달하였을 때 진정한 통합을 이루었다고 할 수 있다[10].

- 해당 프로젝트에서 집중해야 할 목표가 하나가 된 경우
- 프로젝트 진행 상에서 다양한 조직의 구성원들 사이에 장벽이 없는 경우
- 구성원들은 서로를 도우며, 성과는 팀을 통해서 공유한다는 것을 보장함으로써 상호간에 이로운 결과를 위해서 함께 작업을 하는 경우
- 모든 구성원들의 집단적인 능력과 전문성을 활용하여 좀 더 정확하게 프로젝트에 소요되는 시간과 비용을 예측할 수 있는 경우
- 정보에 대한 접근을 팀 내에 형성된 특별한 전문가 집단이나 조직으로 제한하지 않고 구성원들 모두가 자유롭게 정보를 공유할 수 있는 경우
- 유연한 조직 구성을 가짐으로써, 프로젝트 진행 도중에 반응하는 변화에 대응이 가능한 경우
- 팀이 새로운 정체성을 가지며 주어진 공동 공간 내에서 같이 위치한 경우
- 프로젝트의 진행과정 상에서 모든 구성원들에게 프로젝트에 기여할 수 있는 동등한 기회를 제공하는 경우
- 팀 구성원들 간의 관계가 공평하고 서로 존중하는 분위기를 가지는 경우
- 비난하는 문화가 없는 경우

통합발주방식을 통한 팀의 통합은 낭비되는 부분을 제거할 수 있고, 프로젝트의 금전적 가치를 높일 수 있는 가능성을 제공하며, 경쟁하는 환경보다 투자 대비 수익이 높다는 장

점을 가진다. 그러나 팀워크의 효율을 증진시켜 목표로 하는 결과를 내는 것은 "적절한" 프로젝트 환경 내에서 "적절한" 방법을 통하여 팀의 통합을 달성할 때에만 가능하다고 할 수 있다[11].

1.4 디자인빌드 발주방식과 통합발주방식의 비교

그렇다면 디자인빌드 발주방식과 통합발주방식은 어떠한 관계가 있는 것일까?

설계와 시공을 하나의 주체에 의해서 수행된다는 점을 고려할 때, 디자인빌드 발주방식과 통합발주방식은 유사한 발주방식이라 볼 수도 있다. 실제로 디자인빌드 발주방식을 옹호하는 사람들은 통합발주방식이 단일 책임을 가지는 점과 설계와 시공을 단일계약으로 체결한다는 점을 근거로 통합발주방식을 디자인빌드 발주방식의 또 다른 유형이라고 이야기하기도 한다. 하지만 통합발주방식과 디자인빌드 발주방식은 아래와 같이 명확한 차이점들을 가지고 있으며, 이러한 점들을 고려할 때 통합발주방식을 디자인빌드 발주방식이 아닌, 새로운 접근 방식으로 보는 것이 적합할 것이다.

발주자의 프로세스 참여 여부

[그림 4.4]는 일반적인 디자인빌드 발주방식, 확장된 형태의 디자인빌드 발주방식, 통합발주방식의 참여주체들 간의 관계를 그림으로 도식화한 것이다.

일반적인 디자인빌드 발주방식에서는 보통 종합건설업체가 주계약자로서 발주자와 디자인빌드 계약을 체결하고, 설계자 및 협력업체들과 하도급 계약을 맺게 된다. 일반적인 디자인빌드 발주방식에서 좀 더 통합을 추구한 방식인 확장된 형태의 디자인빌드 발주방식(Integrated Design-Build)의 경우에는 기존 종합건설업체에 설계자, 전문건설업체, 컨설턴트 등이 추가로 합류하여 하나의 팀을 형성한 뒤 발주자와 계약을 체결하고 의사소통과 협력을 바탕으로 성과와 보상을 공유하게 된다. 마지막으로 통합발주방식에서는 여기에 발주자까지 같은 팀의 구성원이 되어 함께 협력하여 사업을 진행하게 된다.

따라서 통합발주방식에서 발주자는 설계사, 시공사, 협력업체 등과 동등한 프로젝트팀의 일원으로서 프로젝트의 기획, 계획, 설계, 시공 등 모든 단계에 참여하며, 성과에 대한 이익도 함께 공유하게 된다. 반면 디자인빌드 발주방식에서 발주자는 사업의 모든 권한을

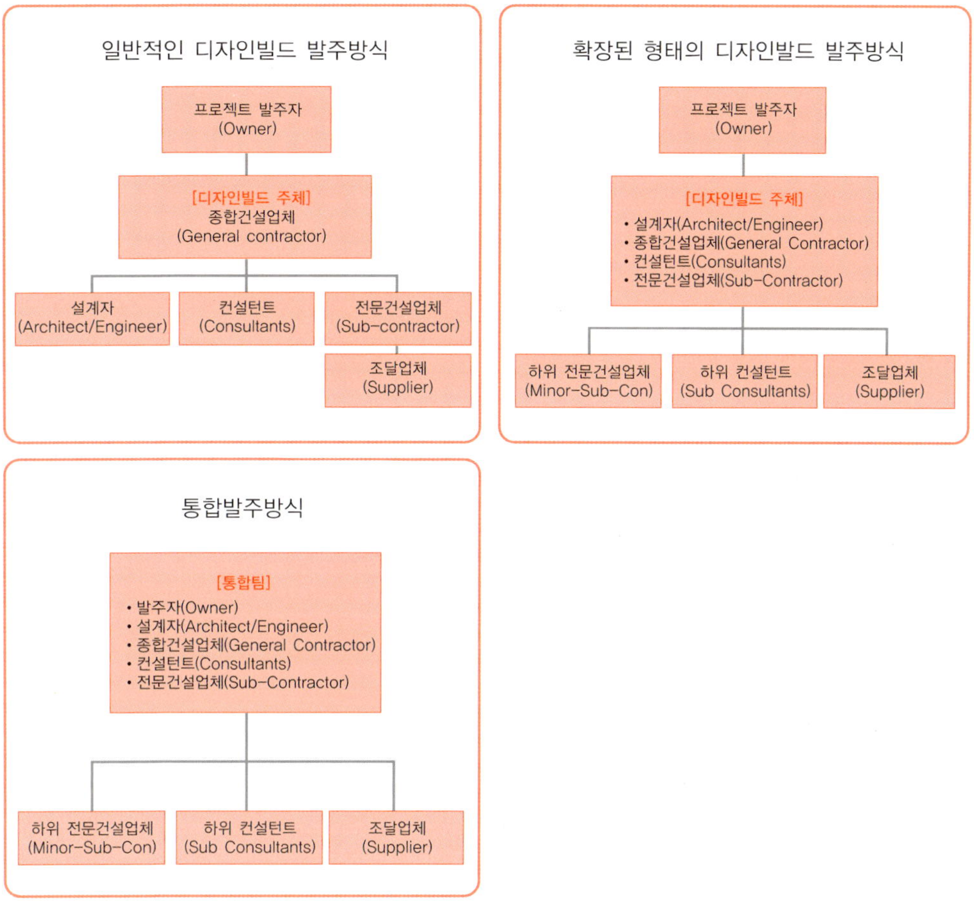

그림 4.4 디자인빌드 발주방식과 통합발주방식에서의 참여주체 간의 관계

갖고 있는 주인으로서의 역할이 강하며, 사업진행에 깊게 개입하는 것이 아니라 디자인빌더의 주계약자와의 실무적인 의사소통만을 가질 뿐 타 주체와의 실질적인 의사소통은 거의 이루어지지 않는다는 차이점이 존재한다.

계약 상 차이

디자인빌드 발주방식에서는 주계약자와 발주자 간의 계약이 이루어진 후 주계약자가 협력업체들과 하도급 계약을 체결하는 반면, 통합발주방식에서는 프로젝트에 참여하는 각각의 주체들이 다자 간 계약(Multi-Party Agreement)을 체결하며, 목표와 성과에 대한 공유가 명확히 이루어진다. 다시 말해 디자인빌드 발주방식에서는 발주자와 하도급계약자 간의 직접적인 협력관계가 없는데 비해, 통합발주방식에서는 모든 주체가 협력체로 움직일 수 있다는 점이 다르다.

리스크의 공유 여부

디자인빌드 발주방식과 통합발주방식의 가장 큰 차이 중 하나로 리스크와 이익의 분배 여부를 들 수 있다. 디자인빌드 발주방식에서는 사업에 참여하는 주체들이 각자 자신들의 이익을 추구하며, 리스크 또한 사업에 참여하는 주체별로 나누어 배분된다. 반면, 통합발주방식에서는 단일팀에 의한 공동 목표 달성을 전제로 하기 때문에 성과에 대한 이익 및 리스크 분배가 모든 주체에게 공동으로 돌아간다. 이러한 구조는 통합발주방식 프로젝트에 참여하는 모든 주체가 보다 책임감을 갖고 업무에 몰입할 수 있는 환경을 제공하게 된다. 이를 위해 노력의 결과에 대해 투명하게 공개하고 성과를 명확하게 구분할 필요가 있다.

앞서 살펴본 것처럼 미국 내 건설시장의 환경과 발주경향의 변화를 고려할 때, 통합을 강력하게 추구하는 발주방식인 통합발주방식의 사용은 점차 확장될 것으로 보인다. 실제로 의료시설부문에서는 이미 통합발주방식을 캐피탈 프로젝트(Capital Project)에 도입하여 사용하고 있는 상황이다. 하지만 공공 프로젝트에서는 디자인빌드 발주방식의 도입을 위한 노력이 조금씩 활성화되고 있는 실정이므로, 통합발주방식의 전격적인 도입은 어려움이 따를 것으로 보인다. 대신 샌프란시스코에 위치한 캘리포니아 대학의 의료시설인 미션 베이 UCSF 의료시설의 사례와 같이 발주방식은 기존의 발주방식을 사용하되 계약상에서 사업 참여자들 간의 협력적 계약관계를 적용하여 협력을 증진시키는 방안을 채택할 수는 있을 것이다[12]. 통합발주방식은 디자인빌드 발주방식과 달리 발주자가 설계 과정에서 적극적으로 참여하여야 하며, 더 많은 리스크를 부담하여야 하므로, 추후 미국 건설시장에서 통합발주방식이 디자인빌드 발주방식을 대체할 수 있을지에 대해서는 아직 확신할 수는 없다. 하지만 통합의 필요성이 강조되는 현재의 상황을 고려할 때, 디자인빌드 발주방식과 함께 주요한 발주방식 중 하나로 성장할 수 있을 것으로 보인다.

2 국내 디자인빌드 발주방식의 미래는 어떤 모습일까?

2.1 기존의 개선 노력과 한계

국내 공공사업에서 디자인빌드 발주방식에 해당하는 설계 · 시공일괄입찰방식이 도입된 것은 1977년 「대형공사계약에 관한 예산회계법 시행령 특례규정」에서 설계 · 시공일괄입찰방식의 적용을 허용하면서부터이나, 실제 설계 · 시공일괄입찰방식의 사용이 활성화된 것은 1996년 건설기술발전 및 공공사업 효율성 제고 등을 목적으로 "턴키공사 활성화 대책"과 같은 각종 정부시책들이 발표된 이후부터라고 할 수 있다. 1998년 외환위기 이후 국내 건설경기 악화에 따라 수주경쟁이 과열됨에 따라 국토교통부에서는 설계 · 시공일괄입찰방식 대상공사의 구체화, 설계심의의 공정성 및 투명성 확보, 설계심의 과정의 전문성 확보 등 설계 · 시공일괄입찰방식의 개선을 목적으로 앞서 "3.2 설계 · 시공일괄입찰방식의 도입배경과 변천사"에서 설명한 것과 같이 지속적인 개선 노력을 기울이고 있다.

또한 국내 건축 · 토목 학계에서도 설계 · 시공일괄입찰방식에 대한 연구를 진행하여 다양한 개선방안들을 제시하고 있는 실정이다. [표 4.1]은 개선방안 도출을 위해 진행된 기존의 연구들은 정리한 것이다. 연구에서 제안한 개선 방안들을 세부적으로 살펴보면 설계심의과정에서 발생하는 투명성, 공정성, 전문성 확보에 대한 내용과 낙찰자 결정방식에 대한 개선안이 주를 이루고 있으며, 그 외에도 발주청의 발주역량 강화, 기본설계 수준의 설계안 제출, 가격 담합 방지를 위한 처벌 강화, 계속비 예산 확보를 통한 공기단축 실효성 확보 등의 내용이 제시되었다.

하지만 이러한 노력들에도 불구하고 담합, 입찰비리, 공적자금의 낭비, 독과점 현상 등의 문제들을 해결하지 못하고 있어 설계 · 시공일괄입찰방식의 실효성에 대한 논란마저 제기되고 있는 실정이다.

표 4.1 디자인빌드 발주방식 개선을 위해 수행된 기존 연구

연구진 (년도)	연구 및 논문 제목	연구 내용
이교선 외 (2001)	턴키제도 시행성과와 장기발전 전략연구	• 디자인빌드 발주제도 전반에 대한 개선방안을 단기, 중기, 장기로 구분하여 제시하였음 • 설계심의개선, 낙찰자 선정방식의 개선, 설계평가위원 인력풀제 확대, 대형공사 입찰방법 심의기준 개선, 대형공사 공사계약 일반조건의 제정, 계속비 예산 확보를 통한 설계 · 시공병행기법(Fast-Track)의 확대시행 등이 제안되었음
이양규 외 (2005)	토목공사 수주현황 분석을 통한 턴키 · 대안입찰제도의 문제점 및 개선방안 연구	• 토목공사의 수주현황을 분석하고 디자인빌드 발주제도와 대안입찰제도의 현황분석을 통해 문제점과 개선방안을 제시함 • 설계평가심위원회 개선방안, 중견업체 참여유도 방안, 설계내용 보상방안 등을 제시함
이양규 외 (2005)	토론방식에 의한 턴키 · 대안 설계심의 방식의 문제점 및 개선방안	• 디자인빌드 발주제도와 대안입찰제도에서의 설계심의운영 제도 및 낙찰률에 대해 분석하고, 공개토론방식에 의한 설계심의 개선방안을 제시함
현창택 외 (2006)	턴키공사방식의 성과평가에 관한 연구	• 국내외 디자인빌드 발주체계 및 현황을 분석하고 성과평가와 관련된 연구를 사업기간, 사업비용 등의 정량적 분석과 성능 및 기술개발 등의 정성적으로 분석하여 발전방안을 도출함
현창택 외 (2006)	설계 · 시공일괄입찰사업에서의 패스트트랙 성공요인에 관한 연구	• 국내 디자인빌드 발주제도에서의 설계 · 시공병행기법을 사용한 프로젝트의 현황을 분석하고, 설계시공병행기법 사용 시 성공요인을 도출함
이양규 외 (2007)	턴키대안 건설공사의 입찰 및 설계심의제도 개선방안	• 디자인빌드 발주제도, 대안입찰제도의 절차와 설계심의 운영제도에 대하여 설명하고, 문제점 및 개선사항을 설계심의방식을 중심으로 제시함
이승우 (2007)	턴키입찰 설계심의제도의 공정성 개선방안	• 설계심의제도의 공정성과 투명성 문제를 제시하며, 설계심의의 제과정에 대한 개선방안을 설계심의 이전단계, 설계심의단계, 이후단계로 구분하여 제시하고, 상설설계심의기구의 설치의 필요성을 제시함
이교선 외 (2008)	턴키제도 개선방안 연구 (2차년도 최종보고서)	• 디자인빌드 발주제도 전반에 대한 개선방안을 단기, 중기, 장기로 구분하여 제시하였음 • 턴키공사 대상선정 및 평가 기준 수립, 입찰방법 심의기준 및 운영규정 정비, 평가매뉴얼 정비, 낙찰자 결정방법 선정 가이드라인 수립 등을 제시함
박환표 외 (2010)	설계 · 시공일괄 및 대안입찰공사의 설계심의제도 개선방안	• 디자인빌드 발주제도와 대안입찰제도의 현황 및 관련법령을 분석하고, 설계심의 운영상 지적되고 있는 문제점과 그에 대한 개선방향을 제안함
이종엽 외 (2010)	설계 · 시공일괄입찰설계심의 평가 개선방향에 관한 연구	• 실무자 중심의 설문조사를 통해 설계심의 이전단계, 설계심의단계, 심의이후단계의 문제점과 개선방안 도출
박홍태 외 (2011)	턴키 · 대안입찰 설계심의 및 평가제도의 개선방안	• 2010년 개선안에 따른 변경사항들을 정리하여 제시 • 설계심의위원의 전문성, 도덕성, 책임감 제고를 위한 방안이 여전히 필요할 것으로 제시하고 있으며, 발주청의 발주역량 강화를 위한 대책수립의 필요성을 제시함

연구진 (년도)	연구 및 논문 제목	연구 내용
최민수 외 (2012)	턴키 심의 및 낙찰자 결정 방식의 개선 방안	• 설계심의제도와 낙찰자 결정방식을 중심으로 문제점을 도출하고 개선 방안을 제시함 • 설계심의와 관련하여 발주기관 중심의 심의체계 정비, 외부 심의위원의 선정 과정에서의 투명성, 질적 검증, 평가항목 및 배점의 다양화를 통한 평가 시 프로젝트 특성 반영 허용, 설계심의 기간 확대 등을 제안하였음 • 낙찰자 결정방식과 관련하여 2단계 평가방식의 도입, 가격평가 점수의 차등 폭 축소, 종합평가에 의한 낙찰자 결정 등을 제안하였음

2.2 국내 디자인빌드 발주방식의 전망

앞서 언급한 설계 · 시공일괄입찰방식의 사용과 관련된 문제들로 인해 오늘날 국내 디자인빌드 발주방식에 해당하는 설계 · 시공일괄입찰공사의 발주는 급감하고 있으며, 기존에 설계 · 시공일괄입찰방식의 발주되던 공사들도 기술제안입찰방식으로 대체되는 추세를 보이고 있다. 그러나 이는 현행 설계 · 시공일괄입찰방식이 가지는 문제점에 대한 대응의 형태로 나타나는 단기적이고 일시적인 흐름으로 판단하는 것이 바람직하다. 세계적인 흐름에 맞추어 볼 때 국내 설계 · 시공일괄입찰공사의 발주는 중장기적으로 지속적으로 증가할 것으로 예측된다.

국내에서 설계 · 시공일괄입찰방식이 지속적으로 확대될 것으로 예측할 수 있게 하는 요인으로 다음과 같은 사항들을 들 수 있다.

첫째, 많은 전문가들이나 해외 사례의 전망 및 예측자료에서 전통적인 설계 · 시공분리 발주방식의 축소와 디자인빌드 방식의 확대를 예측하고 있다는 점이다. 앞서 언급한 바와 같이 미국 내 디자인빌드 시장 규모는 2005년 이후 급증하여 2012년 38%를 차지하고 있는 것으로 조사되었다. 이러한 현황과 함께 국내 시장에서 설계 · 시공일괄입찰방식이 2009년에는 발주금액의 31.1%에 달한 사실을 볼 때, 국내 시장에서도 50%까지의 확대 예측은 어렵겠지만 40% 수준으로 확대될 수 있는 여지는 충분히 있는 것으로 판단할 수 있을 것이다.

둘째, 단일한 계약주체에 의한 계약의 명확성, 발주자의 리스크 최소화 및 사업관리 편의성 등의 장점은 다양한 발주방식 중에서 디자인빌드 발주방식의 선호도를 더욱 높일 수 있는 요인이 된다. 시공책임형 건설사업관리방식, 통합발주방식 등 프로젝트가 제시하는 최고가치 추구를 위해 사용가능한 다양한 발주방식들이 앞으로도 계속 활용되겠지만, 이러한 발주방식들은 아직까지 공공공사에서 적용하기에는 여건이 조성되어 있지 않다는 측면에서 국가계약법 등 공공공사에 명시적으로 규정되어 있는 설계 · 시공일괄입찰방식은 전통적인 설계 · 시공 분리입찰방식을 대체할 수 있는 현실적인 대안이라 할 수 있다.

셋째, 디자인빌드 발주방식은 공기단축적(Time-Saving)이며 비용효율적(Cost-Effective)인 발주방식으로 발주자 및 디자인빌더의 이익이 타 발주방식에 비해 상대적으로 높다는 점이다. 점차적으로 무조건적인 가격경쟁이 가지는 품질의 한계를 발주자가 인식하고 합리적인 가격경쟁 유도와 비가격요소에 대한 평가를 확대해나가는 흐름에서 프로젝트의 공기와 비용, 그리고 이에 따른 품질 확보에 대한 합리적인 선택, 발주자가 목적하는 종합적이고 적정한 가치에 부합하고자 하는 노력들이 증가하고 있다. 공기단축의 측면에서는 이론의 여지가 없지만, 비용 측면에서 최저가낙찰제도와 비교하여 발생하는 낙찰률의 차이는 디자인빌드방식이 가지는 디자인빌더에 대한 위험비용과 공기단축에 의한 시설물 운용기간의 조기화에 따른 이익의 조기회수 측면에서 충분히 상쇄될 수 있는 가치를 가지고 있다고 할 수 있다.

넷째, 불법과 비리 문제는 디자인빌드 등 발주방식의 문제가 아닌 그 나라의 사회 · 문화적 수준에 따라 발생되는 문제라는 점에 대하여 공통된 인식이 증가하고 있다는 점이다. 발주방식은 발주자가 원하는 최종시설물을 가장 효율적으로 확보하기 위한 공사수행방식이자 최적의 공사수행자를 선정하는 입낙찰방식이라는 점에서 이 과정에서 발생하는 비리 등은 발주제도가 아닌 별도의 법체계에서 다루어야 할 사항이다. 따라서 불법과 비리의 지속적인 축소를 위한 다양한 노력이 병행되어야 하겠지만, 이 사항이 발주제도의 사용이 인위적으로 억제하는 요인이 되는 것은 바람직하지 않다.

2.3 디자인빌드 발주방식의 발전을 위한 향후 변화방향

국내 설계 · 시공일괄입찰방식은 정부정책에 따라 부침이 있을 수 있지만 장기적으로는 지속적인 확대가 예상된다. 장기적으로 국내 디자인빌드 발주제도를 미국과 같이 통합을 중시하는 방향으로 변화시켜 나가야 하는 것도 필요하겠으나, 우선적으로 제도의 지속적인 발전을 위해서는 제도의 글로벌스탠다드화, 디자인빌드 제도 운영여건 조성, 담합과 비리의 차단이라는 핵심적인 요인이 선행되어야 할 것이다. 국내에서 설계·시공일괄입찰방식을 도입한 이후 지금까지 디자인빌드 발주제도의 글로벌스탠다드화를 위하여 낙찰자 선정방식의 다양화, 설계심의기준 및 절차의 개선, 설계심의 전문화 등을 지속적으로 추진하여 형식적인 측면에서는 많은 개선이 이루어져왔다. 그러나 아직까지 내용이나 운영적인 측면에서 한계를 가지고 있는 것이 현실이다. 따라서 다음과 같은 사항들에 있어서 제도 개선이 지속적으로 추진될 필요가 있다.

첫째, 발주자와 디자인빌더 간 리스크 분담에 대해 합리적으로 논의하고 이를 계약적으로 명문화하는 과정이 정착되어야 한다. 선진국과 달리 국내의 경우 발주자가 책임을 져야 할 사항에 대해서도 건설업체에게 이를 전가시키는 경향이 강하다. 이러한 국내의 환경은 국내 디자인빌더들의 해외시장 진출 시 계약 및 클레임 역량 확보를 저해시키고 수익률을 하락시키는 요인이 될 수 있다. 따라서 제도의 글로벌스탠다드화 측면에서 리스크에 대한 발주자와 디자인빌더 간 적정한 분담은 합리적인 계약문화 조성의 핵심이 될 수 있을 것으로 판단된다.

둘째, 공사 리스크 및 변동사항을 최소화하기 위해 사업 요구조건의 구체화 수준이 보다 강화되는 방향으로 발주 문화가 변화돼야 한다. 디자인빌더는 발주자의 구체적인 요구조건을 토대로 공사수행과정에서 발생 가능한 리스크 요인, 수익성에 대한 적정성 판단을 수행하고 적절한 공법, 일정, 자원을 활용한 공사수행계획을 수립할 수 있다. 발주자의 입장에서도 구체적인 사업요구 조건을 기준으로 디자인빌더가 제안한 설계자료와 공사수행계획을 평가하는 것이 효율성과 공정성 확보에 유리하다. 아울러 계획수립, 개념설계 등 초기 설계단계에서부터 디자인빌더가 발주자의 요구조건을 고려할 수 있도록 입찰안내서의 내용이 보다 상세화 되어 제공되는 형태로 제도적 보완이 이루어져야 할 것이다.

셋째, 발주자는 국내 설계·시공일괄입찰방식의 입낙찰제도의 글로벌스탠다드화를 추진하고 계약적 엄격성을 강화해 나가야 한다. 현행 가중치 방식만으로는 프로젝트에 적합한 낙찰자를 선정하는데 한계가 있다. 프로젝트의 특성에 맞게 확정가격 최상설계방식, 설계적합 최저가방식 등 다양한 낙찰자 선정방식을 적용해야 한다. 그리고 필요할 경우는 선진국에서 활용되고 있는 2단계 입찰방식을 도입하여 합리적인 경쟁여건을 갖추어 나갈 필요가 있다. 또한 발주자와 디자인빌더 간 리스크에 대한 할당 매트릭스를 입찰도서 및 계약서에 포함시켜 디자인빌더가 본인 부담의 리스크를 가격제안 시 적절하게 반영할 수 있는 여건을 조성하여야 한다.

넷째, 발주자는 입찰자가 제안하는 가격에 대한 검토를 보다 세밀하고 전문성 있게 수행해야 한다. 지금까지 설계·시공일괄입찰방식에서는 입찰자 사유에 의한 설계변경이 금지되는 제도적 특성으로 인해, 발주자 측에서 가격입찰의 적정성 검토 필요성을 느낄 필요가 없었고, 총액으로 환산되는 가격점수에서만 의미를 부여하는 경향이 있어 왔다. 이로 인해 수주고 확보를 위해 저가로 입찰한 업체들이 가격점수를 통해 기술점수의 열세를 만회하고 최저가낙찰제도보다 더 낮은 낙찰률로 낙찰을 받는 문제가 발생하기도 했다. 상식을 벗어난 낮은 가격으로 프로젝트가 낙찰되었을 때, 발주자가 인도받게 될 상품의 질이 설계조건대로 보장되지 않을 수 있으며, 공사수행 과정에서도 디자인빌더의 타절, 클레임, 안전사고 등 가격불균형에서 기인하는 수많은 리스크를 발주자가 감수해야 한다. 따라서 입찰자가 제안한 기술제안 항목이 수행되기 위한 적정한 가격이 산정되었는지에 대해 발주자가 검토하고 평가하는 절차가 강화되어야 한다. 이런 프로세스 개선을 통해 설계조건과 부합되지 않는 가격을 제안한 디자인빌더가 낙찰자에 선정되는 제도적 허점을 보완할 수 있을 것으로 기대된다.

다섯째, 입찰자의 기술제안에 대한 평가 시 프로젝트 범위에 대해 명확히 인지하고 합리성을 강화해야 한다. 일반적으로 짧은 시간 안에 설계심의가 이루어지는 관계로 설계심의에 참여하는 심의위원들은 발주자의 요구조건에 대한 충분한 검토를 하지 못하거나 구체적이지 못한 발주자의 요구조건들로 인하여 디자인 중심으로 또는 탁월한 성능을 제시한 설계 위주로 가중치를 주는 평가를 수행할 수 있다. 그러나 요구조건과 관계없는 구조물의 미적인 아름다움을 추구하거나, 요구성능의 수 배에 달하는 품질을 실현하는 것이 프로젝트의 비용-효율성 측면에서 바람직한 현상은 아니다. 발주자는 앞에서 언급한 것처럼 프로젝트 요구조건을 보다 구체화하여 적기에 공지하고, 디자인빌더는 기술제안의 범위를 요구조건에 맞게 한정시키며 제안하고, 발주자는 요구조건의 범위를 벗어나는 기술제안은 평가 시 점수에 반영이 되지 않도록 평가프로세스를 보완해 나가며 서로 간의 균형을 찾기 위한 노력을 지속적으로 수행해야 할 것이다.

여섯째, 디자인빌드 발주제도의 운용 성과 극대화를 위한 재무적 제도운영 개선도 병행되어야 한다. 국내 설계·시공일괄공사에서 공기 지연을 발생시키고 설계·시공병행기법의 적용을 어렵게 하는 계약적 요인으로서, 관행적으로 이루어지는 장기계속계약제도의 적용을 규정적으로 차단해야 한다. 사전에 확보된 공사비를 토대로 설계 · 시공병행기법 또는 인센티브 등의 유인책을 통해, 디자인빌더가 보유한 우수한 기술력과 사업관리역량을 충분히 발휘할 수 있도록 여건을 조성해 주어야 할 것이다. 이런 활동의 결과로 해당 프로젝트의 공기단축, 원가절감의 가시적 효과가 나타날 것이며, 발주자와 디자인빌더 간 창의적 협업을 통한 사업관리역량제고가 부수적으로 확보되어 우리 건설산업문화 성숙에 기여할 것이다. 이를 위해 국토교통부와 기획재정부 간 다양한 토의와 제도적 협업이 필요할 것이다.

마지막으로 입낙찰과정에서 발생되는 담합과 비리를 차단하고, 제도 자체의 신뢰를 회복하기 위한 발주자와 디자인빌더 양자 간의 진정성 있는 노력이 전제되어야 한다. 지금까지 정부는 설계 · 시공일괄입찰방식과 관련하여 투명성을 제고하기 위한 수많은 제도적 노력을 기울여왔다. 그러나 제도적 개선사항들이 또 다른 편법을 만들어내고 국내 디자인빌드 발주방식의 왜곡을 심화시켜 발주제도의 기본원칙을 상실시키는 요인이 되어왔다. 이런 현상은 디자인빌드 발주제도의 문제라기보다 제도 운영을 위한 우리의 사회 · 문화적 수준이 아직까지 선진국의 수준에 미치지 못함을 의미하는 반증이라고 많은 사람들에 의해 지적되었다. 그러나 해외 유수의 프로젝트를 수주하고 성공리에 수행한 국내 기업들의 저력을 볼 때, 단순히 작금의 상황이 국내 의식수준이 저급해서 생긴 문제라기보다는 편안하고 익숙한 코리안스탠다드에 안주한 영향이라고 보는 것이 더욱 타당할 듯하다. 글로벌 시대의 경쟁에서 살아남기 위해서는 발주자와 디자인빌더 양자 모두가 의식적으로라도 국제적 수준의 윤리 수준을 갖기 위해 노력해야 한다. 학연, 지연, 혈연을 활용하여 편하게 접근하려는 생각 이전에, 경쟁자보다 윤리적으로 우수한 것을 경쟁력으로 생각하고 발주자의 요구조건, 프로젝트의 특성을 분석하고 연구하는데 노력을 기울이는 것이 디자인빌더의 자세이다.

그리고 앞서 언급한 다른 대안들에서와 마찬가지로 제도의 신뢰성과 투명성 확보를 위해서는 발주자의 역할이 가장 중요하다. 심의과정에 참여하는 구성원들의 윤리강령 준수를 강화하고, 투명성 있고 신뢰할 수 있는 디자인빌더를 선별하여 인센티브를 제공하는 등 제도적 유인책을 마련해야 한다. 또한 평가의 실무적 전문성이 강화되고 모호한 부분이 최소화 되어야 부정이 끼어들 여지가 적어진다. 따라서 기술, 가격에 대한 심의 전문성을 제고하기 위한 방안을 발주자는 지속적으로 고민해야 할 것이다. 모든 걸 디자인빌더에게 떠넘기면 되는 "턴키제도"에서 왜 이렇게 까지 해야 하는가 불평하는 발주자가 있을 수도 있다. 이에 대한 답은 다음과 같다. 디자인빌드 발주제도와 평가제도는 여타의 국내 발주제도에도 큰 영향을 주고 있으며, 발주자의 혁신 노력이 결과적으로 적절한 가격, 좋은 품질의 공공재를 국민에게 공급할 수 있는 길이기 때문이다.

참 조

[1] Design-Build Institute of America (2013). "DESIGN-BUILD PROJECT DELIVERY MARKET SHARE AND MARKET SIZE REPORT." <http://www.dbia.org/resource-center/ Documents/rsmeansreport_2013rev.pdf> (Aug. 28, 2013)

[2] 미국의 연방도로관리청(Federal Highway Administration, FHWA)에 따르면 미국의 33개의 주와 1개의 자치구에서는 교통시설물에서 민간협력사업(Public-Private Partnerships, PPP)을 통한 개발을 허용하고 있다.

[3] National Conference of State Legislatures (2012). "Appendix B of the P3 Toolkit." <http://www.ncsl.org/documents/transportation/PPPTOOLKIT-AppendB.pdf> (Jul. 25, 2013)

[4] Tulacz, G. (2012). "Top 100 Project Delivery Firms." Engineering News Record (ENR), 266(16), pp. 23-31.

[5] Ballard, G. and Kim, Y. (2012). "Innovative Project Delivery: Starting from Scratch.", Research Report 271, Construction Industry Institute, Austin, TX.

[6] Construction Management Association of America (2010). "Integrated Project Delivery: an Overview." <http://charlesthomsen.com/essays/IPD%20summary.pdf> (Jul. 25, 2013)

[7] Ballard, G. (2006). "Rethinking project definition in terms of target costing." Proceedings of the 14th annual Congress, International Group for Lean Construction, Santiago, Chile, July, pp 77-90.

[8] Matthews, O., Howell, A. (2005). "Integrated Project Delivery: an example of relational contracting." Lean Construction Journal, 2(1), pp. 46-61.

[9] Baiden, B.K. and Price, A.D.F. (2011). "The effect of integration on project delivery team effectiveness." International Journal of Project Management, 29(2), pp. 129-136.

[10] Baiden, B.K., Price, A.D.F., Dainty, A.R.J. (2006). "The extent of team integration within construction projects." International Journal of Project Management, 24(1), pp. 13-23.

[11] Egan J. (1998). "Rethinking construction." Construction Task force, London: UK, Retrieved July 8, 2010 <http://www.architecture.com/Files/RIBAHoldings/PolicyAnd Interna tionalRelations/Policy/PublicAffairs/RethinkingConstruction.pdf> (Jul. 25, 2013)

[12] University of California, San Francisco (2013). "Building with a Purpose." <http://mission bayhospitals.ucsf.edu/our-facilities/building-purpose> (Jul. 25, 2013)

별첨1: 디자인빌드 프로젝트의 수행사례

1 도입

본 부록에서는 미국에서 디자인빌드 발주방식으로 수행된 11개의 프로젝트 사례들을 통해 디자인빌드 발주방식이 가지는 특징과 프로젝트의 성공적인 완수를 위해 고려해야 할 사항들을 살펴보고자 한다. [별첨1 표1]은 전체 사례들을 개략적으로 파악할 수 있도록 11개의 사례들을 공사부문별(공공/민간), 공사유형별(건축/토목/플랜트), 성공여부별로 분류한 것이다. 이처럼 분류별로 다양한 사례들을 통해 디자인빌드 프로젝트를 이해하는 데 도움을 주고자 하였다.

별첨1 표1 디자인빌드 프로젝트 사례

사 례	부 문	유 형	성공/문제발생
Deep Water Marine Outfall Pipeline Project	공공	토목	성공
Morris Foreman Sewage Plant	공공	플랜트	성공
Corona Car Wash Facility	공공	건축/토목	성공
Greenville County Procurement Process	공공	건축/토목	문제발생
Central Heat/Power Plant, Alaska	공공	플랜트	문제발생
Krispy Operation Facility	민간	플랜트	성공
Bellevue Children's Hospital	민간	건축	성공
Underground Mine	민간	건축	문제발생
Automobile Dealership	민간	건축	문제발생
Treweeek (Tennis)	민간	건축/토목	문제발생
AGGrow	민간	플랜트	문제발생

2 성공한 공공프로젝트 사례

2.1 Water Marine Outfall Pipeline Project[1]

배경

워싱턴 주 킹카운티의 폐수처리부서(Wastewater Treatment Division, 이하 WTD)는 시애틀 근방인 북동부 지역의 하수처리를 담당할 새로운 하수처리장을 건설하고자 하였다. 이 새로운 하수처리장은 규모 36MGD의 대규모 처리장과 푸젓 사운드(Puget Sound) 만에 폐수를 방출하는 4개의 터널 구간으로 구성된 13마일(약 20Km)의 수송시스템(Conveyance System)으로 되어있었다.[2] 발주처에서는 프로젝트의 규모가 크다는 점을 고려하여 해당 프로젝트를 프로그램 형식으로 진행하기로 하였다. 즉, 전체 프로젝트를 다수의 하부 프로젝트들로 구성하고, 각 프로젝트의 특성에 맞춰 다양한 발주방식을 사용하도록 한 것이다. 발주처는 설계 · 시공분리발주방식으로 발주한 기존 프로젝트에서 공기지연, 설계변경 등의 문제들이 발생한 점을 고려하여, 이번 프로젝트는 디자인빌드 발주방식으로 발주하게 되었다.

발주과정

(1) 발주 전 계획단계

발주 전 계획단계에서는 플랜트의 규모 및 위치, 수송시스템의 위치 등을 선정하는 작업이 이루어졌다. 디자인빌드 발주방식에서는 발주 전 기본적인 개념설계나 설계의 10% 정도만 설계를 진행을 하는 것이 일반적이나, 본 프로젝트에서는 30% 정도까지 설계를 진행하였다. 이는 앞서 1장의 4.2절에서 소개한 가교방식(Bridging)을 적용한 디자인빌드 발주방식이라고 할 수 있다. 이처럼 가교방식을 활용함으로써 제안요청서의 배포 전에 배수구(Outfall)가 놓이게 되는 수중지역을 담당하는 기관인 워싱턴 주 천연자원관리부서(Department of Nature Resources, DNR)와 충분한 의견 조율이 가능하였다. 발주처는 발주 전 계획단계에서 지역의 엔지니어링 회사들을 통하여 사전에 지질조사작업을 실시함으로써, 공사 관련 지질정보의 불확실성을 많이 해소할 수 있었다. 이처럼 불확실성을 줄이면 프로젝트 전체의 리스크가 줄어들어 추후 발주단계와 입찰단계에도 영향을 미치게 된다[31].

(2) 허가단계

발주처는 발주 전 계획단계에서 환경조사를 통하여 자격심사요청서(Request for Qualifications, RFQ)와 제안요청서를 발행하기 전에 주요한 허가들을 미리 받을 수 있었으며, 이를 통해 허가를 받기 위해 필요한 시간과 노력에 대한 불확실성을 없앨 수 있었다. 물론 이러한 허가는 설계가 확정된 상태에서 이루어진 것이 아니기 때문에 설계가 완료된 후 서류를 다시 제출해야 하지만, 이 경우 처음 제출에 비해서 설계의 변경과 검토가 상대적으로 쉽게 이루어 질 수 있다.

허가를 받는데 필요한 시간과 노력은 예측하기 힘들며, 몇몇 프로젝트 매니저는 시공 시작 전에 허가를 받는 것을 디자인빌드 프로젝트의 성공요소 중 하나라고 이야기하기도 한다. 실제로 건물공사에서 흙막이공사(Shoring)의 허가가 나오지 않아 설계가 완성되었는데도 시공을 시작하지 못하는 경우도 있다.

(3) 제안서의 평가와 디자인빌더의 선정

발주처(WTD)는 엔지니어링 CM 회사인 Vanir CM과 CDM(엔지니어링 겸 CM 회사)의 도움을 받아서 자격심사요청서와 제안요청서를 작성하였다. 이 과정에서 발주처는 정보공유전략(Open & Information-sharing)을 사용하였다. 정보공유전략이란 제안서를 준비하는 팀들에게 제안서의 준비과정에서 필요한 지질정보와 설계 관련 정보를 모두 동등하게 제공함으로써 준비과정에서 공정한 경쟁을 할 수 있도록 하는 방법이다. 또한 발주처가 엔지니어링 회사를 고용하여 세부 지질조사를 진행함으로써 디자인빌더들이 제안서를 준비할 때 추가로 지질조사비용이 소요되는 것을 방지할 수 있었다.

(4) 자격심사요청서(RFQ)의 발행과 참가의향서(SOQ)의 제출

자격심사요청서(Request for Qualification, RFQ)가 공고되면 해당 프로젝트에 관심이 있는 회사들은 팀을 꾸려 사업수행능력평가서(Statement of Qualification, SOQ)를 작성하여 공고된 기한 내에 제출하게 된다. 사업수행능력평가서란 각각의 디자인빌드 팀이 자신들이 해당 프로젝트를 수행할 수 있는 자격이 있다는 것을 설명하는 자료이다. 자격심사요청서가 발행된 후 참가의향서의 마감까지 5주의 기간이 주어졌으며, 참가의향서에는 설계와 시공단계에 참여할 개인들의 경력과 자격에 관한 자료, 과거에 수행하였던 유사 프로젝트의 수행실적, 재무상태 등에 관련된 자료의 제출이 요구되었다.

[별첨1 표2]는 본 프로젝트에서 자격심사요청서를 근거로 각 팀들이 제출한 사업수행능력평가서를 평가하는 기준을 설명한 자료이며, 크게 세 가지 항목으로 구성되어 있다.

별첨1 표2 자격심사요청서 평가기준 배점표

평가항목	점수
본 프로젝트와 관련된 경험과 기술적인 경쟁력	75
과거 유사 프로젝트의 수행 실적	75
재무상태	50
총 점	200

발주처는 총 5개 팀으로부터 사업수행능력평가서를 받았으며, 모두 비슷한 성적으로 자격 기준 심사를 통과하여 5개 팀 모두에게 제안요청서(Request for Proposal, RFP)를 보냈다. 사업수행능력평가서 작성에 대한 보상금은 없었으며, 참가한 5개 팀은 전부 시공사가 주도하는 디자인빌드 팀이었다.

(5) 제안요청서의 발행과 제안서의 평가

제안서는 디자인빌드 팀들이 설계와 시공을 위해 작성한 계획서이다. 본 프로젝트에서 발주처는 제안서의 준비기간 동안 개별적으로 각 팀들과 미팅을 가졌고, 여기서는 제안요청서의 내용과 디자인 컨셉에 대한 상세한 질의응답이 이루어졌다. 이를 통해 각 팀들은 발주처의 요구사항들을 구체화하였고, 발주처는 디자인빌드 팀의 고민을 이해할 수 있었다.

[별첨1 표3]은 본 프로젝트에서 제안서를 평가한 점수기준표이다. 대부분의 제안요청서에는 이러한 점수기준표가 포함되어 있다. 이 중 프로젝트와 관련된 경험 및 기술 경쟁력, 과거 프로젝트 수행실적, 재무상태는 자격심사요청서에서 평가된 항목이지만, 그 사이에 디자인빌드 팀 내 구성원의 변경 또는 추가, 재무상태의 변화 등이 발생하였을 수 있어 본

별첨1 표3 제안서 평가기준 배점표 사례

평가항목	점 수
수압분석	150
설계제안 (디자인 컨셉)	100
시공계획	100
지질조사 분석 자료	75
본 프로젝트와 관련된 경험 및 기술적인 경쟁력	75
과거실적	50
재무상태	50
품질계획(QA/QC)	50
현재 진행중인 프로젝트	25
안전프로그램	25
물류관리계획	25
환경계획	25
공정계획	25
허가관련 계획/현황	25
계약금액	200
총 점	1,000

프로젝트에서는 제안서 평가 시 한 번 더 심사하였다. 하지만 제안서 심사에서는 자격심사요청서 부분을 다시 심사하는 것이 일반적이지는 않다. 많은 경우에 자격과 관련된 부분에 대해서는 해당 프로젝트처럼 다시 심사를 하기보다는, 자격심사요청서 심사 때 받은 점수를 제안서 평가 점수에 일정 부분 반영하는 식으로 이루어지는 편이다.

일반적으로 발주자가 5개 팀에게 제안요청서를 발행하는 경우, 제안서의 설계에 많은 노력을 들일 것을 요구하지 않는 편이며, 특히 본 프로젝트는 가교방식을 사용하여 사전에 설계가 30%까지 진행된 상태였기 때문에 참여팀은 설계에 큰 노력을 들이지 않아도 되었다.

심사기준 중 하나인 계약금액은 총 1,000점 중 200점으로 전체 평가 중 20%의 비중을 차지했다. 점수의 경우, 최저가격을 적어낸 제안서는 200점을 받으며 최저가격과 3% 이내의 가격을 적어낸 제안서는 192점을, 최저 가격과 3%~6% 이내의 가격을 적어낸 제안서는 180점을 받았다. 최저가와의 차이가 클수록 취득점수는 줄어들며, 최저가와의 차이가 18% 이상 벌어지면 일괄적으로 32점을 주었다.

발주처에 따라 점수와 관련된 배점은 다를 수 있으며, 동일한 발주처라 하더라도 프로젝트별로 배점은 달라질 수 있다. 다만, 배점이 어떠한 기준으로 이루어지든 간에 세부적인 배점기준은 제안요청서에 명시하고 있어야 한다.

공사금액은 제안서 제출 시 다른 봉투에 봉인하여 별도로 제출하게 되며, 기술심사 시 심사위원들은 각 제안서의 가격에 대해서는 통보받지 않는다. 다만, 기술심사를 하기 전에 발주처 담당직원이 입찰제안서에서 제시한 상한금액을 넘지 않았는지의 여부만 확인하게 된다. 만약 제출된 금액이 입찰제안서에서 제시한 상한금액을 넘을 경우, 기술심사를 하지 않고 바로 탈락이 결정된다. 기술심사위원들이 가격을 보지 못하게 하는 이유는 기술심사가 가격의 영향을 받지 않도록 하기 위해서이며 거의 모든 디자인빌드 제안서 심사에 공통적으로 나타나는 모습이다.

본 프로젝트의 제안서 심사결과 낙찰되지 않은 디자인빌드 팀에 대해서는 설계보상비가 주어졌다[4]. 본 프로젝트에서는 제안요청서 작성과 관련하여 11만 5천 불이 각 팀에 지급되었으며 엔지니어링 견적 시 설계와 시공을 포함한 비용이 3,850만 불~4,400만 불 정도이었으므로, 전체 금액의 0.26~0.30% 정도가 보상되었다고 할 수 있다.

(6) 최종협상 및 제안(Best and Final Offer, BAFO)

제안서를 심사하는 과정에서 인터뷰도 진행이 되었다. 제안서 심사가 끝난 후, 발주처는 각 제안서 내용 중 확인이 필요한 부분이 있는 경우 참여팀에게 추가적인 설명을 요청하였으며, 세부적인 지적 사항을 발표하였다. 지적 사항은 주로 제안서의 내용 중 제안요청서의 요구사항에 미흡하거나 발주처의 예상이나 기대와 다른 부분에 대한 내용이었다. 디자인빌드 팀들은 최종협상과정에서 지적 받은 부분에 대해서 제안서를 수정할 수 있었다. 해당 프로젝트에서는 일부 팀만 조금의 조정이 있었을 뿐, 전반적인 수정 사항은 없었으며, 지적사항이 전달 된 후 수정안 제출까지는 5주의 기간이 주어졌다.

최종제안 과정에서 제안 가격을 변경하길 원하는 경우에는, 제안 가격을 처음 제안서를 제출했을 때와 동일하게 봉인된 별도의 봉투로 제출하도록 하였다. 평가가 완료되면 기술평가점수에 가격점수를 합산하여 순위를 정하였으며, 본 프로젝트에서는 기존 평가에서 1위를 한 디자인빌드팀이 최종 낙찰자로 선정되었다.

위험요소 평가 및 위험의 공유

발주처는 Marine Outfall 프로젝트에서 두 가지 리스크 요인을 인지하였다. 하나는 지질상태 변화에 대한 리스크이며, 다른 하나는 자재가격 상승에 대한 리스크였다. 리스크에 대한 발주처의 기본 원칙은 입찰에 참여한 모든 팀들에게 공정한 경쟁을 할 수 있도록 하는 것으로, 이를 위해 두 가지 리스크에 따른 억측(Speculation)이나 예비비용(Contingency Pricing)이 발생하지 않도록 하고자 하였다.

(1) 지질 상태와 관련된 리스크

디자인빌드 프로젝트에서는 발주 전에 기본적인 개념 설계 또는 설계의 10% 정도까지만 설계를 하는 것이 일반적이나, 본 프로젝트에서는 발주 전에 30% 정도까지 설계를 진행하였다. 발주 전 설계 과정에서는 시설물의 선형 계획에 따라 주변 지질에 대한 천공 작업과 상세한 지진 분석과 같은 지질조사가 포함되어 있었으며, 디자인빌드팀들이 제안서를 준비할 때 발주처에서 준비한 지질보고서(Geotechnical Design Report. GDR)를 사용하도록 하였다. 디자인빌더로 선정된 디자인빌드 팀은 계약 후 본 설계를 진행할 때 필요에 따라 추가로 지질조사를 할 수 있으며, 지질조사 결과가 제안서 작성 시 사용된 지질보고서의 내용과 다를 경우 그 차이로 인한 변경사항은 설계변경으로 인정해 주었다.

(2) 자재가격 상승과 관련된 리스크

본 프로젝트의 자격심사요청서와 제안요청서는 2006년에 작성되었으며, 당시는 건설자재의 가격이 많이 상승하던 시기였다. 자재 가격이 불안정한 당시 상황에서 자재공급업체는 견적 때 제시하였던 단가를 보장해줄 수 없었기 때문에, 발주처는 디자인빌드팀들이 그들의 제안서에 충분한 예비비(Contingency)를 포함시키거나 공사 중 설계변경을 통해서 리스크를 상쇄/보전할 것이라고 예상하였다. 이에 발주처는 철강, 철근콘크리트, 고밀도 폴리에틸렌, 화석연료 등 가격에 가장 민감한 자재에 대한 가격 리스크를 인정하기로 하였다.

발주처는 계약 금액에 100만 불의 예비비 항목을 만들어 제안서의 제출 시 작성된 자재의 가격에 비해 실제 자재 가격이 오를 경우 해당 금액 내에서 가격 상승을 인정해 주기로 하였다. 반대로 자재가격이 제안서 제출 시의 가격보다 떨어지는 경우, 그 차액은 발주처에 반납하도록 하였다.

파트너링 워크숍

발주처는 디자인빌드 팀과 견고한 관계 구축을 통해 협동적이고 생산적인 환경을 조성하고자 하였고, 이를 위한 방법으로 제안요청서 상에 디자인빌드팀의 설계와 시공 분야 주요 구성원들이 두 번의 파트너링 워크숍에 의무적으로 참석하도록 명시하였다. 설계 파트너링 워크숍은 착공지시서(Notice To Proceed, NTP)가 발행된 직후 진행되었고, 대부분의 설계담당자, 지질공학자, 환경담당자 등이 참석하였다. 시공분야에서도 프로젝트 매니저, 공사과장, 시공담당자 일부가 참석하였다. 시공이 시작되기 직전에는 시공 파트너링 워크숍이 열렸으며, 이때에는 시공담당자 대부분과 설계담당자 일부, 그리고 도급업체의 직원들과 안전담당자들이 참석하였다.

파트너링 워크숍은 최근 미국의 디자인빌드 공공공사에서 자주 볼 수 있다. 1995년에 미 연방조달국(General Services Adminisration, GSA)은 디자인빌드 관련 전문가 126명을 초청하여 1990년대에 시행된 5개의 주요한 디자인빌드 공공공사에 대한 사례 연구를 실시하였으며, 이를 토대로 다음과 같이 5개의 권고사항을 만들었다.

- 커뮤니케이션(소통)을 원활하게 만들 파트너링의 적용
- 프로젝트팀들의 명확한 역할과 책임 분배
- 제안요청서 상의 구체적이며 명확한 발주처의 요구사항 명시
- 팀을 선별할 때의 명확하고 확실한 선별기준과 심사과정의 명시
- 2단계 선발과정의 적용(1단계는 자격심사방식, 2단계는 기술 및 가격심사방식)

권고사항에서도 나타나듯이 소통은 디자인빌드 프로젝트의 성패를 좌우할 정도로 중요하게 여겨지고 있다. 특히 민간부분보다는 여러 가지 제약을 많이 가지고 있는 공공 발주처에서 파트너링 워크숍을 통해서 이러한 부분을 보완하는 것이 필요하다고 인식되기 때문에 실제 많은 발주처가 파트너링 워크숍을 진행하고 있는 추세이다.

결론

해당 프로젝트는 발주처와 디자인빌드팀 모두에게 매우 성공적인 프로젝트였다. 디자

인빌드 발주방식을 사용하여 전체 공사기간을 22개월 앞당겼고, 발주처의 엔지니어링 견적에서 20% 정도의 금액(800만 불)을 절약할 수 있었다.

해당 프로젝트의 성공요인으로는 세 가지를 들 수 있다.

첫째, 발주 시 공사의 범위에 대한 연구가 세심하게 이루어졌으며 발주처가 원하는 부분, 즉 성과에 대해서 상세하고 명확하게 정의가 이루어 졌다는 점이다. 본 프로젝트에서 발주처는 엔지니어링 회사를 고용하는 등 발주 전 계획단계에서 상당한 노력과 시간을 투자하였으며, 이번 사례를 통해 우리는 명확하게 도출된 프로젝트의 정의가 디자인빌드 프로젝트의 성패에 상당한 영향을 미친다는 점을 알 수 있다.

둘째, 발주처가 공사에 내재된 리스크를 디자인빌더와 같이 분배하였다는 점이다. 특히 지질 상태와 자재비의 변동 부분에서 발생하는 리스크를 발주자와 디자인빌드 팀이 함께 부담하기로 함으로써 디자인빌드 팀들이 제안서를 준비하거나 설계공사를 수행할 때 받게 되는 리스크를 최소화하였다. 디자인빌드 발주방식의 특성상 발주자는 리스크를 디자인빌드 팀에게 손쉽게 전가시킬 수도 있었지만, 프로젝트 전체를 생각했을 때 현명하지 않은 선택이라 판단하여 공사 리스크를 발주자와 디자인빌드팀이 같이 분배하였다.

셋째, 파트너링 워크숍을 통하여 팀 내 소통을 원활하게 하였다는 점이다. 파트너링 워크숍은 소통과 관계개선 측면에서 큰 의미가 있으며, 이러한 소통과 관계개선이 디자인빌드 프로젝트의 성패에 많은 영향을 미친다는 것을 알 수 있다.

2.2 Morris Foreman Sewage Plant Project[5]

배경

오하이오 강변에 위치한 모리스 포만 하수처리장은 시설이 노후화되고, 슬러지 침전물 등의 고체 폐기물(Sludge Solids)을 처리하기 위해 사용하는 온도조절방식으로 인해 침전물에서 심각한 악취가 발생하는 문제점을 가지고 있였다[6]. 지난 15년간 제퍼슨 카운티 하수본부(Metropolitan Sewer District, MSD)는 이러한 문제를 해결하기 위해서 처리시설을 개선하는데 총 2억 불의 예산을 투입하였다. 이 과정에서 소각로는 폐쇄되었고, 소각로가 위치한 건물은 약 25년간 빈 상태로 방치되어 있었다.

1990년대 중반에 제퍼슨 카운티 하수본부는 설계 · 시공분리발주방식을 사용하여 두 번의 개선 프로젝트를 시도하였지만 예산 초과와 협상 결렬 등의 문제로 중지되었고, 1998년 발주한 세 번째 개선 프로젝트에 디자인빌드 발주방식 적용을 시도하기로 결정하였다.

쟁점사항

발주처에서는 공공공사의 디자인빌드 발주에 주로 사용되는 2단계 발주방식을 사용하였다. 1년여의 준비와 자격심사 끝에 3개의 디자인빌드 팀을 숏리스트에 선정하고 제안서 제출을 요청하였으며, [별첨1 그림1]과 같이 제안요청서에서 30% 정도 진행된 설계를 제공하는 가교방식을 사용하였다. 제안요청서를 토대로 디자인빌드 팀들은 바이오 솔리드의 효율적 관리를 위해서 현재 시설물에 통합된 2단계 소화조(Two-phase Digester)와 탈수시설에 대한 제안서를 제출하였다[7].

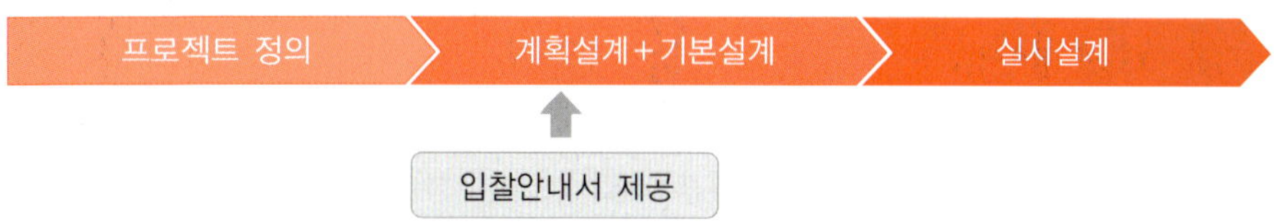

별첨1 그림 1 제안요청서의 설계 진행 정도

하지만 제안요청서 상의 설계안에는 운송 측면의 문제점이 있었다. 그 중 하나는 기존 하수처리장의 위치와 새로 지어지는 탈수 시설물의 위치 사이에 엑손(Exxon)社의 가스 처리시설이 위치하고 있다는 것이었다. 설계안에서 제시한 하수처리 방법의 경우, 기존 하수처리장에서 생성된 고형 폐기물(Sludge Solids)을 관을 통해서 새 탈수 시설물로 운송하고, 하수를 탈수처리(De-Watering)한 후 남은 폐기물들을 처리하기 위해 기존 하수처리장으로 다시 되돌려 보내야만 했다. 이러한 교차과정은 상당히 비효율적이며 많은 비용이 들 것으로 예상되었으며, 공사 후 유지관리단계에서 두 개의 시설의 유지비용과 바이오 솔리드를 매립지로 운송하는 비용 또한 매우 클 것으로 보였다.

이처럼 제안요청서에서 발주처가 제시한 설계 대안은 올바른 대안이 아니었다. 게다가 발주처에서 제안한 설계안을 따를 경우, 공사비가 대략 1억 불이 소요될 것으로 예측되는데 비해, 발주처인 제퍼슨 카운티 하수본부의 총 예산은 6천만 불에 불과하여 이러한 방법으로 공사가 진행될 경우, 기존에 진행하였던 2번의 시도와 마찬가지로 3번째 시도 또한 실패로 돌아갈 확률이 높았다.

디자인빌드 발주방식을 통한 해결책 도출

카운티 하수본부는 앞서 두 차례의 설계 · 시공분리발주방식이 실패했던 것처럼 세 번째 시도도 실패로 끝날 수 있다는 걱정이 생겼다. 그래서 하수본부는 제안요청서 상에서 제시한 설계를 선호하지만 대안설계(Alternative Designs)를 받아 검토할 수 있다는 내용을 제안요청서에 추가하였다. 대안설계를 허용한 것은 디자인빌드 팀이 창조적인 설계안을 제시할 수 있도록 하였고, 지명된 디자인빌드 팀 중 하나인 Black&Veatch and J.S.Alberici Constructors Joint Venture 社(이하 B&V/Alberici社)는 자신들의 경쟁력을 보여줄 수 있는 좋은 기회로 여기고 대안설계에 심혈을 기울였다.

대안설계를 허용한다는 내용을 발표하기 일주일 전에, B&V/Alberici社의 디자인빌드 팀의 팀장은 새로운 폐기물 처리기법에 대한 발표회에 참석했다. 이 기법은 회전 드럼을 이용해서 바이오 솔리드를 탈수(De-watering)시킴으로써 오래된 진흙 상태인 폐기물을 악취가 나지 않는 알갱이 형태의 "A 등급의 바이오 솔리드"로 치환시켜 비료(Fertilizer)나 토양 첨가제(Soil Additive)로 사용될 수 있도록 하는 기법이었다. 새로운 폐기물 처리기법의 가능성을 포착한 B&V/Alberici 팀의 팀장은 현장을 방문하여 방치된 소각로 시설을 다시 살펴보기 시작하였다. 방치된 소각로 시설을 둘러보는 와중에 그는 새로운 아이디어가 떠올랐다.

"만약에 새로운 슬러지 건조기법을 사용해서 새로운 빌딩을 짓는 대신 기존 건물을 재사용하면 상당부분의 돈을 절약할 수 있지 않을까?"하는 생각을 하게 되었다. 소각로가 위치한 기존 건물은 벙커 형상을 하고 있는 4층 규모의 건물로 상당한 규모지만 현재는 전혀 사용되지 않는 건물이었다. 만약 디자인빌드 팀이 [별첨1 그림2]와 같이 기존 건물을 재사용할 수 있는 방안을 강구할 경우, 새로운 건물을 짓는 비용과 엑손社의 가스처리시설을 사이에 두고 시설물을 파이프로 연결하여 유지 관리하는 데 드는 비용을 절감하는 효과를 기대할 수 있었다. 또한 새로운 기법을 활용할 경우 남은 슬러지를 매립하는 것이 아니라 거름이나 토질을 향상시키는 토양첨가제로 사용할 수 있어서 매립지까지 운송하는 물류비용과 매립에 따른 환경적인 영향까지도 없앨 수 있는 획기적인 효과를 기대할 수 있었다.

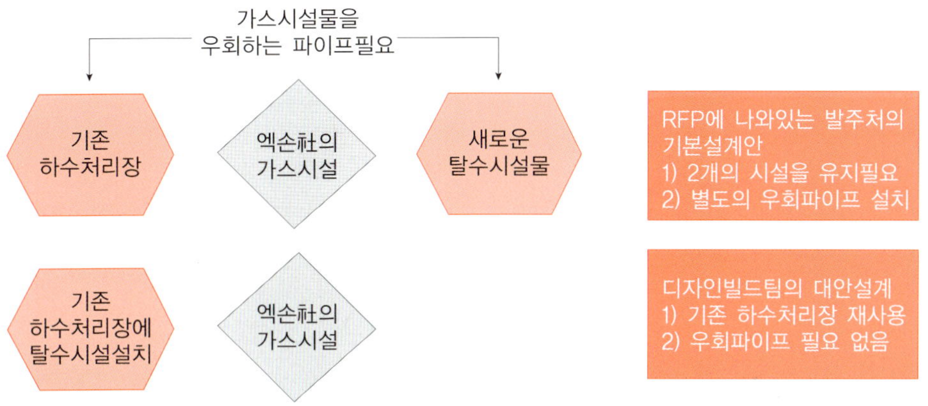

별첨1 그림 2 제안요청서 상의 기본설계안과 제안된 대안설계와의 비교

이러한 기대효과를 근거로 하여 B&V/Alberici 팀은 기존 소각로 건물을 재사용하는 방안을 연구하기 시작하였다. 우선 낡은 기계 철거, 시설물 청소, 새로운 슬러지 건조기계 설치 방법에 대한 계획을 세웠다. 며칠간의 브레인스토밍 끝에 기존 건물 외벽에 작은 구멍을 내기로 결정하였다. 대략 16인치×16인치 정도의 구멍을 통해서 기존 기계들(낡은 소각로와 탈수시설)을 꺼내고 새로운 설비들을 집어넣기로 하였다.

결과

B&V/Alberici 팀은 새로운 아이디어를 도출하여 설계에 반영하였으며 제안서에서 설계비를 포함한 총 공사금액으로 6,110만 불을 적어 "대안설계"안과 함께 제출하였다. 앞서 언급하였듯이 제안요청서에 나와 있는 개념 설계를 기준으로 예측한 전체 엔지니어링 비용은 1억 불이 넘었으나, 대안설계를 통해서 발주처는 예산 6천만 불에 맞는 제안서를 받을 수 있었다. 그리고 디자인빌드팀 입장에서는 혁신적인 아이디어와 절감된 공사비용을 통해 프로젝트를 수주 받을 수 있었다. 이처럼 기존 건물을 재사용하고 새로운 폐기물 처리 기법을 적용함으로써 발주처는 3천만 불이 넘는 공사비를 절감할 수 있었으며, 추가로 발주처에서 부담해야 하는 시설 운용비용도 상당부분 절감할 수 있었다. 또한 공사기간을 1년 가까이 단축할 수 있었다.

논의 및 결론

본 프로젝트의 경우 발주처는 가교방식을 사용하여 제안요청서 상에 30% 정도 진행된 설계를 포함하여 제공하였다. 본 프로젝트를 디자인빌드 발주방식으로 발주하기 전에 두 차례의 설계 · 시공분리발주방식을 통한 발주를 시도하였기 때문에 30% 정도 진행된 설계가 발주 전에 나온 것은 당연하다고 할 수 있다. 하지만 가교방식을 사용하는 것이 때로는 디자인빌드 팀이 제안서를 준비하는 과정에서 설계팀과 시공팀의 유기적인 협동 및 설계를 통해 창의적인 문제해결능력을 발휘하는 것을 방해할 수도 있다. 본 프로젝트의 경우 다행히 발주처에서 제안서의 별첨(Addendum)을 통해서 대안설계를 허용하였으며 결론적으로 사장될 수 있었던 디자인빌드 팀의 창의적인 문제해결능력을 발휘할 수 있는 기회를 제공하였다. 특히 기존 건물은 살리면서도 기계들을 교체하는 방법은 시공자와 설계자의 경험과 지식이 결합하여 찾아낼 수 있었던 좋은 해결방법이었다.

본 프로젝트의 성공에 영향을 미친 요소들은 다음과 같다.

첫째, 발주처에서 가교방식을 사용하였지만, "대안설계"를 허용하여 디자인빌드 팀의 창의적인 문제해결능력을 도모하였다.

둘째, 디자인빌드 팀이 제안서 작성 중에 공사에 영향을 미치는 위험요소에 대해서 충분하게 고려하였다.

셋째, 디자인빌드 팀이 새로운 기술을 도입하고자 하는 열정을 가지고 있었다.

마지막으로, 디자인빌드 팀에서 설계팀과 시공팀이 조인트벤처 형태로 협력하여 브레인스토밍을 통한 창의적인 아이디어를 도출할 수 있었다.

2.3 Corona Maintenance Shop and Car Washer Facility Project[8]

배경

본 프로젝트는 뉴욕시 지하철 7호선의 정거장 중 하나인 103가 코로나 플라자 역의 부속시설인 유지보수시설과 세차시설을 건설하는 디자인빌드 프로젝트였다. 뉴욕시 7호선은 퀸즈(Queens) 지역의 플러싱(Flushing) 지구에서 맨해튼(Manhattan)의 타임스퀘어(Time Square)를 연결해주는 노선으로 세계에서 가장 복잡한 대중교통구간 중 하나이다. Skanska 社와 Parsons Brinckerhoff 社로 구성된 디자인빌드 팀(이하 S&PB)은 본 프로젝트의 범위와 지형적인 위치로 인하여 많은 어려움에 직면하였다. 대표적인 예로 공사기간동안 공사 현장에 있는 시설들의 운영이 중단되어서는 안 된다는 제약조건을 둘 수 있다.

접근성과 관련된 쟁점사항

본 프로젝트에서 겪은 많은 어려움 중 대표적인 것으로 접근성(Access)과 과밀현상(Congestion)이 있다. 프로젝트의 공사현장의 홍수 확률은 1% 이상(100-Year Flood Plan)이었고, 시설물의 콘크리트 매트 기초가 지표면보다 5~9 피트 높게 설치되어야 했기 때문에 기계설비들의 접근이 어려웠고, 공사현장이 습지지역과 공원에 근접하여 공사장의 남쪽과 동쪽으로는 접근이 불가능한 상황이었다.

S&PB는 접근성 문제를 극복하기 위해서 구조물을 U자 형태로 우선 지은 후 나중에 중간부분을 채워 넣는 공정계획을 수립하였다. 좁고 협소한 공간에서 파일을 박은 후, 콘크리트 슬래브를 타설하고 철골 구조물을 설치하는 작업은 철저한 관리가 필요한 고난이도의 작업이었다. 작업은 어려웠지만 U자 형태의 구조물을 지어서 공사 중앙 부분을 통과할 수 있는 접근 도로를 만들 수 있었고, 가운데 생긴 공간에 365톤의 대형 크레인을 충분히 설치할 수 있었다.

또한 S&PB는 신중하게 부재의 운송일정과 설치일정을 계획하여 해당 도로의 접근을 조정하였으며, 건물 외부 시공을 완료한 뒤 중앙 접근 도로를 제거하고 동쪽 방향에서 서쪽 방향으로 구조물의 나머지 중앙 부분을 건설하였다.

인터페이스와 관련된 쟁점사항

기존에 열차를 세차하는 시설은 열차 위에 물을 뿜어 내려 세차하는 방식을 사용하였다. 그러나 유해화학물질 등이 노상으로 흘러들어가는 것을 방지하는 집전시설이 갖추어져 있지 않아 세제 사용에 어려움이 있었다. 또한 기존 설비는 하수를 배출하기 전 화학약품처리를 할 수 있는 시설이 갖추어져 있지 않았다. 따라서 발주처에서는 기존에 세차시설이 위치하던 곳에 새로운 세차시설을 설치하기를 원했고, 우선적으로 기존 세차시설을 제거하는 작업이 필요했다. 하지만 발주처는 프로젝트의 진행 중에 열차 운영에 차질이 발생하지 않기를 원하였기 때문에 제안요청서에 공사의 각 단계(4~6주 정도의 공정단위)

마다 열차의 교통량을 분산시키는 복잡한 단계별 계획(Phasing Plan)이 포함되어 있었다[9].

하지만 S&PB는 제안요청서의 방법을 선택하지 않고, 설계팀과 시공팀의 브레인스토밍을 통해 더 나은 방법을 제시하고자 하였다. S&PB는 임시 세차시설을 차량이 들어오는 인상선(Lead Track) 상에 설치하는 방안을 제시하였다. 임시 세차시설을 사용하면서 S&PB팀은 공정보다 빠르게 기존 세차설비를 철거할 수 있었으며, 뉴욕시 교통 공단(New York Transit Authority)이 세운 복잡한 단계별 계획을 따를 필요가 없었다. 결과적으로 디자인빌드 발주방식의 원래 취지대로 S&PB팀은 세차시설과 관련한 복잡한 단계별 계획을 단순화시켰고, 세차시설의 성능을 발주자에서 요구하였던 것 이상으로 향상시킬 수 있었다.

즉 S&PB가 제시한 새로운 대안은 복잡한 공사현장의 과밀현상(Congestion)을 임시 세차시설 사용을 통해서 완화시킬 수 있었고, 기존 세차시설이 제공하던 기능의 중단 없이 작업자가 기존 장소에 새 시설을 짓는 것을 가능하게 하였다. 이와는 별도로 화학처리 시스템, 화학약품수집시스템을 임시 세차시설과 새 세차시설에 사용함으로써 기능적인 개선 또한 이끌어냈다. 요컨대 본 프로젝트는 디자인빌드 발주방식을 성공적으로 적용함으로써 공사 일정의 단축, 세차설비의 기능 개선, 차량 청결 등급의 개선, 총 공사비 3억 불의 절약 등의 성공적인 결과를 이끌어 낼 수 있었다.

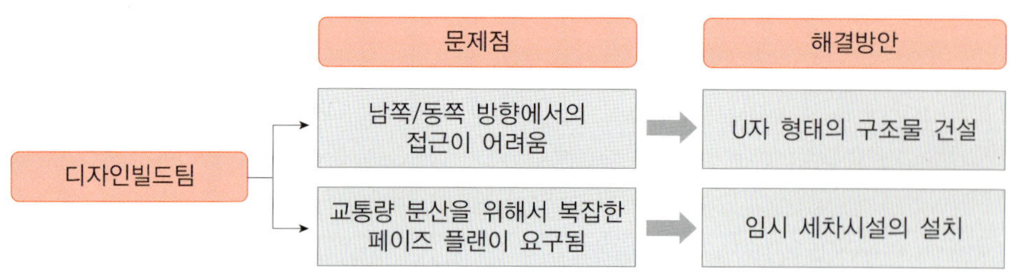

별첨1 그림 3 디자인빌드팀의 창의적인 문제해결 사례

논의 및 결론

본 프로젝트에서 S&PB는 설계팀과 시공팀이 팀워크를 발휘하여 현장 접근성의 어려움과 교통량 분산 문제를 창의적인 방법으로 해결하였고, 결과적으로 유지보수시설과 세차시설을 높은 품질로 예정된 금액과 공기에 맞추어 완공하였다. 설계와 시공이 분리되어 시공자의 경험과 지식을 설계단계에서 반영하기 힘든 설계 · 시공분리발주방식에서는 이와 같은 창의적인 방법 도출이 어려웠을 것으로 예상된다. 본 사례는 시공팀과 설계팀의 협업이 계획단계, 설계단계에서 충분히 이루어진다면 창의적인 해결방법을 도출할 수 있다는 점을 시사하고 있다.

3 문제가 발생한 공공프로젝트 사례

3.1 Greenville County Procurement Process[10]

배경

전통적으로 대부분의 공공공사에는 설계 · 시공분리발주방식에 따른 최저가 낙찰제가 사용되었다. 하지만 디자인빌드 발주방식이 건설 산업에 도입되고 나서 공공부분의 발주에 관련된 법규에서 변화들이 발생하기 시작하였다. 또한 공공공사에 디자인빌드 발주방식의 사용이 잦아지면서 발주제도 자체에 대한 논란이 발생하기도 하였으며, 심지어 법정까지 가는 경우도 몇 건 발생하였다.

본 사례는 사우스캐롤라이나 주 그린빌 카운티의 주민인 슬론 씨가 주에서 수행한 디자인빌드 공사의 발주 방법에 관하여 소송을 제기한 사건이다. 1999년과 2000년에 사우스캐롤라이나 주 그린빌 카운티는 3건의 공사를 디자인빌드 발주방식으로 발주하였다. 이 중 2건은 총 공사비가 1,800만 불인 도로공사였으며, 나머지 1건은 사우스캐롤라이나 주의 과학수사연구소를 리모델링하는 공사로 금액은 29만 불, 한화로 약 3억 원의 작은 규모의 공사였다.

위의 3건의 공사를 디자인빌드 발주방식으로 발주한 후 계약이 끝난 시점에서 슬론 씨는 해당 공사들을 디자인빌드 발주방식으로 발주한 것이 카운티의 발주 법령을 어긴 것이라고 주장하며 소송을 제기하였다. 즉, 슬론 씨는 발주처인 그린빌 카운티가 기존의 설계 · 시공분리방식에 따른 최저가 낙찰제 대신에 디자인빌드 발주방식을 선택한 결정을 문제 삼은 것이다. 또한 그는 3건의 공사 중 1건의 공사의 경우, 발주처가 충분한 이행보증보험과 지급보증보험을 받지 않은 상태로 공사계약을 맺었다고 주장했다.

그린빌 카운티 법령에는 건설공사 발주 시 가능한 발주방법에 대해 설명하고 있다. 일반적으로 법령에서는 모든 공사를 "최저가 낙찰제"로 발주할 것을 요구하지만, 그린빌 카운티에서는 최저가 낙찰제를 1만 5천 불 이상인 모든 건설공사에 대해서 적용하도록 하되, 몇 개의 예외조항을 가지고 있었다. 이 중 대표적인 예외조항이 디자인빌드 발주방식이다. 카운티의 법령 § 7-242.5에서는 다음과 같은 조항이 나온다.

"카운티 발주 담당자나 그 대리인은 합리적인 판단을 근거로 시공책임형 건설사업관리방식, 디자인빌드 발주방식을 기존의 최저가 낙찰제 기반의 설계 · 시공분리발주방식의 대안으로 사용할 수 있다. 어떤 발주방식이 해당 프로젝트에서 가장 적합한지 심사할 경우, 카운티 발주 담당자나 그 대리인은 카운티에 가장 유리하고 성공적으로 프로젝트를 완수할 수 있도록, 공사 기간을 준수할 수 있으면서도 경제적인 발주방식을 선택해야 한다. 발주방식의 결정은 반드시 문서로 작성돼야 하며 프로젝트 파일에 보관하여야 한다."

이처럼 그린빌 카운티의 디자인빌드 발주방식에 관한 규정은 매우 주관적이며, 카운티 담당자에게 판단을 일임하고 있었다. 이는 사우스캐롤라이나 주의 법령과도 관계가 있다. 사우스캐롤라이나 주는 주의 법령 S.C.§11-35-3005에서 설계 · 시공분리발주방식 외에도 디자인빌드 발주방식, 설계 · 시공 및 유지관리방식, 설계 · 시공 및 자금조달 · 유지관리방식(Design-Build- Finance-Operation-Maintenance, DBFOM), 시공책임형 건설사업관리(CM at Risk) 방식을 선택할 수 있다고 제시하고 있다[11].

앞서 언급하였듯이 카운티의 현재 법령(Code)에서는 발주방식의 선정과 관련된 구체적인 가이드라인을 제시하지 않고, 단지 카운티의 이익을 고려하려 합리적으로 판단하라고만 이야기 하고 있어 본 사례처럼 법적인 논란이 발생할 가능성을 내포하고 있다.

공공공사에서의 발주방식의 검증

법원은 슬론이 제기한 3건의 공사 중 2건의 도로공사 발주에 대한 소송은 기각하였으나, 과학수사연구소 리모델링 프로젝트의 경우 발주방식을 결정할 당시에 카운티의 법령상의 내용을 충족시키지 못하였다고 판단하여 슬론의 주장을 받아드렸다. 이번 소송에서 법원은 카운티의 발주방식에 관한 법령에 내재되어 있는 법률적인 의도를 다음과 같이 해석하였다.

"카운티의 위원회에서 해당 법령을 정한 의도는 카운티의 주민에게 효율적인 서비스를 제공할 수 있는지에 대한 것을 판단의 최우선 기준으로 삼고자 하는 것이며, 상품이나 용역의 구매 시 카운티의 주민이 내는 세금을 효율적이고 경제적인 방법으로 구매할 수 있도록 하는 데 있다."

여기서 법원은 해당 법령을 "세금으로 충당되는 공공공사에서 가격 대비 최고 가치(Value for Money)를 추구하여야 하며, 품질을 유지하도록 발주단계에서 안전망이 쳐져야 한다."는 뜻으로 해석하였다고 볼 수 있다.

이러한 법 해석을 기본으로 하여 항소심에서는 각 프로젝트의 발주단계에서 발주방식을 심사한 서류들을 검토하였다. 도로공사의 경우, 2건의 프로젝트 모두 발주방식의 결정과 관련하여 자세하고 세심한 검토가 이루어졌다. 검토 자료에서는 각 프로젝트에서 요구하는 사항들이 어떠한 것이 있는지 구체적으로 열거가 되어 있었으며, 이를 근거로 개별 발주방식별 장단점을 자세히 서술하였다. 또한 이러한 내용을 공공의 이익에 가장 잘 부합하는 발주방식으로 디자인빌드 발주방식을 선택하게 된 이유를 잘 설명하였다. 하지만 도로공사와 달리 과학수사연구소 리모델링 프로젝트는 이러한 내용들이 간략하게만 제시되어 있었고, 발주방식의 선택과 관련하여 충분한 설명이 부족하였다. 다음은 이에 대한 판결문의 내용이다.

(1) 도로 2000 프로젝트에 대한 판결

도로 2000 프로젝트의 발주방식에 대한 결정문(Written Determination)은 1993년부터 2000년까지 그린빌 카운티의 사무관으로 근무하였던 제럴드 실스(이하 실스) 씨가 작성하였다[12]. 실스 씨는 판단자료에서 프로젝트와 관련된 카운티의 예산, 공기, 그리고 요구 품질수준 등을 제시하였으며, 기존의 설계 · 시공분리방식보다 디자인빌드 발주방식이 어떠한 측면에서 카운티에 이로우며 도로 2000 프로젝트의 목적 달성에 적합한지에 대해서 자세하게 언급하였다.

판단 근거서류에서는 먼저 도로 2000 프로젝트의 공기와 예산에 대한 내용이 언급되어 있었다. 실스 씨는 프로젝트의 계획 당시에 요구된 특수한 포장 방법을 적용할 경우 현재 도로개선을 위해 준비된 카운티의 공사기한이나 예산 상황을 넘어설 것으로 판단하였으며, 현재 상황에서 왜 제안된 포장 방법을 수행해 내기가 어려운지에 대해서 설명하였다. 또한 그는 발주방식에 대한 최종 결정을 내리기 4개월 전에 카운티의 위원회에서 프로젝트의 계획과 목적, 범주 등을 재확인하였음을 명시하였다.

이러한 상황을 고려할 때 실스 씨는 여러 발주방식 중 디자인빌드 발주방식이 카운티의 다른 서비스에 영향을 주지 않으면서도 프로젝트 계획안에 있어 가장 적합한 발주방식이라는 결론을 내렸다. 실스 씨는 또한 결론은 도출하는 데 있어 과거 프로젝트에서 디자인빌드 방식을 이용하였던 자신의 경험을 아래와 같이 인용하였다.

“과거에 경험하였던 디자인빌드 프로젝트들은 설계 · 시공병행기법의 적용이 가능하였으며 이를 통해 공기를 단축함으로써 촉박한 공기와 품질 조건, 원가 등의 요구조건을 만족시킬 수 있었다.”

실스 씨는 기존의 설계 · 시공분리발주방식을 통해서는 발주자가 원하는 프로젝트의 목표를 달성하기 어려운 이유에 대해서는 아래와 같이 설명하였다.

“최저가 낙찰제를 기반으로 한 설계 · 시공분리발주방식은 1999-2000 도로 개선 프로그램을 작은 규모의 여러 세부 프로젝트로 나눈 뒤에 각각 설계를 발주해서 완성시킨 후 시공을 따로 발주시켜 시공을 하여야 하므로 속도 면에서는 효율적이지 못한 발주방식이다. 대략 100개 이상의 세부 프로젝트가 발주될 것으로 예상할 수 있으며, 세부적으로 일반 엔지니어링(설계), 개별 공사에 대한 설계, 품질관리, 배수검측 및 포장 등에 대한 발주가 필요하다. 설계 · 시공분리발주방식을 통해서 이러한 공사와 용역을 발주하게 된다면 발주단계에서만 카운티 위원회가 정한 전체 사업 기간인 1년을 훌쩍 넘는 시간을 소요할 것이다.”

이 외에도 실스 씨는 판단 근거서류에서 근거로 최저가 낙찰제를 엄격하게 적용한다고 하더라도 입찰부정을 근절하지는 못할 것이라는 점, 합리적인 가격보다 낮은 가격으로 낙찰이 된다 하여도 결국 설계변경을 통하여 가격이 오를 것이라는 점, 설계변경을 승인해주지 않을 경우 공사를 매끄럽게 진행시키지 않는 점 등을 설계 · 시공분리발주방식을 선택하지 않은 근거로 제시하였다. 그는 또한 최저가 낙찰제 심사 시 입찰가격을 분석하기는 하지만 분석의 범위가 한정되어 있어 제한적이며 특히 입찰참여자들이 설계변경을 통해서 입찰 시 제시한 비합리적인 공사가격을 수주 이후에 올린 경험이나 실제 프로젝트 수행실적을 조사하는데 많은 어려움이 있다고 말하였다. 그리고 이러한 문제점들을 보완하기 위해서는 많은 노력과 자원이 필요하며, 그만큼 발주처가 제공하여야 하는 다른 서비스에 부정적인 영향을 미칠 것이라고 기술하였다.

법원은 결정문 상에서 이처럼 프로젝트의 구체적인 요구사항들을 제시한 점과 다른 발주방식과의 비교평가를 수행한 점을 고려하였을 때, 카운티가 본 프로젝트에서 디자인빌드 발주방식을 선택한 것은 타당하였다고 판단하였다. 이에 따라, 법원은 카운티가 법령 §7-242.5에서 요구하는 충분한 검토를 통해 합리적인 판단을 하였다고 판결하였다.

(2) 도로 2001 프로젝트에 대한 판결

도로 2001 프로젝트의 발주방식에 대한 결정문은 당시 카운티 사무관 대리로 근무하였던 존 핸슬리(이하 핸슬리) 씨에 의해 작성이 되었다. 핸슬리 씨는 결정문 상에서 디자인빌드로 발주방식을 결정하는 구체적인 근거를 서술하였다. 앞서 도로 2000 프로젝트의 경우와 마찬가지로, 도로 2001 프로젝트의 결정문에서는 프로젝트 계획서 상에서 요구한 도로개선 프로그램의 내용을 준수하고자 할 때 겪는 여러 가지 어려움들이 서술되어 있었다.

핸슬리 씨는 서류상에서 "발주처는 현재 재정상의 한계, 과중한 업무량, 현재 진행 중인 몇몇 설계/시공 프로젝트와 작년에 이월되어 넘어온 도로공사와 특수공사 등으로 인하여 한계에 다다라 있는 상태이다."라고 언급하였다. 따라서 카운티가 기존의 최저가 낙찰제 기반의 설계 · 시공분리발주방식으로 해당 프로젝트를 수행하고자 할 경우, 엔지니어링, 품질관리, 검측 등 설계와 시공 전반에 걸친 여러 서비스를 제공하기 위해서 추가로 인원을 고용하여야만 도로개선 프로그램의 목표를 달성할 수 있다고 밝혔다. 그리고 이를 위해 소요되는 예산으로 100만 불이 추가로 소요될 것이라고 밝혔다.

핸슬리 씨는 또한 과거 공사가 대규모이고 복합공정이 얽혀 있으며 공기를 단축해야 할 때, 카운티는 디자인빌드 발주방식을 사용하였으며 이를 통해 얼마나 효과적으로 공사를 수행하였는지를 언급하였다. 핸슬리 씨는 과거 디자인빌드 발주방식으로 발주된 여섯 개의 공사들이 전부 정해진 공기와 예산 안에서 성공적으로 마무리되었다는 점을 기반으로 아래와 같이 결론을 내렸다.

"더욱이 카운티는 디자인빌드 발주방식의 사용이 가능해진 1997년부터 디자인빌드 발주방식을 사용하고 있으며, 경쟁적인 제안서를 제출하여 심사하는 디자인빌드 발주방식은 이미 카운티에서 그 효과가 증명이 된 방법이다 … (생략) … 따라서 디자인빌드 발주방식을 통해 주어지는 공공기관과 민간기업의 파트너십은 카운티에게 이상적인 공공서비스를 꾸준히 제공할 수 있는 기회가 될 것이다. 동시에 디자인빌드 발주방식의 적용을 통해 매우 도전적이라 할 수 있는 이번 도로개선 프로그램이 카운티의 기대치에 부합할 수 있도록 할 것이다."

결정문에서는 프로젝트의 특수한 사항들, 특히 카운티가 필요한 부분들에 대해서 언급되었으며, 카운티가 디자인빌드를 과거에 사용하였던 경험들, 그리고 다른 발주방식과의 비교분석이 포함되어 있었다. 또한 충분한 사실관계를 기반으로 하여 문서가 작성되었으며 이러한 사실관계는 디자인빌드 발주방식이 카운티 주민에게 평상 시 제공하는 서비스의 질을 낮추지 않으면서도 시간적인 면에서 효율적으로 카운티와 프로그램의 목적을 달성하는데 가장 이롭다는 결론을 뒷받침해주고 있었다. 이에 법원은 핸슬리 씨의 결정문이 법령 §7-242.5를 만족시키고 있다는 판결을 내렸다.

(3) 과학수사연구소 리모델링 프로젝트에 대한 판결

과학수사연구소 리모델링 프로젝트에 대한 결정문은 당시 그린빌 카운티의 시설 프로젝트 매니저였던 릭 브루키(이하 브루키) 씨가 작성하였다. 본 프로젝트의 결정문은 전체 길이가 한 문단 정도에 불과하였으며, 구체적인 프로젝트의 범위나 내용이 전혀 서술되어 있지 않았다. 하지만 본 프로젝트의 성격 상 턴키 또는 디자인빌드 발주방식을 적용하는 것이 가장 최적이라고 판단하는 내용을 포함하고 있었으며, 디자인빌드 발주방식이 주어진 예산과 공기 내에서 업무의 범위를 결정하고 사용자의 요구조건을 충족시키는 데 가장 적합할 것이라는 결론을 내리고 있었다.

카운티는 결정문에서 공기, 예산, 품질의 문제를 언급하였으므로 본 프로젝트의 디자인빌드 발주는 전혀 문제가 없다고 항변하였지만 법원은 이를 인정하지 않았다. 브루키 씨가 작성한 결정문은 실스 씨와 핸슬리 씨가 작성한 도로 2000, 2001 프로젝트의 결정문과 큰 차이점이 있었다. 결정문은 단 세 문장으로 구성되어 있으며, 결론 또한 프로젝트와 관련된 사실적인 근거가 전혀 없었다. 그리고 해당 프로젝트를 최저가 낙찰제 기반의 설계 · 시공분리발주방식으로 발주하였을 때의 불리한 점과 대안인 디자인빌드 발주방식을 선택할 경우 생기는 유리한 점에 대해서 전혀 언급되지 않았다.

법원은 이러한 점들을 고려했을 때 과학수사연구소 리모델링 프로젝트에서 디자인빌드 발주방식을 사용한 것은 합리적인 고려과정을 통해 도출된 결론이라고 볼 수 없다고 판단하였다. 이에 법원은 카운티와 해당 공공기관이 이 결정을 충분히 검토하였다고 볼 수 있는 구체적인 근거를 제공하는 것에 실패했다고 판결하였다.

이행보증보험(Performance Bond)과 지급보증보험(Payment Bond)의 규모

도로 2000 프로젝트의 계약금액은 675만 9,100불이었다. 하지만 카운티는 그 중 시공부분인 466만 6,000불에 대해서만 보증보험을 받았다. 차액인 209만 3,100불은 81만 6,900불의 설계 및 엔지니어링 비용, 20만 1,200불의 품질보증(Quality Assurance, QA) 비용, 그리고 107만 5,000불의 프로그램 관리비용(Program Management, PM)으로 구성되어 있었다.

슬론 씨는 카운티가 도로 2000 프로젝트에 대해서 충분한 보증보험을 받지 않았다고 주장하였다. 법원은 슬론 씨의 주장을 받아들여 카운티가 공사금액의 100%를 보증보험금액으로 책정해야 하는 카운티의 법령을 어겼다고 판결하였다. 전문가들 또한 공공공사에서 설계와 시공의 구분 없이 프로젝트의 전체금액을 보증보험금액으로 지정해야 한다며 법원의 판결을 뒷받침해주었다.

논의 및 결론

본 사례는 디자인빌드 발주방식을 선택할 때 어떠한 사항들을 고려해야 하며, 발주방식의 결정문에서 어떠한 것을 언급해야 하는지에 대해서 알려주는 좋은 사례이다.

아직까지 건설 사업에서 디자인빌드 발주방식을 사용하고자 할 때, 이를 결정하기 위한 객관적이고 명료한 지침이 없기 때문에 이와 관련된 문제가 얼마든지 발생할 수 있다. 실제로 디자인빌드 발주방식은 디자인빌더를 선정할 때 발주자의 판단이 남용된다는 비판이 있다. 디자인빌드 발주방식에서 공사비용은 낙찰자를 결정하는 주요한 요소가 아니기 때문에 가장 적은 금액을 써 낸 제안서를 제출한 디자인빌더가 발주자의 판단에 의해 최종낙찰자로 선정되지 않는 경우가 발생한다. 그리고 적절한 가이드라인이나 지침이 없는 상황에서 최저가를 써 낸 디자인빌더가 낙찰자로 선정되지 않을 경우, 납세자의 세금을 사용하는 공공공사에서 디자인빌드 발주방식을 사용하는 것이 세금을 낭비하는 것으로 보일 수 있다는 문제점이 있다.

이러한 이유로 인해, 공공공사에서 디자인빌드 발주방식을 사용하는 것은 정당화되는 데 한계가 있다. 위의 그린빌 카운티의 디자인빌드 발주방식과 관련된 법령에서도 디자인빌드 발주방식을 언제 사용할 수 있는지에 대해서는 원칙적인 내용만 언급하고 있다.

카운티의 발주담당자는 전통적인 최저가 낙찰제 기반의 설계 · 시공분리발주방식 대신에 디자인빌드 발주방식이나 시공책임형 건설사업관리 방식을 사용할 경우, 대안의 선택이 왜 다른 발주방식들보다 적합한지에 대한 판단을 내린 뒤, 판단의 근거를 문서로 남겨

야 한다. 문서에는 발주방식의 결정과정에서 카운티에 가장 이로운 방식이 무엇인지, 그리고 어떠한 대안이 가장 공사기간을 준수할 수 있으면서도 경제적인 방법인지를 고려하여 성공적으로 프로젝트로 완수할 수 있을지에 대해서 판단한 내용이 서술되어야 한다. 그리고 작성한 내용을 훗날 감사를 대비하여 계약서류에 포함시켜 보존해야 한다.

요컨대 전통적인 최저가 낙찰제 기반의 설계 · 시공분리발주방식 대신 디자인빌드 발주방식을 사용하는 것은 디자인빌드 발주방식을 선택하는 것이 카운티에 유리한 경우로 한정되며, 이에 관한 결정문은 서면으로 작성하여 계약서 상에 포함시키고 대중들에게 공개해야 한다는 것을 이번 사례를 통해서 알 수 있다.

3.2 Central Heat and Power Plant Facility Upgrade Project[13]

배경

디자인빌드 발주방식의 제안서 입찰과정 상에서 발주자는 공정한 경쟁을 위해서 필요하다고 여겨질 경우 제안요청서 등의 기존 문서 수정에 대한 결정 권한을 가진다.

본 사례에서 발주처는 알래스카 주에 있는 클리어 공군기지의 중앙난방시설과 발전시설을 개선하는 프로젝트에 대한 제안서를 요청하였다. 프로젝트에는 세 개의 집진장치(Baghouse) 시스템과 시설물에 대한 설계와 시공이 포함되어 있었다[14]. 입찰심사과정에서는 최고가치 낙찰제(Best Value)를 사용하여 제안서 상의 가격과 비가격적인 요소들을 50대 50의 비중을 두고 평가를 진행하였다.

제안요청서에서는 디자인빌드 팀은 제공된 설계지침서(Prescriptive-based Drawing)와 시방서의 내용을 따라야 한다고 명시하고 있었다. 특히 시방서 중 집진장치 시스템의 시방서에서는 집진장치의 집배기(Manifold) 사이의 최대 압력 차이는 6인치 이하여야 하며, 집진장치 안에서의 개별 백들 사이의 최소 간격은 2.5인치 이상 되도록 설계해야 한다고 명시하고 있었다. 제안요청서 상에서는 이러한 조건만을 제시할 뿐, 특정한 상표이름을 명시하지는 않았으나 실제로 위 조건을 충족시키는 제품은 특정 제품 하나만 존재하는 상황이었다.

쟁점사항

스트랜드 社는 제안요청서 상에서 요구한 제품과는 다른 제품을 제안하였다. 시방서에서 요구한 것과 달리, 스트랜드 社에서 제안한 제품은 집배기 사이의 최대 압력 차이가 7인치이고, 백들 사이의 최소 간격은 2인치였다. 기술제안서 심사 시 이러한 차이에 대해서 문제로 언급되었으나 탈락되지 않았으며, 결국 스트랜드 社가 디자인빌더로 선정되었다. 이에 다른 입찰자들은 발주처가 스트랜드 社의 제안서 내용이 제안요청서 상의 요구조건과 차이가 있음에도 불구하고 낙찰시킨 것은 적절하지 못한 결정이며, 다른 입찰자들과 비교했을 때 스트랜드 社에게 유리하게 평가가 진행된 것이라고 주장했으며, 발주처는 이에 동의하고 실수를 인정했다. 발주처는 또한 제안요청서 상에 명시된 설계지침서의 내용이 특정 업체에게 이익이 돌아가도록 되어 있어 적절하지 못한 설계지침이라는 점도 인정하였다. 결국 발주처는 스트랜드 社와의 계약을 파기하고, 다른 집진장치 시스템도 사용할 수 있도록 제안요청서를 수정하여 재발주하기로 결정하였다.

항소 및 법원의 판결(Appeal and Verdict)

스트랜드 社는 자신들의 제안서 상의 집진장치 시스템이 제안요청서의 설계지침과 어긋난다는 점에 대해 인정을 하였지만, 제안요청서의 설계지침과 자신들이 제안한 시스템은 성능 상 차이가 없기 때문에 기술적으로 무의미한 차이이며 계약을 파기하는 것은 발주처의 부당한 처사라고 주장하였다.

하지만 회계검사원(General Accounting Office, GAO)에서는 스트랜드 社의 주장에 동의하지 않았으며, 발주자의 시정조치가 적절하였다고 판단했다. 그리고 제안요청서의 요구조건을 하나라도 준수하지 않은 입찰서류는 기술적으로 용납할 수 없다는 점을 분명히 했다.

논의 및 결론

스트랜드 社의 사례는 제안요청서 상의 요구조건을 포함한 발주과정에서 발주자가 잘못을 바로잡기 위해서 재량권을 얼마나 가졌는지 보여주는 사례이다. 또한 너무 구체적인 설계지침은 발주단계에서 부정적인 영향을 줄 수 있다는 것을 보여주는 사례이기도 하다.

발주처는 사전에 집진장치 시스템에 대해 충분히 검토해야 했고, 설계에 대한 구체적인 조건을 제시하는 것이 아니라 성능 중심의 시방서를 준비했거나 '가치공학(VE)'를 이용한 대안설계의 제출을 허용했다면 좀 더 좋은 결과를 얻을 수 있었을 것이다.

본 사례는 아래와 같은 디자인빌드 발주방식의 중요한 교훈을 우리에게 전달하고 있다.

첫째, 설계에 대한 구체적인 조건을 제시하는 것보다는 성능 중심의 시방서를 작성하는 것이 더 효과적일 수 있다. 이 경우 디자인빌드팀은 설계에 대한 제약은 덜 받게 되며 동시에 자신들의 창의적인 해결방안이나 대안설계를 제시할 수 있고, 발주자는 이러한 창의적인 아이디어를 수용할 수 있다.

둘째, 입찰에 참가한 디자인빌드 팀의 제안 내용은 제안요청서의 요구사항에 부합해야 한다. 만약 디자인빌드팀에서 제안요청서의 내용과 상충되는 아이디어가 있는 경우에는 발주자와 논의를 통해서 공식적 또는 비공식적인 승인을 받고 난 후에 제안서를 제출해야 한다.

4 성공한 민간프로젝트 사례

4.1 Krispy Kreme Operation Facility Process[15]

배경

크리스피 크림은 사업 성장에 따라 생산시설과 건물을 확장하였지만, 기존 시설의 노후화와 낮은 효율로 인하여 급격히 증가하는 새로운 매장의 수요를 따라잡지 못하였다. 문제점을 해결하기 위해서 크리스피 크림은 식품 업체인 허스켈 社를 초청하여 가능한 해결방안에 대해서 논의하고자 하였다. 크리스피 크림과의 회의에서 허스켈 社는 식품산업에 대한 많은 경험과 크리스피 크림을 도울 수 있는 자신들의 역량을 설명하였다. 이에 크리스피 크림은 허스켈 社에게 니즈 파악, 단기 및 중장기 성장계획 수립, 사업방식 제안을 포함한 "Front-End" 서비스를 요청하였다.

프론트 서비스 : 공급사슬 분석 및 프로젝트 계획(Front Service: Supply Chain Analysis and Project Programming)

허스켈 社는 자체적으로 설계팀과 부동산팀을 보유하고 있다는 장점을 가지고 있었으며, 이러한 장점을 살려 발주처에 다음과 같은 포괄적인 서비스를 제안하였다.

- 추가적인 생산능력(Capacity)을 제공하기에 적합한 최적의 장소를 결정하기 위한 공급사슬 분석, 물류 분석 및 비즈니스 사례 분석 서비스
- 공급사슬 분석, 물류 분석, 비즈니스 사례 분석을 토대로 한 최종생산시설 위치결정 지원 서비스
- 생산과정, 장비 및 자재의 흐름, 시설물의 공간과 용지의 조건, 개념단계에서의 사업예산 등을 정의해주는 시설물 프로그래밍 서비스

허스켈 社는 이를 위해 프로젝트 팀에 공급사슬 분석 컨설턴트와 프로세스 컨설턴트를 합류시켰다[16]. 발주처는 허스켈 社의 프론트 서비스에 대한 만족 여부에 따라 후속 작업인 설계 및 시공 용역, 장비 구매 및 설치, 재무적 서비스 등에 대한 추가 계약 여부를 결

정할 수 있었다.

디자인빌더가 프론트 서비스 제공하였다는 것은 크리스피 크림의 생산운용직원들이 허스켈 社와 프로젝트의 초기단계부터 같은 팀을 이루었다는 측면에서 큰 의미가 있었다. 대부분의 경쟁 입찰 기반의 디자인빌드 프로젝트에서는 이익과 리스크 분배에 대한 "게임 개념"을 기반으로 발주자와 디자인빌더 사이의 관계가 형성되는데 비해, 본 프로젝트는 초기부터 발주처와 디자인빌더가 함께 팀을 이루어서 협력 관계를 구축하여 프로젝트를 진행할 수 있었다[17].

초기 작업을 위한 운영에 관한 정보 대부분은 발주처 측에서 제공하였으며, 부족한 정보나 데이터는 발주처와 디자인빌더가 협업하여 가정치를 산출하였다. 허스켈 社는 공급사슬 분석과 동시에 사업 프로그래밍을 진행시켜 40에이커의 부지에 연면적 187,000 평방피트 규모의 시설물 확장이 필요하다는 결론을 내렸다. 이러한 분석 결과는 추후 진행될 부지 탐색에서 기본 자료로 사용되었다.

프론트 서비스 제공에서 추가로 주목해야 할 점은 허스켈 社가 협력관계를 가지고 있는 주요 전문건설업체들 또한 초기 개념적 부지 설정에서부터 건물 및 공정 프로세스 구축에 이르기까지 참여했다는 점이다.

디자인빌드 서비스

프론트 서비스를 거쳐 부지를 확보한 후, 발주처는 허스켈 社와 디자인빌드 발주방식을 통해서 빌딩과 생산설비를 설계, 시공하도록 계약을 체결하였다. 프로젝트의 계약은 최대비용보증계약(Guaranteed Maximum Price, GMP) 방식을 통해 체결되었다. 설계단계에서 전문건설업체들이 설계팀에 참여하였으며 설계팀, 프로세스 컨설턴트, 시공팀, 그리고 발주자가 유기적 관계를 맺으면서 서로 협력하여 설계를 진행하였다. 2001년 5월에 최대비용보증계약을 체결하였으며 겨울까지 공사를 마무리하기로 하였다.

허스켈 社는 설계 · 시공병행방식을 사용하여 겨울 전에 외관공사를 마무리하고 인테리어와 설비시설이 들어올 수 있도록 일정을 계획하였다. 본 프로젝트는 일정 중 최신설비 및 기술을 포함한 새로운 프로세스에 대해서 품질보증을 위한 3개월의 테스트 기간이 포함되어 있었기 때문에, 공정 면에서 매우 촉박한 일정을 가진 프로젝트였다. 하지만 전문건설업체와 발주자를 포함한 모든 팀원들 간의 유기적 협력관계를 통해서 공기와 예산에

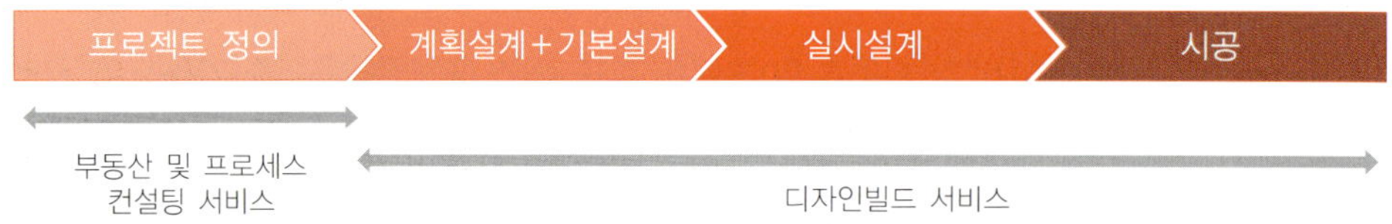

별첨1 그림 4 하스켈 社에 의해 제공된 서비스의 범위

맞추어 성공적으로 공사를 마무리 지었으며, 새로운 건물 및 설비시설은 원래 계획처럼 2002년 5월에 개관식을 할 수 있었다.

논의 및 결론

본 프로젝트는 디자인빌드 프로젝트이지만 일반적인 디자인빌드 프로젝트와는 조금 다른 특성들을 가지고 있다.

첫째, 일반적인 공공공사에서의 디자인빌드 프로젝트는 2단계 발주시스템에 따라 자격심사 후 경쟁 입찰기반의 제안서 심사단계를 거쳐 디자인빌더를 선정하지만, 본 프로젝트는 디자인빌더의 능력을 믿고 수의계약 형식으로 진행되었다. 이에 따라 다른 디자인빌드 프로젝트와는 달리 계획단계가 시작하기도 전에 디자인빌더를 선정할 수 있었다.

둘째, 디자인빌더의 서비스 제공범위가 일반적인 설계, 시공 서비스뿐 아니라 프로세스 엔지니어링과 부동산 서비스까지 포함되는 광범위한 프론트 서비스를 제공하였다. 본 프로젝트에서 허스켈 社는 프론트 서비스인 비즈니스 사례 분석, 프로젝트 정의뿐만 아니라 설계, 시공, 설비의 설치까지 발주처에게 토탈 서비스를 제공하였다. 이렇듯 허스켈 社는 단순히 설계와 시공을 일괄 수주하여 서비스를 제공하는 것이 아닌, 발주처가 가지고 있는 문제를 해결해주는 역할을 수행하였다.

디자인빌드의 확장을 운영, 관리까지 하는 경우는 꽤 있지만, 본 프로젝트와 같이 포괄적인 프론트 서비스로 확장하는 것은 흔하지 않다. 제조업체나 IT 업체 등과 같이 제품의 출시나 서비스를 소비자에게 빠르게 제공하는 것이 매우 중요한 산업에서는 이러한 형태의 디자인빌드 발주방식을 적용하는 경우가 종종 있었지만, 거의 대부분은 민간부문의 공사이며, 경쟁자들에게 자신들의 노하우를 알릴 필요가 없기에 실제로 이러한 형태의 서비스는 많이 소개되지 않는 편이다.

본 사례는 건설업계에 발주자가 경쟁이 아닌 협상을 통해 디자인빌더 선택 시 가치를 최대화할 수 있는 좋은 기회가 될 수 있다는 중요한 교훈을 주고 있다. 프로젝트 설계 이전 초기 기획단계에서 디자인빌더를 선정해 경쟁이 아닌 협력관계의 팀을 이루어 프로젝트를 진행하면 다수의 디자인빌드팀을 경쟁시킴으로써 얻을 수 있는 비용 측면의 혜택은 없어지지만 발주자의 문제해결능력 확보측면에서는 훨씬 유리할 수 있다는 것을 보여준다. 디자인빌드 발주방식이나 통합발주방식(Integrated Project Delivery, IPD)으로 프로젝트를 수행한 팀들은 프로젝트가 끝난 후 공통적으로 자신들이 설계 이전 단계부터 발주자와 팀을 이루어 참여하였다면 프로젝트를 좀 더 성공적으로 이끌 수 있었을 것이라 말한다. 다시 말해, 프로젝트의 구성원들이 개념 설계 이전 프로젝트 기획단계에서 프로젝트에 참여할 때, 발주자는 좀 더 가치 있는 서비스를 제공 받을 수 있게 된다.

4.2 Bellevue Children's Hospital Project[18]

배경

본 프로젝트의 발주자인 시애틀 어린이 병원센터(이하 어린이병원)는 서북부 지역에서는 처음으로 디자인빌드 발주방식보다 더욱 통합적인 발주방식인 통합발주방식을 시도하였다. 통합발주방식은 2000년대 중반 이후에 미국에서 나온 새로운 개념의 발주방식으로 병원공사를 중심으로 발달하였다. 통합발주방식이 디자인빌드 발주방식과 다른 점 중 하나는 설계 초기단계인 개념설계부터 설계자, 시공사, 전문건설업체들이 발주자와 하나의 팀을 이루어 작업을 한다는 점이다.

본 프로젝트는 통합합의서(Integrated Form of Agreement, IFOA) 형식의 계약서를 사용하였다. 통합합의서는 관계계약(Relational Contract)을 위한 문서로, 프로젝트 단위에서 린 개념을 실천하면서 전체 프로젝트를 최적화시키기 위해서 프로젝트의 리스크와 인센티브를 적절하게 분배하여 서로 다른 조직들의 이해관계를 조절하는 역할을 하였다.

본 프로젝트는 계약금액이 4,400만 불로 대규모 프로젝트라 하기는 힘들지만 협소한 부지, 제한적인 접근, 복잡한 건물 구조, 통합발주방식의 적용에 따른 불확실성의 요소 등으로 인해 어려운 점이 많았으며, 공기나 예산 또한 빠듯한 프로젝트였다.

발주처에서는 기존에 병원을 운영할 때 적용해 온 "린 생산방식"을 프로젝트에서도 적용하기를 원했기 때문에 발주처가 별도로 고용한 "린 컨설턴트"가 디자인빌드팀의 공사 수행을 도왔다[19]. 사업에 참여한 모든 팀들은 통합합의서 등의 계약을 통해서 린 건설의 적용과 BIM의 사용이 의무화 되었다.

통합합의서(Integrated Form of Agreement, IFOA)

전통적인 프로젝트 발주방식은 프로젝트의 전체 이익보다는 프로젝트에 속한 각 회사의 이익을 추구하는 계약구조를 가지고 있었다. 더욱이 설계 · 시공분리발주방식이나 건설사업관리 발주방식의 경우, 발주자가 프로젝트의 팀원들과 각각 다른 계약을 별도로 맺으므로 팀원들 간의 이해관계가 상충될 수 있는 여지가 많았다[20]. 이처럼 이해관계가 상충되는 점을 막기 위해서 프로젝트 매니저는 팀 구성 초기단계에서 각각의 회사들의 이해관계와 그들이 원하는 사항에 대해서 파악하고, 대화를 통해서 상충되는 점들을 무마시키는 것이 필요하다.

개별 팀 사이에 이해관계가 상충되는 것을 해결하고 서로 협력을 증진하기 위한 방법 중 하나로 본 프로젝트에서 사용한 통합합의서를 계약 시 이용하는 방법이 있다. 통합합의서의 계약 당사자는 발주자, 설계자, 시공자이며 이들은 하나의 계약문서를 통해서 프로젝트에 관한 리스크와 이익을 나누게 된다. 이들은 계약을 통해서 프로젝트에 손해가 발생할 경우, 누구의 책임이든 간에 그 손해를 미리 정해놓은 비율에 따라 나누어 가지게 된다. 또한 이익이 발생한 경우에도 미리 정해놓은 비율에 따라 나누어 가지게 된다. 따라서 프로젝트에 참여한 회사들은 각자의 이익보다는 프로젝트 전체의 이익에 대해서 먼저 고민하게 된다[21]. 또한 프로젝트에 참여한 회사들은 표준화된 작업방법들이 기술되어 있는 공동이행서약서(Statement of Intent)를 작성하고 서명한다. 본 프로젝트의 공동이행서약서에는 린 건설기법, 특히 3주 공정 및 주간공정 보고방법, 계획 신뢰도 측정방법, 보고의 의무, BIM 이용의무 등이 기술되어 있었다.

발주처 측 컨설턴트는 본 프로젝트에서 모든 참여자들의 역할이 기존 발주방식을 적용한 프로젝트와 비교하여 달라졌다고 이야기하였다. 통합발주방식의 적용을 통해서 설계자의 역할의 범위가 단순히 설계에서 그치는 것이 아니라 프로젝트의 결과물에 대해서도 책임을 같이 나누는 것으로 확대되었으며, 시공사인 셀렌 건설뿐만 아니라 기계 및 전기 분야의 전문건설업체들까지도 설계의 전(全) 과정을 설계자와 함께 참여하였다. 이러한 과정을 통하여 통합 팀은 시공사들의 경험과 지식을 설계 전(全) 과정에 반영할 수 있었다.

린 개념에선 시간의 흐름 상 후속 작업들을 담당하는 업체들이 사전에 이루어지는 의사결정에 참여하는 것이 중요한 원칙 중 하나이다. 건설공사에서 후속작업을 수행하는 업체는 주로 기계 및 전기 분야의 전문건설업체들이며, 이들이 설계과정에 참여하는 것이 린 건설기법에서 중요한 원칙이라 할 수 있다. 또한 주간공정계획 등을 포함한 협력체제 아래의 공정계획인 라스트 플래너 기법을 통하여 각 팀들 간의 소통을 원활하게 하고 팀원들이 각자의 이해관계가 아닌 프로젝트 전체의 목표달성을 위해 일할 수 있도록 하였다[22].

본 프로젝트에서는 최대비용보증계약을 사용하였지만, 일반적인 최대비용보증계약과는 달리 통합합의서를 통한 계약에서는 예비비(Contingency)를 모든 팀들이 공동으로 관리를 하게 하였다. 프로젝트가 종결되었을 때, 남은 공동 예비비가 각 회사들의 이익에 결정적인 영향을 미친다는 점을 고려할 때, 예비비를 공동으로 관리하여 개별 팀의 이익과 프로젝트 전체의 이익을 일원화 할 수 있었다.

설계 초기단계에서는 예비비를 공동으로 관리하지 않고 팀별로 예비비를 정한 후 각자가 관리를 하였으나, 설계단계에서의 일부 변경의 건에 대해서 협의를 할 때 누구의 예비비를 사용할 것인지에 대한 이견이 많이 발생하였다. 하지만 이러한 것이 프로젝트의 이익을 개별 집단의 이익보다 우선시하는 통합발주방식의 목표에 어긋난다고 하여 설계기간 도중에 공동 예비비 개념으로 전환을 하였던 것이다.

공동으로 관리하는 예비비는 프로젝트 참여자들의 이해관계를 일원화하는 데 도움이 되지만, 실제 관리과정을 살펴보면 여러 가지 문제들이 발생할 수 있으며, 프로젝트의 특성에 따라서 또 다른 문제들 유발할 수도 있다.

통합 팀의 조직

프로젝트를 최적화시키기 위해서는, 우선 프로젝트의 팀들의 작업 범위, 요구 사항 등 여러 이해관계들에 대해서 사전에 조율이 이루어져야 한다. 이를 위한 유용한 조직전략 중 하나로 공동작업공간(Co-location)을 가지는 것이 있다. 공동작업공간이란 발주자, 시공자, 설계자, 전문건설업체들이 설계와 시공 시 하나의 작업공간에서 작업을 하게 하여 협력관계를 증진시키고 협력을 통한 의사결정의 효율성을 높이는 방법이다. 우리나라의 경우, 턴키 공사 시에 쉽게 볼 수 있는 "합동사무소"가 이와 유사한 개념이다. 공동작업공간을 이용하면 프로젝트의 팀별로 가지고 있는 서로 다른 분야의 정보들을 손쉽게 공유할 수 있게 되며, 같은 공간의 작업을 통하여 자연스러운 팀 빌딩이 가능하게 된다. 또한 설계기간 중 문제해결이나 설계방안 도출을 위해 시행하는 브레인스토밍 과정을 통해서 서로 다른 분야에서의 기술과 경험, 시각 등을 충분히 활용하고 시너지를 불러일으키는 효과 또한 있다.

본 프로젝트에서는 기존에 각자의 사무실에서 따로 작업하는 방식과 공동작업공간 방식을 혼합하여 사용하였다. 일주일 중 4일은 각자의 사무실에서 업무를 수행하고, 하루는 발주자가 마련한 공동작업공간에서 함께 회의 및 작업을 수행하는 방식을 취하였다. 다행히 발주처 측에서 몇 개의 회의실을 가지고 있었으며 일주일 중 하루는 온종일 프로젝트팀이 사용할 수 있었기 때문에, 공동작업공간에 대한 비용이 추가로 들지 않았다. 본 프로젝트에서 온전히 공동작업공간을 이용하지 않고, 이처럼 혼합된 방법을 사용한 이유는 ① 프로젝트의 규모가 크지 않아서 각 회사들에서 프로젝트에 투입된 인력들이 다른 프로젝트를 겸직하는 경우가 많았으며, ② 모든 팀원들의 사무실이 시애틀 시내에 위치하고 있어 차량을 이용하면 10~20분 만에 이동이 가능하기에 공동작업공간에서 일하는 날이 아니어도 수시로 미팅을 가지면서 협력적으로 업무를 수행하는 것이 가능하기 때문이었다.

설계 작업은 발주자나 사용자가 필요한 것과 요구하는 것을 파악하는데서 시작한다. 설계자는 발주자 또는 사용자의 요구사항에 부합하는 여러 설계 대안들을 제안하고, 시공자는 설계 대안들에 대해서 시공 방법 및 시공성, 자재 등에 대한 피드백을 제공한다. 이처럼 설계 작업 시 팀원들 사이에서의 유기적인 과정을 반복적으로 수행함으로써, 가장 효율적으로 요구하는 사항에 부합하는 시설물을 설계할 수 있다. 이러한 반복적인 대화와 협의과정을 효과적으로 진행하기 위해서는 합의된 용어의 사용, 프로젝트에 대해서 협력하는 문화와 팀 분위기의 형성이 필요하다.

디자인빌드 팀의 팀원들이 서로 존중하는 문화가 형성이 되면, 팀 각각의 이익보다 프로젝트 전체의 이익을 먼저 생각하게 된다. 특히 이러한 현상은 팀원들의 전문성을 의사결정과정에서 유기적으로 반영해야 하는 프로젝트에서 많이 나타난다.

발주처는 이러한 측면을 고려하여, 통합 팀을 구성할 때 각 회사의 문화와 분위기를 고려하였다. 시공사나 전문건설업체의 선정 시, 회사의 문화와 분위기를 고려하는 것은 물론 프로젝트에 직접 참여하는 개인들의 성향까지도 꼼꼼히 고려하였다. 이처럼 회사의 선정 시에 공을 들인 이유는 2년 이내로 끝나는 단기 공사기간 동안 각 회사나 팀원들의 성향을 바꾸는 것이 쉽지 않으며, 프로젝트의 협력방식에 적합한 팀원들을 선별하는 것이 가장 합리적인 방법이기 때문이었다.

이처럼 건설 산업에서 공동작업을 이용한 전략이 증가하면서 여러 가지 의문점들이 생겨나고 있다. 이 중 통합 팀과 관련하여 발생하는 주요한 의문점으로 다음과 같은 사항들이 있다. 먼저 각 참여주체들을 통합 팀으로 합류시키는 적합한 시점에 대한 의문이다. 설계자와 시공자를 팀에 합류시키는 시기뿐 아니라, 주요 전문건설업체의 합류 시점이 더욱 복잡한 문제이다. 그리고 재하도를 하는 경우 통합발주 협약을 통해 적용하기로 한 린 건설이나 BIM 등의 방법들을 재하도나 재재하도급 업체까지 전파시켜야 하는 문제도 있다.

논의 및 결론

기존 건설 산업에서는 설계 · 시공분리발주방식을 활용하여 계약관계에 따라 각 팀 간의 경쟁관계를 통하여 프로젝트를 성공적으로 이끌고자 하는 발주모델이 지배적이었다. 하지만 이러한 접근 방식은 프로젝트팀들 간의 통합, 조율, 소통 등에는 도움이 되지 않았다. 반면 최근 제시되고 있는 디자인빌드 발주방식이나 통합발주방식의 경우, 경쟁보다는 팀 간의 소통과 관계 형성을 중요하게 여긴다.

본 프로젝트는 발주자가 설계–시공팀과 하나의 팀을 이루어 설계–시공의 전(全) 과정에 참여하였다. 그리고 각 팀들의 이해관계는 통합합의서를 통한 이익과 리스크의 공유에 의해서 조율되었다. 하지만 주요 전문건설업체, 즉 기계/전기 시공업체가 통합합의서 계약의 주체가 아니라 시공사와 별도로 계약을 맺었기 때문에 엄밀한 의미에서 이상적인 통합발주방식이라고는 할 수 없다. 프로젝트의 이익과 리스크는 발주자, 설계사, 시공사에 의해서만 공유가 되었으나, 주요 전문건설업체들과는 공유가 되지는 않았기 때문이다. 이런 측면을 고려할 때 본 프로젝트는 디자인빌드 발주방식에 더 가깝다고도 할 수 있으나, 통합합의서를 통한 관계계약에 따라 발주자가 프로젝트 팀에 참여하였으며 이익과 리스크를 공유하여 서로 간의 이해관계를 조율하였다는 점에서 큰 의미를 가지는 프로젝트라 할 수 있다.

5 문제가 발생한 민간프로젝트 사례

5.1 Modification of Underground Mine Project[23]

배경

본 프로젝트는 설계자 중심의 디자인빌드 발주방식으로 수행되었다. 세드만 社는 호주를 기반으로 한 석탄 관련 플랜트 전문 설계-시공 회사로, 발주자인 짐 월터 리소스(이하 짐 월터) 社의 광산 중 하나를 리모델링하는 공사를 수행하게 되었다. 세드만 社는 프로젝트의 설계를 담당하였으며, 관련된 모든 시공 업무는 과거 수년 간 짐 월터 社와 일을 한 프로 인더스트리 웰딩(이하 PIW) 社와 계약을 맺어 수행하였다.

데이빗 길(이하 길) 씨는 세드만 社의 현장대리인으로서 PIW 社가 시공 시 엔지니어링 도면과 시방서를 준수하면서 작업을 진행하는 지와 현장에 설치된 설비들을 제대로 검수하고 있는 지를 확인하는 업무를 수행하였다. 길 씨는 PIW 社의 직원들을 직접적으로 감독할 권한은 없었지만, PIW 社의 직원이나 작업자가 안전수칙을 어기는 경우에는 시정을 요구할 수 있었다. 세드만 社의 업무 범위에는 기존에 설치되어 있는 철강구조물 중 일부를 제거하고 새로운 구조물로 이를 대체하는 작업이 포함되어 있었지만 존치될 철강구조물을 보수하거나 대체하는 작업은 포함되지 않았다. 만약 PIW 社가 시공 중 구조적으로 위험하거나 안전조치가 필요한 철강구조물을 발견할 경우에는 발주자 측과 별도의 계

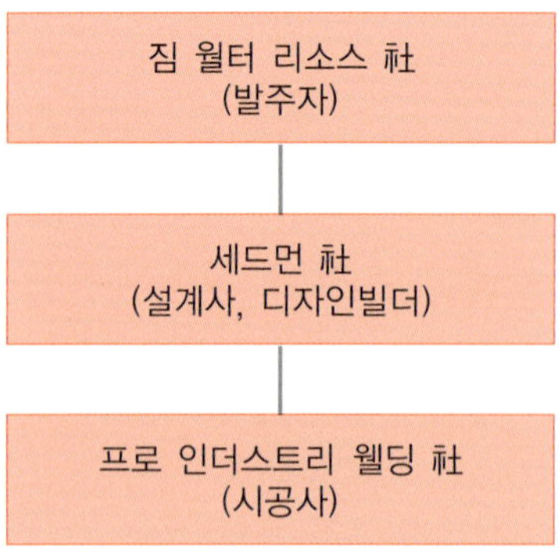

별첨1 그림 5 광산 프로젝트의 조직도

약을 통해 문제가 있는 부분에 대한 수리 등의 조치를 취하기로 협의가 되어 있었다.

쟁점사항

시공 중에 문제가 발생한 부분은 기둥의 주 보(Beam)와 연결되는 점에 이어진 콘크리트 슬래브 랜딩(Concrete Slab Landing) 부분이다. 이 랜딩은 설계도면 어디에도 나와 있지 않았으며, PIW 社와 길은 새로운 바닥 층을 설치하기 전에 이것을 철거하기로 합의하였다. PIW 社와 길 씨는 랜딩의 철거를 위해서 여러 가지 방안들을 생각한 끝에 철거 프로세스를 마련하였다. 먼저 조각난 랜딩을 제거하였으며, 그 후 이러한 조각들을 지지하던 철골재와 채널들을 제거하였다. 하지만 제거작업으로 인해 랜딩을 지지하고 있던 채널의 지지가능량이 줄었으며, 이 상태에서 플랫폼의 가장자리를 지지하고 있던 행거를 절단하는 철거작업을 진행하던 작업자가 랜딩이 무너지면서 작업자가 떨어져 사망하는 사고가 발생하였다.

광산안전협회(Mine Safety Health Administration, MSHA)에서 사고를 조사하였으며, 세드만 社가 구조물의 붕괴를 막을 철골재를 유지하지 못한 것을 포함한 몇 가지의 안전수칙을 준수하지 않은 것을 발견하고 세드만 社를 소환하였다. 그뿐만 아니라 광산안전협회는 사전에 철골재와 지지대 등에서 부식, 녹 등의 안전이상신호가 눈에 보일 정도로 존재하였다는 점도 찾아내었다.

법적인 책임

세드만 社는 광산안전협회에서 제시한 혐의를 부인하였다. 세드만 社는 더 이상 사용하지 않으며 철거 중인 구조물을 양호한 상태가 유지되도록 보수하는 것은 논리적으로 맞지 않는다고 주장하였다. 또한 문제가 된 구조물의 부식 등 노후화 현상은 오랜 시간 전부터 존재한 것이며, 자신들은 사고 발생 직전에 공사 현장에 계약관계를 새로 맺은 것이므로 이를 좋은 상태로 수리하여 유지할 위치가 아니라고 주장하였다.

법원은 세드만 社의 입장에 대해서는 일부 인정하였으나, 안전과 관련한 규정에서 대상물 중 철거될 구조물을 제외하는 조항은 없다는 점을 지적하였다. 또한 법원은 구조물을 양호한 상태로 유지해야 한다는 안전 규정은 길 씨와 PIW 社의 작업자들에게 제대로 유지가 되지 않은 구조물이나 그 근처에서의 작업 시 위험에 노출되는 것을 방지하기 위해 필요하다고 해석하였다.

이에 세드만 社 측은 비록 이 안전규정을 적용한다고 하더라도 다음과 같은 이유로 자신들의 법률적 책임은 없다고 주장하였다.

- 세드만 社는 해당 구조물의 침식과 부식 등의 노화가 일어나는 것에 대해서 관리나 조정을 할 수 있는 권한이 존재하지 않았다.
- 세드만 社는 해당 구조물이 노화 상태에 있다는 것을 인지하지 못하였다.
- 세드만 社는 부식 등의 노화 상태에 대하여 책임을 질 대상자가 아니다.
- 세드만 社는 구조물의 노화에 대한 원인을 제공한 바가 없다.

하지만 법원은 세드만 社가 발주처와 맺은 디자인빌드 계약에 따르면, 세드만 社에게는 프로젝트를 수행함에 있어 모든 안전법규를 지키고 프로젝트를 관리해야 하는 의무가 있다고 보았다. 따라서 법원은 세드만 社 측에서 근로자가 문제지역과 그 근처에서 일을 하고 있다는 점을 인식했어야 할 의무가 있으며, 안전위반에 대한 책임이 존재한다고 해석하였다. 법원은 계약서에서 세드만 社는 PIW 社가 안전에 위험이 되는 행위를 할 때 시정 요구조치를 해야 하며, 그러한 요구조치대로 PIW 社가 수행을 하지 않을 경우 세드만 社의 판단에 따라 PIW 社와의 계약을 파기할 수 있는 권한을 가진다고 명시하고 있다고 보았다. 또한 법원에서 진술자들은 세드만 사의 현장대리인인 길 씨가 PIW 社의 근로자들에게 안전벨트의 착용과 같은 안전문제들을 지적하였으며, 이 경우 PIW 社의 근로자들이 수동적이지만 이러한 사항들을 따랐다고 증언하였다. 법원은 이러한 사항들을 고려할 때, 세드만 社가 현장의 안전문제에 대한 법적 책임이 있다고 판단하였다.

논의 및 결론

본 사례에서는 설계자 중심의 디자인빌드 프로젝트의 중요한 교훈을 주고 있다. 보통 설계자가 디자인빌드팀을 이끌 경우에는 시공과 관련된 모든 업무는 시공사를 선정하여 계약을 맺어 일임하는 것이 일반적이다. 이럴 경우에 설계자는 시공에 대한 계약을 체결함으로써 안전위험을 포함한 모든 리스크들이 시공사로 전가된다고 생각하기 쉽다. 하지만 이번 사례에서처럼 설계자는 위로는 발주자의 부식 문제에 대한 책임과 아래로는 시공사가 시공 중 OSHA 법규를 지키지 않아서 발생하는 현장의 문제에 대한 책임까지 질 수 있다.

설계자는 단순히 시공사와 계약을 체결할 때, 안전 등의 시공관련 문제가 발생하였을 경우 책임을 시공사 측에 넘기는 "면책" 부분을 계약서 상에 명시하였다고 하여 안전 문제에 대한 책임을 회피할 수 있다고 생각해서는 안 된다. 다른 이에게 책임을 위임한 경우가 아니라면 계약서 상의 면책 부분과 관계없이 시공과 관련된 책임이 존재한다는 점을 명심해야 한다.

5.2 Automobile Dealership Project[24]

배경

웨슬로 씨는 자동차 딜러로서 캘리포니아 주의 오렌지 카운티에 새로운 자동차 대리점을 짓는 프로젝트를 발주하여 웨슬 社와 디자인빌드 공사계약을 체결하였다. 웨슬 社는 프로젝트 내의 옹벽(Retaining Wall) 부분의 설계-시공에 대해서 시애라 社와 디자인빌드 계약을 맺었으며, 시애라 社는 2,000불을 들여서 디자인 컨설턴트인 찰스 랜들(이하 랜들) 씨에게 옹벽의 설계를 맡겼다. 당시 랜들 씨는 오웬 엔지니어링(이하 오웬) 社의 직원이었으며, 계약서에는 오웬 社와 랜들 씨 둘 다 서명을 하였기 때문에 시애라 社와 랜들 씨, 오웬 社 모두를 해당 계약의 당사자로 볼 수 있다.

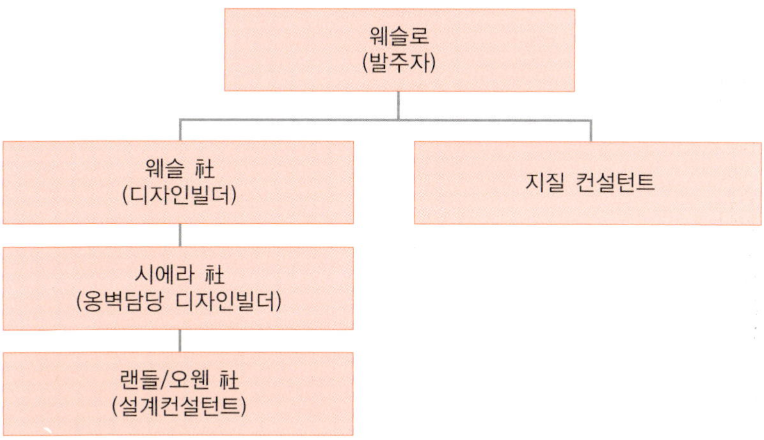

별첨1 그림 6 자동차 대리점 프로젝트의 조직도

쟁점사항

옹벽의 일부가 붕괴됨에 따라 발주자는 웨슬 社, 시에라 社, 랜들 씨, 오웬 社와 프로젝트의 지질조사를 수행하고 지질보고서를 작성한 지질조사회사를 고소하였고, 총 피해액이 600만 불에 달한다고 주장하였다. 발주자는 재판 전에 웨슬 사, 시에라 사, 지질조사회사와 합의하였으며, 합의금은 각각 160만 불, 120만 불, 80만 불이었다. 1심에서 법원은 랜들 씨와 오웬 社가 발주자나 웨슬 社와 직접 계약을 한 당사자가 아니기 때문에 직무태만이나 직무 상의 오류 등에 관한 책임이 없다는 이유로 발주자의 소송을 기각하였다.

법적인 책임

발주자와 웨슬 社는 항소심에서 랜들 씨와 오웬 社가 시에라 社와 계약을 맺었지만, 프로젝트의 발주자가 누구이며 자신들의 일에 최종적으로 혜택을 받는 당사자가 누구인지 알고 있었기 때문에 직접적인 계약을 맺지 않았다는 이유로 책임을 면하는 것은 부당하다고 주장하였다. 또한 발주자와 웨슬 社는 랜들 씨와 오웬 社가 설계를 주관하였고 감독하였으며, 옹벽의 설치 이후 검측을 하였다는 증거를 제출하였다. 시에 제출한 두 장의 옹벽 계산서에서에는 랜들 씨의 서명과 도장이 기입되어 있었으며, 이를 통해 시에라 社는 계산서를 준비만 했다는 것이 밝혀졌다.

항소심에서는 기존 캘리포니아 주 사례 두 건을 근거로 발주자와 웨슬 社의 주장을 기각하였다. 법원은 먼저 옹벽의 설계가 발주자와 웨슬 社에게 미친 영향이 의도적인 것인지 조사하였다. 옹벽 설계가 간접적으로는 발주자와 웨슬 社에게 영향을 미치기는 했지만, 랜들 씨와 오웬 社의 계약상에서는 발주자와 웨슬 社가 시에라 社와 랜들 씨, 오웬 社와의 계약의 수혜자라는 것이 명시되어 있지는 않았다. 법원은 대신 시에라 社가 랜들 씨와 오웬 社가 준비한 옹벽 계산서의 직접적인 수혜자라는 점을 들어서 옹벽 설계를 시에라 사가 웨슬 社의 도급업체로서의 의무를 실행하는 과정으로 간주하였다.

법원은 또한 설계에서 문제나 오류가 존재하는 것과 발주자 측에서 손해를 보는 것과의 연관성에 대해서 고찰하였다. 법원은 비록 설계오류로 옹벽이 무너질 수 있다는 가정은 가능하지만, 랜들 씨와 오웬 社의 설계를 아무런 수정 없이 시공에 사용했다는 증거가 부족하다고 판단하였다. 따라서 발주자의 손해가 랜들 씨와 오웬 社의 설계오류만의 문제라는 것은 증거가 부족하다고 판결하였다.

논의 및 결론

이번 사례는 설계자가 발주자와 직접적으로 계약을 맺지 않았을 때, 즉 설계자가 발주자와의 직접적인 계약 대상이 아닐 경우에 설계오류에 따라 발생할 수 있는 문제점을 여실히 보여주고 있다. 랜들 씨와 오웬 社는 옹벽을 설계하면서 설계오류를 저지른 것으로 보이지만, 발주자나 디자인빌더와 직접적인 계약당사자가 아니기 때문에 이에 대한 책임에서 자유로울 수 있었다. 이는 법원이 본 사례에 피의자와 직접적인 계약관계가 맺어진 상태가 아니라면 경제적인 손실에 대해서 보상을 받지 못하는 "경제적 손실교류(Economic Loss Doctrine)"의 원칙을 적용하였기 때문이다.

디자인빌더가 기계, 전기부문에서 전문건설업체를 고용하는 경우는 흔히 있으며, 시공부문뿐만 아니라 설계부문에서도 전문건설업체를 고용할 수 있다. 만약 이번 사례와 같이 전문건설업체들이 독립적으로 설계사를 별도 고용하여 설계를 수행할 경우, 설계의 오류가 있을 경우를 대비하여 책임관계를 명확하게 해야 한다.

컨설팅 엔지니어들도 이번 사례를 통해서 중요한 교훈을 얻을 수 있다. 랜들 씨와 오웬 사는 디자인빌더의 도급업체인 시에라 사와 계약 시에 설계오류가 발생할 경우를 대비해 법적 책임범위에 대한 제한 규정이 필요 했다는 점이다.

이번 사례는 디자인빌드 프로젝트의 "단일 책임(Single Responsibility)"에 대하여 통찰할 수 있는 좋은 사례이다. 설계상 문제점에 대한 디자인빌더의 책임은 설계자가 발주자와 직접 계약을 맺는 전통적인 설계 · 시공분리발주방식에 비해서 확대된다.

5.3 Tennis Indoor Facility Project[25]

배경

그레시어 테니스 클럽(이하 GTC)은 트레윅 社와 몬타나 주에 위치한 새로운 실내 테니스장 건설에 대한 디자인빌드 계약을 체결하였다. 트레윅 社는 발주처인 GTC가 고용한 설계자인 짐 톰슨(이하 톰슨) 씨가 제공한 개념설계를 기초로 제안서를 작성하였다. 톰슨 씨는 또한 프로젝트와 관련된 발주 및 시공단계에서의 행정서비스를 발주처에 제공하였다. 트레윅 社는 다수의 도급계약을 맺었으며, 그 중 주요 계약은 다음과 같다.

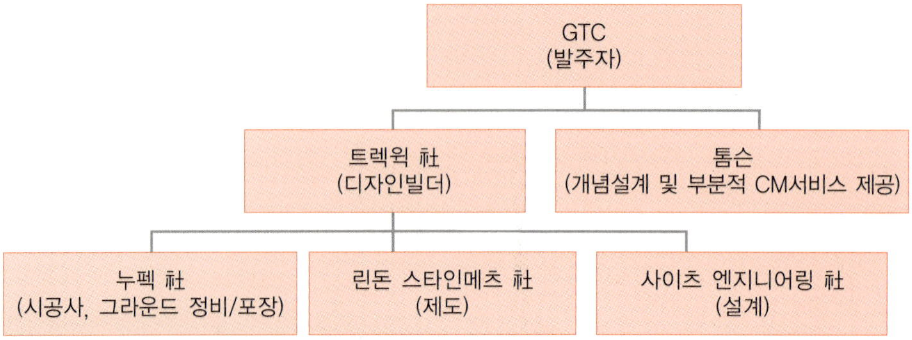

별첨1 그림 7 실내 테니스장 프로젝트의 조직도

- 누펙 社 : 그라운드 정비 및 테니스 코트의 포장
- 린돈 스타인메츠(이하 스타인메츠) 社 : 제도(Drafting) 서비스
- 사이츠 엔지니어링(이하 사이츠) 社 : 설계 서비스

쟁점사항

공사가 끝나고 얼마 지나지 않아, 실내 테니스장의 품질 문제가 발생하였다. 테니스장 코트의 표면이 떠서 선수들이 가끔씩 걸려 넘어지는 일이 발생하였고, 비가 올 때 외벽에서 건물 안으로 빗물이 스며드는 문제도 발생하였다. 트레윅 社와 도급업체들은 설계와 시공 상에 문제가 있는 점에 대해서는 인정하였으나, 아무 업체도 자신의 잘못이라고 인정하지는 않았다. 트레윅 社는 2년 동안 건물의 누수 현상을 고치려고 하였으나 실패하였고, 발주처는 문제의 원인을 파악하기 위해서 별도의 엔지니어를 고용하기에 이르렀다. 고용된 엔지니어는 누수의 원인을 잘못된 지하 배수 설계와 불량시공(깨진 배수배관, 뭉개진 배수 입구, 부적절한 되메우기 재료사용 등)으로 지적하였다. 또한 엔지니어는 보고서를 통해 트레윅 社가 시설물 아래에 방습층을 제대로 설치하지 않아 라돈(Radon) 수치가 허용치 이상 올라가게 되었다고 밝혔다[26].

GTC는 트레윅 社를 계약 위반으로 고소하였으며, 트레윅 社는 톰슨 씨와 누펙 社, 스타이메츠 社, 사이츠 社에 대해서 소송을 제기하였다. 톰슨 씨의 경우 개념 설계 및 시공도면에 대한 검토와 허가에 대한 직무를 소홀히 하였다는 것이 소송의 이유였으며, 누펙 社, 스타이메츠 社, 사이츠 社의 경우에는 도급 계약상에 명시되어 있는 업체들의 책무를 다하지 못하였다는 것이 소송의 이유였다. 트레윅 社는 이들이 자신을 대신해서 GTC가 제시한 배상금을 갚아야 한다고 주장하였다.

사이츠 社는 재판 전에 트레윅 社와 합의를 보았다. 예심에서 트레윅 社의 소송은 고소된 모든 피의자들이 잘못이나 오류를 범하였다는 정확한 증거가 없다는 이유로 기각되었다. 배심원은 트레윅 社가 GTC에 8만 5,000불을 배상하라는 판결을 내렸으며, 트레윅 社는 항소하였다.

법적인 책임

톰슨 씨는 발주자의 대리인으로서 트레윅 社에 대해서는 어떠한 책임도 없다고 주장하였다. 톰슨 씨는 트레윅 社가 설계와 시공 보조로 자신을 의지하는 것을 의도하지도 않았으며 전혀 몰랐다고 주장하였다. 자신의 역할은 가교방식을 적용한 발주를 위하여 초기단계에서 개념 설계를 진행하고, 시공 중에 트레윅 社가 제출한 서류와 기성지급요구서(Payment Requisition) 등을 검토하는 것으로 한정되어 있다고 말하였다. 이에 트레윅 社는 톰슨 씨가 시공과정에서 행정 서비스를 수행하였고, 시공도면 검토 및 승인 업무를 담당하면서 시공도면에 문제가 있는 경우 알려줄 것이라 생각하는 것이 타당하다고 톰슨 씨의 주장에 반박하였다.

몬타나 주의 대법원은 트레윅 社가 진행한 업무와 관련하여 자신에게는 아무런 의무가 없다는 톰슨 씨의 주장을 받아들이지 않았다. 대법원은 만약 기술적인 문제에 대해서 톰슨 씨가 트레윅 사에게 제공하는 정보나 의도를 프로젝트에 반영해야 하는 상황이라면, 톰슨 씨에게도 책임이 있다고 생각하였으나, 톰슨 씨에게 이러한 의무를 지울 충분한 근거가 부족하다고 결론을 내렸다. 당시 톰슨 씨는 프로젝트 설계자가 아니었으며, 설계를 지도하였다는 증거 또한 존재하지 않았다. 그리고 톰슨 씨가 제공한 행정 서비스의 수혜자는 트레윅 社가 아닌 발주자라고 판단하였다.

누펙 社와의 항소심에서 법원은 누펙 社에게 책임이 없다고 결정한 지방법원의 판결이 잘못되었다는 트레윅 社의 주장에 동의하였다. 트레윅 社는 누펙 社의 업무 범위 안에서 트레윅 社가 배상을 책임지는 경우, 해당 배상을 누펙 社가 부담한다는 내용을 누펙 社의 도급계약서에서 명시하고 있다고 주장하였다. 또한 도급계약에 따라 누펙 社는 최고 수준의 품질을 제공하여야 하며, 발주자를 만족시켜야 한다고 주장하였다. 하지만 법원은 도급계약서에서 이러한 내용을 담고 있는 문구들과는 별개로, 누펙 社의 업무 수행에서 하자가 있었다는 근거가 충분하지 못하다고 판단하였다. 누펙 社에서 시공한 부분은 포장 전에 트레웍 사의 엔지니어에 의해 검측을 받았으며, 검측 결과 모두 설계시방서에 나와 있는 기준보다 더 높은 성능을 보여 검측을 통과하였었다. 누펙 社에서 포장을 마친 후에도 트레웍 사에서는 누펙 社에서 시공한 포장에 대해서 검측을 하였으며, 검측 결과에 아무런 문제가 없어 기성액이 지급되었다. 누펙 社에서 부실공사를 하였다고 주장하는 트레웍 사에서 제시한 유일한 증거는 아스팔트 위 표층재료를 깔았던 작업자의 진술로, 해당 작업자는 표면층을 깔기 전에 테니스코트 중 한 개의 코트의 표면이 약간 튀어나왔다는 것을 알아차렸다는 내용이었다. 하지만 그 작업자조차 큰 문제로 여기지 않고 표층작업을 계속해서 진행하였다.

라돈에 대해서 트레웍 社는 디자인빌드 계약서나 Uniform Building Code(이하 UBC)에서 나와 있는 항목이 아니기 때문에 배상해야 할 책임이 없다고 주장하였다[27]. 발주자는 디자인빌드 계약서와 UBC 모두 방습막을 표면 아래에 설치하도록 되어 있으나, 트레웍 社에서 설치를 하지 않았으며 이로 인하여 라돈 수치가 올라갔다고 주장하였다. 법원은 트레웍 社가 표면 아래의 방습제를 설치하지 않고, 기초에 적정한 크기의 자갈을 사용하지 않았기 때문에 라돈이 높은 수치를 보였다고 판단하였다.

또한 트레웍 社는 1심에서 자신들이 증거로 제출하였던 제안서의 표층 아래 배수시스템의 제안 내용을 법원에서 증거로 채택하지 않은 것이 잘못되었다고 주장하였다. 공사 발주 시 발주자는 시설물 안의 배수타일 시스템(Drain Tile System)을 설치할 경우 견적금액이 너무 비싸 계약 시 해당 부분을 제외하였다[28]. 트레웍 社는 이와 관련하여 상기 시스템을 설치하였다면 습기와 관련된 문제들은 발생하지 않았을 것이며, UBC의 규정을 만족시키면서 동시에 라돈 문제도 해결이 되었을 것이라 주장하였다. 하지만 법원은 단순히 가격 견적만 해주었을 뿐, 이를 포함시키겠다는 제안이나 권유를 발주자에게 한 것이 아니기 때문에 트레웍 社의 주장을 받아들이지 않았다.

논의 및 결론

이번 사례는 디자인빌드 발주방식을 사용하면 발주자의 리스크가 디자인빌드 팀으로 전가된다는 점을 여실히 보여주고 있다. 다른 발주시스템은 일반적으로 발주자가 설계자나 시공자의 잘못을 증명해야 하지만, 디자인빌드 발주방식에서는 오히려 디자인빌더가 잘못을 증명해야 하는 책임을 가지며, 잘못을 증명하는데 실패하면 디자인빌더가 모든 책임을 지게 된다. 이번 사례에서 배심원은 명백한 프로젝트의 결함으로 트레윅 社의 법적 책임을 쉽게 밝혀냈다. 반면 트레윅 社는 결함에 대한 책임자를 밝히는 데 실패하였으며, 그 결과 모든 책임을 혼자 지게 되었다.

이번 사례를 포함하여 많은 경우에 디자인빌더는 도급계약을 맺을 때, 면책 및 책임전가부분에 상당한 공을 들인다. 법원의 판결문을 보면 트레윅 社 또한 도급계약 시 트레윅 社의 면책과 책임전가부분을 자세히 작성하였음을 알 수 있다. 하지만 아무리 자신에게 유리하게 도급계약을 맺었다 하더라도, 이러한 계약상의 내용이 효력을 발휘하기 위해서는 도급업체가 부실에 대한 책임이 있다는 것을 증명할 수 있어야 한다.

5.4 AgGrow's Oilseeds Processing Facility Project[29]

배경

애그로우 社는 오일시드를 이용하여 식용 및 산업용 기름을 만드는 회사로서 노스다코타 주 캐링턴 시에 새로운 생산설비공장을 짓기 위해 T.E.Ibberson(이하 TEI) 社와 디자인빌드 계약을 체결하였다. 디자인빌드 계약은 완성된 공장에서 매일 다섯 종류의 오일시드 200톤을 처리할 수 있어야 하며, 기름을 짜내고 남은 찌꺼기의 잔존 기름 함유량이 5~8% 이내가 되어야 한다는 성능보장사항을 포함하고 있었다. 내셔널 유니온 파이어(이하 내셔널) 보험회사는 TEI 社의 모든 계약 사항에 대해서 이행보증보험을 발행하였다. 또한 TEI 社는 앤더슨 인터내셔널 코퍼레이션(이하 앤더슨) 社로부터 오일시드 추출설비를 구매하여 공장에 설치하였으며, 이 때 앤더슨 社가 기계의 납품부터 설치까지 담당하였다.

쟁점사항

TEI 社는 공사를 순조롭게 진행하여 공기에 맞추어 오일시드 공장 시설을 완성하였다. 하지만 공장이 실질적으로 완성되었지만, 생산설비의 성능이 계약 상 보장된 효율에 미치지 못하는 문제가 발생하였다. TEI 社와 기계를 납품한 앤더슨 社는 설비를 개조하여 성능을 향상시키고자 하였지만 실패하였고, 결국 발주처인 애그로우는 설비의 운영을 중단하고 공사가 완료된 지 18개월 만에 공장을 매각하게 되었다. 그 과정에서 앤더슨 社와 TEI 社 측은 애그로우 社가 제공하는 오일시드가 원래 시방서 규정에 맞지 않는다고 이의를 제기하였으나, 시방서에 맞는 오일시드를 공급하였을 때에도 성능이 개선되지 않았다.

계약의 이해당사자들은 세 명의 전문가들로 구성된 패널들에게 의견을 듣고 중재를 통해서 문제를 해결하기로 하였다. 패널들은 우선 발주처인 애그로우 社는 공장설비의 결함에 아무런 책임이 없다고 결론을 내렸다. 또한 디자인빌더인 TEI 社는 공장설비의 설계-시공에 관한 총괄적인 책임이 있으며, 앤더슨 社가 제공한 설비를 포함한 모든 설비와 성능보장에 대한 책임까지 있다고 보았다. 하지만 TEI 社는 앤더슨과의 계약을 통해서 기계들을 납품하고 설치하는 일에 대한 책임이 TEI 社에서 앤더슨으로 전가되었으므로 발생한 모든 문제에 관한 배상은 앤더슨 社 혼자에게 있다고 주장하며 패널들의 결론에 수긍하지 않았다. 패널들이 내린 결론에 이해당사자들의 동의가 이루어지지 않아, 결국 이 문제는 노스다코타 주의 연방법원으로 넘어가게 되었다.

법적인 책임

법원은 디자인빌드 계약서 상에 있는 조항들을 근거로 TEI 社의 주장을 기각하였다. 법원에서 특히 주시한 조항은 보증과 관련된 항목이며, 구체적인 내용은 다음과 같다.

"시공사는 발주자에게 다음과 같은 사항을 보증하여야 한다. 먼저, 본 계약에 따라 제공되는 자내나 설비는 계약서 상에서 요구되거나 허용된 특수한 상황을 제외하고는 좋은 상태의, 새 것을 사용하여야 한다. 모든 업무는 하자가 없어야 하며, 요구되는 품질기준 또는 그 이상품질을 제공하여야 한다. 그리고 모든 업무는 계약서 상에 있는 모든 절차와 요건을 충족시켜야 한다."

법원은 이 중 마지막 문구를 주시하였다. 법원은 해당 문구에서 언급하는 "업무"는 계약서 상에서 요구하는 시공과 서비스를 의미하며, 또한 시공사의 의무를 다하기 위해 필요한 모든 관련 작업자, 자재, 설비 및 서비스를 포함하고 있다고 해석하였다. 따라서 법원은 다음과 같이 판결하였다.

"따라서 TEI 社는 오일시드 설비의 설계와 시공에 사용된 모든 시공, 서비스, 노동력, 자재 및 설비를 계약서 상에서 요구한 사항에 맞추어야 한다 … (중략) … 비록 앤더슨 社가 제공하는 설비에 대한 생산 관련 보증(Production Guarantee)이 명시되어 있다고 할 지라도, 디자인빌드 계약서는 설계시방서를 만족시키는 한 설비 또는 제품을 제공자는 중요하지 않다고 분명히 밝히고 있었다. 다시 말해 설비를 누가 제공하였는지는 디자인빌드 계약에 그리 큰 영향을 주는 요소가 아니므로, TEI 社가 애그로우에 대하여 성능보증에서 요구한 성능 수준을 보장해 주어야 한다."

법원은 또한 앤더슨 社의 책임과 관련된 부분을 검토하였다. 전문가 집단으로 이루어진 패널들은 계약서 상 배상액에 대해서 앤더슨 社가 TEI 社의 책임을 떠안는다고 보았다. 하지만 앤더슨 사는 자신들의 제안서와 TEI 社의 구매계약서의 면책 범위에 대한 모순점을 근거로 패널들의 의견이 잘못되었다고 법원에 주장하였다. 그러나 법원은 앤더슨 社의 제안서와 TEI 社의 구매계약서 둘 다에서 생산 관련 보증이 명시되어 있다는 점을 근거로 제안서와 구매계약서 상의 면책 범위의 모순이 앤더슨 社의 책임을 면하게 해주는 것은 아니라고 판단하였다. 특히 법원은 앤더슨 社가 공장 설비가 생산 관련 보증에서 제시된 성능을 제공하지 못하는 직접적인 원인을 제공하였으므로 이에 따른 손실에 대해서 책임을 져야 한다고 결론을 내렸다. 다만, 배상해야 하는 금액은 설비의 실패에 따른 수리와 발주처의 매출 손실로 한정하여 90만 불로 제한하였다.

법원은 내셔널 보험회사가 져야 할 책임의 범위에 대해서도 검토하였다. 패널은 내셔널 보험회사가 설비의 수리비용에 대해서는 책임이 있지만 매출 손실에 대해서는 보상을 할 책임이 없다고 판단하였다. 반면 내셔널 보험회사 측은 보증보험의 규약 상 해당 공사가 "계약 파기"상태가 되어야만 자신들이 보상할 의무가 생기며, 본 프로젝트는 TEI 社가 계약을 파기하거나 공사가 "계약 파기" 상태가 되지 않았으므로 자신들은 어떠한 배상의 의무도 없다고 주장하였다. 법원은 내셔널 보험회사 측의 주장에서 "계약 파기" 상태로 가야만 자신들이 배상해야 하는 의무가 생기는 것이라는 조건을 인정하였지만 "계약 파기" 상태를 어떤 상태나 조건으로 해석할 것인지에 대해서는 의견을 달리하였다. 내셔널 보험회사 측은 계약서의 "계약 파기의 원인(Termination for Cause)" 조항에서 "계약 파기"에 대해서 정의하고 있으며, 이에 따라 TEI 社는 "계약 파기" 상태가 아니라고 주장하였다. 하지만 법원은 내셔널 보험회사 측과 달리 "계약 파기"의 정의를 성능보증의 측면에서 고찰하였으며, TEI 社가 생산 관련 보증에서 명시한 성능을 달성하지 못함에 따라 "계약 파기" 상태에 도달한 것으로 판단하였다. 이에 따라 법원은 전문가 패널들의 해석을 확장하여 실패한 설비수리비용뿐만 아니라, 이로 인한 발주처의 매출 손실에 대해서도 내셔널 보험회사가 책임을 져야 한다고 판결하였다.

논의 및 결론

디자인빌드 발주방식에서 발주자는 디자인빌더와 보증보험 발행회사에게 성능 실패에 대한 책임을 손쉽게 넘길 수 있다. 예를 들면, 발주자가 시방서에 맞지 않은 오일시드를 제공하였다는 점을 들 수 있다. 본 사례에서는 앤더슨 社의 주장이 기각되었지만, 설비 발주자(본 사례에서는 TEI 社)는 해당 프로젝트에서 공급하는 자재나 원료, 서비스 등에 대해서 주의를 기울여야 하고, 특히 공급하는 상품에 대한 품질이 규정, 공급 일정, 설계 기준 등에 대해서 각별한 주의를 요해야 한다.

참조

[1] Lundt, J. (2011). "Using Design-Build Procurement for a Deep Water Marine Outfall Pipeline Project", Conference Proceedings of Pipelines 2011, ASCE, Seattle, WA.

[2] MGD는 Million-gallon-per-day의 약자로 일일처리가능량을 의미한다. 하수처리장의 용량을 표시할 때 사용한다.

[3] 많은 디자인빌드 프로젝트에서는 발주과정을 통해서 계약금액이 확정되더라도 제안요청서(Request for Proposal, RFP) 상에 제시되어 있거나 디자인빌더가 입찰서를 제출할 때 예상했던 지질상태가 실제 지질상태와 상이할 경우 클레임이 발생하기 쉬우며 제안요청서에 나와있는 지질상태와 실제가 다를 경우 공사금액이 증액되는 경우가 많다.

[4] 워싱턴 주의 법에 따르면 제안서를 제출하였으나 낙찰되지 않은 디자인빌드 팀에게는 반드시 설계보상비를 주도록 되어 있다. 이는 연방법과는 약간의 차이가 있다. 1996년에 제정된 연방법 클링거-코헨법(Clinger-Cohen Act)에서는 공공공사의 디자인빌드 발주 시 2단계 발주시스템(Two-phase Design-build Procurement Method)을 사용하도록 명시하고 있으나, 설계보상비에 대한 의무사항에 대해서는 명시하지 않고 있다. 따라서 설계보상비에 관해서는 주법이나 그 하위 법을 따르게 된다. 비록 연방법에는 발주처의 설계보상비 의무사항이 없으나 일반적으로 공공공사에서는 설계보상비가 충분하지는 않더라도 어느 정도는 보전이 되는 편이다.

[5] Barbara Jackson (2010), "Design-Build Essentials", Delmar Cengage Learning

[6] 고체 폐기물은 하수처리과정에서 생긴 침전물을 일컫는 용어로 흔히 '오니' 라고 불린다.

[7] 슬러지(sludge)의 소화는 이용하는 미생물의 종류나 공기공급 유무에 따라 방식을 나눌 수 있으며 1단계로 소화과정을 마치는 표준방식과 2단계의 소화과정을 거치는 고효율 소화방식이 있다. 본 프로젝트에서는 고효율 소화방식인 2단계 소화과정을 사용하였다.

[8] DBIA Competition Award (2008) (accessed at http://www.dbia.org)

[9] 한 번에 부지의 여러 지역에서 동시다발적으로 공사를 진행할 경우, 교통 정체가 심하게 일어나기 때문에 도심 내 공사에서는 기간을 세부적으로 나누어 교통통행량을 고려한 공사 계획인 단계별 계획(Phasing Plan)을 수립한다.

[10] 356 S.C. 531 (2003)

[11] 설계 · 시공 및 유지관리 방식이나 설계 · 시공 및 자금조달 · 유지관리 방식은 민간사업자가 프로젝트의 설계, 시공, 파이낸싱, 운영을 모두 책임지는 방식으로 BOT 방식과 매우 유사하지만, 소유권 이전이 없다는 차이를 가진다.

[12] 결정문은 발주방식을 결정할 때 전통적인 설계 · 시공분리발주방식이 아닌 다른 발주방식을 선택한 경우(디자인빌드 발주방식이나 시공책임형 건설사업관리방식) 설계 · 시공분리발주방

식을 사용하지 않는 이유와 다른 발주방식을 선택한 이유를 설명한 문서를 말한다.

[13] 4 CFR 21.8, (accessed at http://www.wifcon.com/pdcg21_8.htm0

[14] 집진장치 시스템은 현재 존재하는 세 개의 석탄연소식 보일러에서 분출되는 입자들을 제거할 목적으로 사용되는 시스템을 말한다.

[15] Baking and Snack (2002), December 2002.

[16] 공급사슬 분석이란 가능한 공급자들의 위치와 생산용량을 확인하고 지역별로 예상되는 수요량을 예측한 뒤 거기에 물류 분석을 통하여 공급사슬이 원활하게 진행될 수 있는 시나리오 분석을 수행하여 최적의 위치에 최소의 원가를 들여서 수요를 만족시키는 대안을 찾아내는 분석방법을 의미한다.

[17] 리스크를 서로 협력해서 줄이는 방안이 아닌, 상대방에게 리스크를 넘기는 방안이라는 의미에서 "게임"이라는 표현을 사용하였다.

[18] Kim and Dossick (2011), "What Makes a Project Integrated?", Journal of Lean Construction

[19] 린 생산방식은 토요타 생산시스템(Toyota Production System)에서 나온 생산방식으로 가치를 정하고 가치흐름에 방해되는 모든 요소를 낭비로 정의한 후 낭비를 제거하는 방식으로 1994년 후 건설업에 도입이 되기 시작하였다. 본 프로젝트에서는 라스트플래너(Last Planner)와 적시생산 시스템을 사용하였다. 자세한 내용은 www.leanconstruction.org을 참조하도록 한다.

[20] Construction Management Association of America (CMAA) (2009), "Managing Integrated Project Delivery" (accessed at http://cmaanet.org/files/shared/ng_Integrated_Project_Deli very__11-19-09__2_.pdf)

[21] Lichtig, W. (2005) "Sutter Health: Developing a Contracting Model to Support Lean Project Delivery," Lean Construction Journal, 2 (1): 105- 112.

[22] 기존의 공정계획과 달리 라스트플래너는 공정계획 시 각 작업에 포함되어 있는 불확실성을 제거하고 불확실성이 제거되지 않은 작업은 공정계획에서 제외시켜서 공정계획의 신뢰도를 높이는 공정계획기법을 의미한다.

[23] Secretary of Labor v. Sedgman, 2004, LEXIS 125 (2004)

[24] Weseloh Family Limited Partnership vs. K.L. Wessel Construction, Inc., 22 Cal. Rptr. 3d 660 (Cal. Ct. App. 2004), available at http://www.accesslaw.com/ca4.html

[25] Montana (2004), "Glacier Tennis Club, LLC vs. Treweek Construction, In.", 87P. 3d 431

[26] 라돈은 일종의 방사성 비활성기체로써 적당한 통풍이 이루어 지지 않을 경우 지하 같은 밀폐

된 장소에 축적될 수 있다. 북미에서는 건물의 매매 시 지하의 라돈을 측정하여 일정치 이상이 측정될 경우 통풍설비를 설치하는 등의 조치를 취하여 라돈 량을 저하시켜야 매매가 이루어지는 경우가 많다.

[27] Unigorm Building Code는 주로 미서부지역에서 주로 쓰이는 빌딩코드로서 공공의 안전을 지향하는 목적으로 사용되는 일반화된 시방서이다. 1997년까지는 3년마다 개정판이 나왔으며 2000년에는 UBC가 International Building Code(IBC)로 대체되어 현재는 UBC 대신에 IBC가 쓰이고 있다.

[28] Drain Tile은 French Tile이라고도 하며 1920년대 Henry French라는 사람에 의해 개발되었다. 표층 아래의 과밀한 물을 제거하는 배수시스템으로 처음에는 배수관으로 진흙타일을 사용하였으나 현재는 PVC파이프 등으로 대체되어 쓰이고 있다.

[29] Nos. 03-3345, 03-3346 (2005). AGGROW OILS v. NATIONAL UNION FIRE INSURANCE COMPANY OF PITTSBURGH PA (accessed at http://caselaw.findlaw.com/ us-8th-circuit/ 1209883.html)

별첨2: 미국 디자인빌드 수행사례 분석 보고서

1 개요

발주자 또는 발주기관들은 발주방식에 대한 이해를 높이고 프로젝트의 발주 시 적합한 발주방식을 선택하기 위해서 자체적으로 디자인빌드 발주절차에 대한 평가를 진행하고 있다. 본서에서는 이 중 연방조달국(General Services Administration, GSA)과 캘리포니아 주의회 산하 정책연구실(California's Legislative Analyst Office, California's LAO)에서 작성된 보고서에서 언급한 디자인빌드 발주방식의 문제점과 개선방안을 살펴보도록 하겠다.

2 연방조달국 디자인빌드 원탁회의(Roundtable)

2.1 원탁회의 개요

2010년 2월, 미건축가협회(American Institute of Architects, AIA)는 원탁회의(Large Firm Roundtable, LFRT)에서 미국 회복 및 재투자법(American Recovery and Reinvestment Act, ARRA)에 따라 2009년~2010년 동안 디자인빌드 발주방식으로 발주된 4개의 프로젝트의 발주과정에 대해서 연방조달국과 의견을 나누었다.

원탁회의는 워싱턴 DC에 위치한 미 건축가 협회의 본부에서 4월 29일에 이루어졌다. 회의에서는 "디자인빌드/설계 우수 프로그램(Design-Build/Design Excellence Program)"의 발주절차를 명확하게 하고자 하였으며, 4개의 프로젝트에서 얻은 교훈들을 공유하고자 하였다. 4개의 프로젝트는 다음과 같다.

- 연방법원 프로젝트(캘리포니아 주 베아커스필드시 위치)
- 연방법원 프로젝트(몬테나 주 빌링스시 위치)
- 미키런드 연방청사 재건축 프로젝트(텍사스 주 휴스턴시 위치)
- 사우스웨스트 연방센터 프로젝트(워싱턴 주 오번시 위치)

원탁회의에는 80명이 넘는 전문가가 참석하였다. 여기서 말하는 전문가들 중에는 연방조달국의 디자인빌드 담당 부서의 직원들과 국토 재생 프로그램 관리 부서(National Recovery Program Management Office)의 직원들, 그리고 연방조달국의 7번~10번 지역(Reginons)을 담당하는 프로젝트 관리자와 계약 담당 직원, 발주 담당자 등도 포함되었다. 또한 실제 낙찰을 받기 위해 경쟁에 참여하는 설계자들과 디자인빌드 업체들이 참석하였다. 이 외에도 미건축가협회의 대표와 4개의 프로젝트의 평가위원회에 참석한 연방조달국의 설계 및 시공 분야 동료 전문가(Peer Professionals)들도 참석하였다.

2.2 디자인빌드 발주방식의 문제점

디자인빌드 프로젝트의 주요 이해관계자들인 디자인빌드 업체, 설계자, 연방조달국 측은 각자 자신들의 입장에서 느끼는 디자인빌드 발주방식의 문제점에 대해서 이야기하였다. 먼저 디자인빌드 업체들은 발주용어의 명확화(특히 평가 시 우선순위 및 기준), 팀 구성원의 확정, 설계와 가격 수용 방법의 변화 제한 등을 요구하였다. 또한 새로운 대안, 검증되지 않은 기술이나 지시의 중간 변경 등이 개선되어야 한다고 이야기하였다. 디자인빌더 업체들은 연방조달국과 사용자에 의해 이루어지는 설계검토 및 협의 과정을 효과적이라고 인식하고 있으며, 프로젝트를 진행하기 위한 노력에 합당한 설계보상비(Stipend)를 지급받기를 희망하였다. 설계자들은 디자인빌더 업체들과 마찬가지로 명확한 발주용어와 발주절차가 필요하다고 언급하였다. 연방조달국은 새로운 설계 대안의 제시, 혁신성, 지속가능성 등을 가지면서도 협조적인 디자인빌드 업체가 낙찰자로 선정되기를 원하였다.

- 설계 관리(Design Control)

  디자인빌드 계약 또는 디자인빌드/설계 우수 프로그램의 계약이 체결된 후, 설계 작업은 디자인빌더에 의해서 관리된다. 설계변경은 최대보증금액(Guaranteed Maximum Price, GMP)에 직접적인 영향을 미치므로, 연방조달국 또는 사용자의 지시에 따라 발생하는 설계변경은 금액 증액으로 이어지게 된다. 따라서 최대보증금액의 변동 없이 제안요청서나 제안서에 포함되지 않은 혁신적인 설계/엔지니어링/시공의 적용은 불가능한 실정이다. 또한 시설물의 실제 사용자들이 설계자와 협의하여 필요로 하는 해결책을 찾아 설계에 적용하는 것도 현실적으로 어려운 편이다. 따라서 이러한 문제점들을 해결하기 위한 발주절차의 개선이 요구된다.

  이 외에도 설계자의 선정을 디자인빌드 발주절차에서 분리하는 "디커플링(De-Coupling)"에 대한 문의도 증가하고 있다. 디커플링이라 함은 사전에 디자인빌더들이 선택할 수 있는 설계자들의 명단을 선정하여 제공하는 방식을 말한다. 현재 연방조달국에서는 디커플링이 법적으로 가능한 것인지 논의 중에 있다.

- 협동작업의 역학관계(Dynamics of Collaboration)

  앞서 언급한 것처럼 연방조달국은 협력을 중요시 생각하고, 선정 절차에서 중요한 요소 중 하나로 고려하고 있다. 원탁회의의 다른 참여자들도 이에 동의하였으며, 협력적인 경험을 공유할 경우 성공할 것이라는 느낌을 더 많이 받을 수 있다고 이야기하였다. 설계자들은 특히 디자인빌드 절차 중 프로젝트의 개념을 잡고 설계를 작성하는 과정에서 발주자와 사용자의 협력적인 참여가 필요하다는 점을 지적하였다.

• 경쟁 입찰 참여를 가로막는 장벽

디자인빌드 발주방식의 경우, 참여자들에게는 일종의 장벽이 존재한다. 예를 들어 설계/엔지니어링 회사가 디자인빌드/설계 우수 프로그램을 사용한 프로젝트에 참여하고자 할 때, 제안서 작성 시 드는 비용이 많은 데 비해 작성에 따라 제공되는 설계보상비가 적거나 없는 경우 입찰에 참여하는데 어려움을 겪게 된다. 이는 디자인빌드/설계 우수 프로그램에서 낙찰자를 선정하기 전까지 작성되는 설계가 매우 상세한 수준까지 진행됨에 따라 설계에 많은 비용이 소요되어 입찰 참여자들에게 부담스러운 리스크로 작용하기 때문이다. 일부 지역의 경우 디자인빌드 계약자의 수가 적어 경쟁에 참여할 수 있는 설계/엔지니어링 회사의 수 자체가 작은 경우도 존재한다. 이 외에도 제안서의 제출 기간이 짧고 제출조건이 까다로워 많은 직원을 보유하고 있으며, 공사수행경험이 많은 회사가 낙찰이 유리한 경우가 대부분이다.

• 낙찰을 받기 위한 소요비용(Cost to Play)

연방조달국에서 발주하는 디자인빌드/설계 우수 프로젝트의 경우, 제공되는 설계보상비가 실제 설계에 소요되는 비용을 전부 보상해주지 못한다는 문제점이 존재한다. 또한 설계 작업 시 수행하여야 하는 일의 수준에 대해서 연방조달국과 설계자 및 디자인빌더가 다르게 이해하는 경우도 발생한다. 이와 관련하여 설계자들은 발주서류에서 제시하고 있는 설계에 들여야 하는 노력보다 실제로 디자인빌드들이 입찰에 참여하기 위해서 설계에 들여야 하는 노력이 훨씬 더 크다고 이야기하였다. 또한 설계자들은 설계보상비의 범위가 넓어 일관성이 없다는 점을 언급하였다. 원탁회의의 참여자들은 연방조달국이 프로젝트 최종 입찰참가자들에게 설계에 들인 노력에 걸맞은 설계보상비를 지급해주어야 한다는 점에 모두 동의하였다. 디자인빌드팀들은 입찰 시의 불명확한 요구사항이나 2단계에서의 변경사항에 따라 발생하는 예상하지 못했던 추가적인 비용, 만족스럽지 못한 설계보상비, 최상의 설계 품질을 제공하기 위해

들어가는 노력에 대한 이해 부족, 급박한 일정 등에 좌절감을 느끼게 된다. 실제로 디자인빌드팀들은 2단계에서 확정 금액을 제공하기 위해서 많은 시간과 노력을 투자하고 있다. 만약 다른 프로젝트를 낙찰받기 쉬운 시장 환경이라면, 디자인빌드팀들은 이러한 노력을 좀 더 적게 들일 수 있을 것이다.

• **발주문서의 품질**

연방조달국은 발주문서의 품질과 관련하여 비판을 받았다. 만약 디자인빌드 발주가 최대보증금액으로 이루어진 경우, 발주문서에서 제시하는 프로젝트의 요구사항과 다른 정보들은 최종 제안서의 작성 시 주요한 근거사항들이 된다. 최대보증금액에 따른 디자인빌드 프로젝트의 경우 디자인빌드 팀들은 제안서 작성에 많은 노력을 기울여야 하며, 특히 가격의 결정과 관련하여 2단계에서 많은 비용과 시간을 소요하게 된다. 따라서 입찰에 참여하는 디자인빌드 팀들은 발주문서가 전문적이며 잘 조사가 이루어졌을 것을 기대하고 그러할 것이라고 판단하고 작업에 착수하게 된다. 발주문서의 내용에서 모순이 있다거나, 불완전할 것이라고 생각하지는 않는 것이다. 원탁회의의 참여자들은 연방조달국에서 제공하는 발주문서가 잘 만들어졌을 경우 입찰참가자들이 연방조달국에서 원하는 바를 제대로 이해하고 경쟁력 있는 제안서를 작성할 수 있으나, 그렇지 못한 경우 연방조달국의 요구사항이나 우선순위를 제대로 이해하지 못하며 불확실성과 리스크에 의해 비용의 증가가 발생할 수 있다고 이야기하였다. 연방조달국은 이러한 문제점들에 대해서 인정하였으며, 어떻게 하면 좀 더 효과적인 제안서를 작성할 수 있을지에 대해서 추가로 논의하였다.

• **연방조달국의 일관성**

원탁회의에서는 지역별로 조달 절차, 관련 정책, 요구하는 재료의 양, 제출된 제안서의 평가, 기타 조달과정 측면에서 일관성이 부족하다는 지적이 나왔다. 특히 지역별로 숏리스트 상의 팀들에게 제공하는 설계 피드백 시 비밀유지와 관련된 조항을 어떻게 해석하는지, 그리고 설계 검토에 참여하는 사람들을 어떻게 결정하는지, 그리고 설계 검토 시 어떠한 유형의 검토 내용 언급이 가능한지에 대해서 차이가 두드러지게 나타났다. 발주자의 설계 검토 수준에 따라 설계의 완성도가 좌지우지된다는 점을 고려할 때, 연방조달국의 설계 검토 시 투입 노력의 부족은 조달과정에 참여하는 디자인빌드 업체 또는 설계/엔지니어링팀들에게 좌절감을 줄 수 있다.

2.3 개선방안

원탁회의에서는 연방조달국에 다음과 같은 사항들에 대해서 고려해볼 것을 권고하였다.

- 연방조달국의 설계 책임자(Chief Architect)는 효과적인 성과 창출을 위해 디자인빌드 자문위원회(Design-Build Advisory Committee)를 설립하여 정책과 절차를 만드는데 조언을 받는 것이 좋다.
  - 연방조달국은 속도, 품질, 프로젝트 유형, 그리고 설계와 예산 관리의 균형 등의 조화를 이룰 수 있는 발주방식 평가방법을 제시하여야 한다.
  - 연방조달국은 조달과정에서 높은 성능, 지속가능성, 설계 품질 등의 필수적인 프로젝트 목표들이 잘 정의되고 관리될 수 있도록 하여야 한다.
  - 설계 검토 시 숏리스트 상의 디자인빌드 팀들과 검토 과정에 참여한 연방조달국 측 직원 및 사용자들에게 적용되는 비밀유지와 관련된 조항에 대해서 지역별로 일관성 있는 법적 해석이 요구된다.
  - 형식적인 설계 검토가 아닌, 실질적인 설계 검토가 이루어져야 한다.
  - 입찰에 참여하는 회사들에 대한 투자가 중요하다. 연방조달국은 입찰에 참여하는데 장벽이 되는 요소들에 대해서 이해하고 이를 완화하는 조치를 취할 필요가 있다.
- 연방조달국은 진행되는 프로젝트들을 관찰하고 성공요인과 실패요인을 문서화하여야 한다.
- 디자인빌드 프로젝트 시 다음과 같은 사항을 고려하여 발주 및 조달과정을 개선할 필요가 있다.
  - 발주문서가 잘 만들어질수록 좋은 결과가 창출된다.
  - 요구하는 업무 수준에 걸맞게 보상금을 지급하여야 한다.
  - 조달과정 중간의 변경이 발생하는 것은 전문적이지 못한 결과이며, 경쟁에 참여하는 회사들에게 부담을 주고 추가적인 비용을 발생시킨다.
  - 프로젝트의 관리자와 계약 관련 직원들이 높은 품질의 조달과정을 제공하기 위해

서는 충분한 시간과 적절한 직원 수가 요구된다.

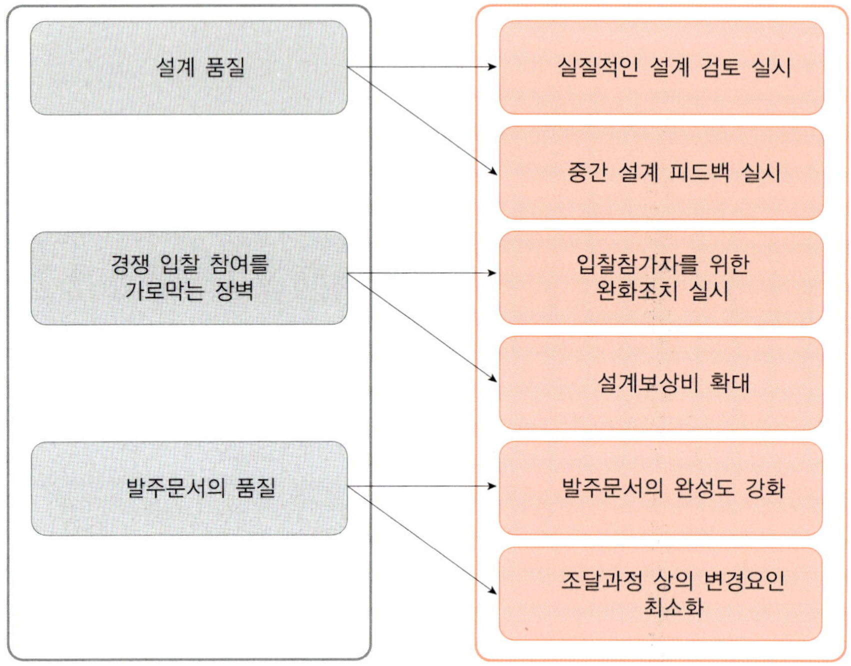

별첨2 그림 1 전통적인 발주방식에서의 참여주체 간의 관계

2.4 시사점

연방조달국 디자인빌드 원탁회의에서는 디자인빌드/설계 우수 프로그램에 의해 수행된 디자인빌드 프로젝트에 대하여 평가하는 것이 목적이었다. 일반적인 디자인빌드 발주방식과 달리 디자인빌드/설계 우수 프로그램은 조달과정 중 2단계에서 좀 더 상세한 수준으로 설계가 진행된다는 점이다. 이 경우, 진행된 설계수준은 한국의 디자인빌드 발주방식에서 제출하는 설계수준과 비슷하다고 할 수 있다. 그 결과, 원탁회의에서 논의된 문제점들은 한국에서의 발생하고 있는 문제점과 비슷한 문제점들을 보였다. 주요 문제점들로는 설계 과정에서의 발주자와 사용자의 참여 부족, 높은 디자인빌드 발주과정 참여비용에 비해 턱없이 낮은 설계보상비, 제안요청서 상에 주어지는 프로젝트 요구조건과 제안서 준비 시 필요한 사항들의 미비가 있다.

첫 번째 문제는 설계단계에서의 발주자와 디자인빌더 간의 의사소통과 관련된 문제이다. 디자인빌드 발주방식의 특성 상, 설계과정에서 발주자나 사용자의 협력적인 참여를 기대하기는 어렵다. 더구나 연방조달국에서 사용하고 있는 디자인빌드/설계 우수 프로그램의 경우는 설계수준을 높이기 위해서 디자인빌더의 제안서 제출 시 설계를 일반적인 디자인빌드 프로젝트에서 제출하는 기본설계보다 좀 더 상세하게 작성하도록 하고 있다. 제안서에서 요구하는 설계의 상세수준이 높을 경우 발주자와 디자인빌더와의 의사소통의 중요성은 더욱 커지게 된다. 연방조달국에서는 디자인빌드 발주방식에서 발생하기 쉬운 의사소통 부족 문제를 보완하기 위해서 제안서의 최종 제출 이전에 설계과정에서 평가위원회(Evaluation Board)가 진행된 설계를 검토하여 디자인빌더 측에게 피드백을 제공할 수 있도록 허용하고 있다. 반면 한국의 경우, 발주자와 디자인빌더 측과의 중간 피드백 과정이 법적으로 제한되고 있다.

두 번째 문제는 시장에서의 기업 간 경쟁을 약화시키고 입찰에 참여할 수 있는 소수의 대형건설사들만 디자인빌드 프로젝트를 수행할 수 있는 기회를 가지게 한다. 단순히 개념설계(Conceptual Drawings) 수준의 설계를 요구하는 전통적인 디자인빌드 프로젝트의 경우에도 설계보상비가 실제 제안서 준비비용에 비해 턱없이 모자라는 경우가 일반적이며, 상세한 설계 수준을 요구하는 연방조달국의 디자인빌드/설계 우수 프로그램에서는 설계 작성 소요비용과 보상비용의 차이가 더 심하게 나타나게 된다. 연방조달국은 설계보상비용을 어느 정도 상향시키고 1단계 발주단계에서 사전자격심사를 좀 더 엄격하게 하여, 소수의 검증된 디자인빌드 업체들만이 제안서를 준비하도록 유도하여 이러한 문제를 보완하고자 하고 있다.

세 번째 문제는 디자인빌드 발주방식의 사용 시 반드시 선결되어야 하는 사항이다. 디자인빌더로 하여금 경쟁력 있는 제안서를 만들도록 하기 위해서는 우선적으로 발주자가 충분한 사전조사를 통해서 프로젝트에 대해서 명확하게 정의를 내릴 수 있어야 한다. 만약 발주자가 충분한 조사를 거치지 않아 수많은 불확실한 요소를 가진 채 발주문서를 작성하게 된다면, 사전조사를 통해서 없앨 수 있는 많은 리스크를 디자인빌더에게 전가시키는 것이 된다. 디자인빌더들은 자신들이 전가 받은 불확실성과 리스크를 보상받기 위해서 제안하는 가격에 이러한 측면을 포함시키며, 이는 곧 발주자에게 사업비 증가라는 결과로 되돌아오게 된다.

3 캘리포니아 주 의회 산하 정책연구실 보고서

3.1 정책연구실 보고서 개요

1993년 이후 제정된 많은 법령들은 캘리포니아 주의 지방 공공기관들로 하여금 디자인빌드 발주방식의 사용을 제한적으로 가능하도록 권한을 부여하였다. 정책연구실(Legislative Analyst Office, LAO)에서는 해당 기관들의 발주 경험을 토대로 전통적인 설계 · 시공분리발주방식과 디자인빌드 발주방식의 장단점을 비교하였다. 또한 정책연구실에서는 조달과정에서의 공공기관에 대한 신뢰, 품질 관리, 공공계약 시 계약자들에 대한 평가 등을 개선하기 위한 법적인 개선방안을 제안하였다.

정책연구실의 보고서에 따르면, 디자인빌드 발주방식은 다양한 세부유형을 가지고 있지만 크게 가격 확정(Stipulated Price) 방식과 시공 관리(Construction Management) 방식으로 나눌 수 있다. 먼저 가격 확정 방식은 공공기관이 특정 건물의 시공에 대해서 얼마만큼의 비용을 지불할 것인지를 구체적으로 명시한 뒤, 발주기관이 입찰에 참가하는 회사들로 하여금 개념설계(Conceptual Design), 재료에 대한 시방서, 건물의 시스템 등이 포함된 제안서를 제출하도록 하여 낙찰자를 선정하는 방식을 말한다.

시공 관리 방식은 발주기관이 시공 관리자(Construction Manager)를 선정하여 일정 비용을 수수료로 지급하는 형태이다. 일반적으로 시공 관리자로는 시공사가 선정이 되나, 때때로 설계/엔지니어링 회사를 시공 관리자로 선정하기도 한다. 시공 관리자는 디자인빌드 프로젝트의 설계를 작성하고 하도급자 또는 조달업자들과의 계약을 체결하여 공사를 진행하게 된다. 시공 관리 방식에서 건물을 짓는데 들어가는 총 비용은 하도급자, 조달업자들과 체결한 계약 비용에 시공 관리자의 수수료를 합친 금액이다. 시공 관리 방식은 일반적으로 디자인빌드 발주방식보다는 다수 원도급 계약에 의한 용역형 건설사업관리 방식(Fee-based CM with Multiple Prime Contract)으로 분류가 된다. 그러므로 여기에서는 주로 가격 확정 방식에 의한 디자인빌드 발주방식에 대해서 논의하도록 하겠다.

3.2 디자인빌드 발주방식의 장점과 단점

캘리포니아 주 의회 산하 정책연구실에서는 디자인빌드 발주방식에 대한 장점들로 다음과 같은 사항들을 제시하였다.

첫째, 총 사업비의 사전 확정이 가능하다는 점이다. 발주기관에서 가격 확정 방식을 사용하는 경우, 발주기관이 지불할 금액은 사전에 미리 확정되어 있으며 입찰자들은 해당 금액에 맞추어 구성, 기능 및 재료를 작성하여 제안서를 제출하게 된다. 따라서 프로젝트의 착수단계에서 건물을 짓는데 소요되는 비용을 확정지을 수 있다는 장점을 가지게 된다. 가격 확정 방식을 사용할 경우, 지급하는 비용이 고정되어 있어 해당 가격만큼의 품질을 보장할 수 있는가와 관련해서 문제가 발생할 수는 있다. 하지만 발주기관이 고정 가격 기반의 최대가치방식으로 낙찰자를 선정함으로써 이러한 문제도 해결할 수 있다.

둘째, 설계자와 시공자가 하나의 팀을 구성하고 있어 발주자의 입장에서 관리가 용이하다는 장점이 있다. 또한 설계자/엔지니어의 업무에 대해 완전성과 정확성을 보증하지 않아도 되며, 시공자와 설계자/엔지니어 간의 갈등 또는 분쟁에 대한 책임도 피할 수 있다.

셋째, 디자인빌드 발주방식에서 시공자가 설계 초기단계에 참여할 수 있어 설계 시 시공 재료의 선정과 시공 공법의 선정 등에 도움을 줄 수 있다는 점이다. 다시 말해 시공단계에 발생할 수 있는 문제점을 초기에 발견하여 수정할 수 있는 동시병행설계(Concurrent Engineering)가 가능하다는 것이다. 이를 통해 설계의 효율성을 높이고 시공비용을 절감할 수 있다.

넷째, 사업기간의 단축이 가능하다. 디자인빌드 발주방식의 사용 시, 설계자와 시공자 간의 갈등이 다소 줄어들 가능성이 존재하며 설계와 시공단계에서의 중첩이 일부 발생한다. 따라서 일반적으로 디자인빌드 발주방식을 사용할 경우 설계 · 시공분리발주방식에 비해 전체 공사기간이 단축될 수 있다. 다만, 제안서 상에서 상세한 수준의 설계를 제출할 것을 요구하는 경우에는 설계 · 시공병행방식(Fast-Track)의 사용이 제한되어 사업기간의 단축이 어려울 수 있다.

다섯째, 기술직 직원의 업무 경감을 들 수 있다. 디자인빌드 발주방식을 사용할 경우, 발주기관은 설계자/엔지니어의 업무의 완전성과 정확성에 대해서 검토할 필요가 없어진다. 따라서 프로젝트를 관리할 내부 기술직원이 설계 · 시공분리발주방식에 비해 상대적으로 적게 필요하게 된다.

반면, 디자인빌드 발주방식에 대한 문제점들로 다음과 같은 사항들을 제시하였다.

첫째, 품질에 대한 불확실성이다. 발주자 측에서 볼 때 디자인빌드 발주방식이 가지는 가장 큰 문제점은 설계에 대한 권한이 부족하다는 점이다. 계약 당시 발주기관이 요구하는 바가 상세하게 정의되지 않기 때문에 계약을 기반으로 강제성을 부여하기 어려우며, 시공 작업의 품질에 대한 관리 권한 또한 상대적으로 많이 가지지 못하게 된다.

둘째, 낙찰자 선정과정에서의 주관적인 판단이 많이 개입된다는 점이다. 디자인빌드 발주방식에서 설계 및 시공 작업을 수행할 낙찰자는 공사수행경험, 자격심사, 최대가치평가(Base-Value) 등 발주기관의 주관적인 평가요소들에 의해서 선정되게 된다. 발주기관은 평가기준을 수립하고 선정절차 및 정책을 확정함으로써 주관적인 평가에 따른 리스크를 완화하고자 노력하고 있으나 문제를 완전히 해결하지는 못하고 있다. 보고서에서는 주관적인 평가와 관련하여 객관적으로 점수를 매길 방법이 존재하지 않으며, 평가항목이 대상 시설물과 직접적으로 관련이 있지 않으며, 대안으로 제시된 제안서의 부가적인 가치(Added Value)를 비교하는 것이 어렵다는 점을 문제점으로 제시하고 있다.

셋째, 중소규모의 디자인빌더들의 입찰 참여 제한 문제가 있다. 디자인빌드 프로젝트의 낙찰자는 대부분 사전자격심사를 기반으로 선정된다. 하지만 사전자격심사는 작은 규모를 가진 신생 디자인빌드 업체들에게 불리하게 작용한다. 따라서 디자인빌드 계약 시 중소규모의 디자인빌드 업체들은 입찰 참여에 따른 불이익을 받게 되며, 이러한 현상은 대규모 프로젝트에서 더욱 두드러지게 나타나고 있다.

3.3 디자인빌드 발주방식의 사용에 따른 시사점

정책연구실의 보고서에 따르면, 디자인빌드 발주방식을 사용해 본 경험이 있는 도시나 카운티에서는 디자인빌드 발주방식의 사용에 대해서 우호적인 의견을 보이고 있다고 한다. 또한 기존의 설계 · 시공분리발주방식과 비교해서 건물 시공 시간이 단축되고 클레임 및 소송이 감소하였다고 나타나고 있다. 보고서에는 디자인빌드 발주방식의 사용 경험이 있는 지방 공공기관들의 의견을 토대로 디자인빌드 발주방식의 사용에 따른 시사점들을 다음과 같이 제시하고 있다.

첫째, 디자인빌드 발주방식을 사용할 것인지를 결정하는 최대 및 최소 프로젝트 금액에 대한 법적 요구조건이 발주기관으로 하여금 디자인빌드 발주방식을 사용하는데 어려움으로 작용하고 있다는 점이다. 실제로 캘리포니아 주의 경우, 지역별로 Ch541/00(AB958), Ch594/00(AB2296), Ch421(AB1402), Ch196/04(SB 1759) 등 다양한 조항이 존재하며, 이러한 조항들에 따라 디자인빌드 발주방식은 일반적으로 프로젝트의 규모가 1,000만 불 이상인 경우에 한하여 사용이 가능하다.

둘째, 낙찰자 선정과정 상에서 객관성을 확보할 필요가 있다. 많은 공무원들이 디자인빌드 계약 체결 시 공사수행경험, 자격심사, 최대가치평가와 같은 주관적인 평가기준에 의존하지 않고 객관적인 평가기준을 적용하는 것이 좋다는 것을 알고 있다. 객관적인 평가기준의 적용은 조달과정에 대한 대중들의 신뢰를 유지할 수 있는 방법 중 하나가 될 수 있다. 평가기준의 객관성을 확보하기 위해서 알라마다(Alameda) 카운티에서 수행된 프로젝트에서는 2단계의 발주 절차를 사용하였다. 평가과정에서 먼저 공사수행경험, 자격심사 등 주관적인 요소를 통해 일차적으로 디자인빌더들을 선정한 뒤, 카운티의 평가기준에 맞춰 설계와 비용 제안서를 제출하도록 하여 최저 비용이라는 객관적인 지표를 통해서 최종 낙찰자를 선정하였다. 비슷하게 솔라노(Solano) 카운티의 관리시설 및 경찰시설 프로젝트에서는 공사수행경험, 자격심사, 최대가치 평가 등 주관적인 평가요소와 비용과 관련된 주관적인 평가기준의 조합을 통해서 낙찰자를 선정하였다.

셋째, 명확한 프로젝트의 정의가 필요하다는 점이다. 프로젝트의 명확한 정의는 디자인빌드 프로젝트의 성공을 위한 필수적인 사항 중 하나이다. 만약 발주기관의 담당자가 디자인빌더들로 하여금 요구사항을 잘 이해하고, 원활한 계약을 체결하기를 원한다면 개념설계, 시방서, 프로그램 설명, 기타 관련 문서들을 상세하고 정확하게 준비할 필요가 있다.

넷째, 디자인빌드 발주방식이 간단한 프로젝트에 적합하다는 점이다. 대부분의 기관들은 디자인빌드 발주방식이 사무실 건물이나 주차장과 같이 평범한 설계와 시공이 요구되는 프로젝트에 적합하다고 판단하였다. 반면 짓고자 하는 건물이 감옥이나 병원과 같이 전문적인 건물인 경우, 실제 해당 건물을 사용하는 기관에서 디자인빌더 측에서 작성한 설계보다 좀 더 독특한 설계 선호도를 가질 수 있어 디자인빌드 발주방식이 적합하지 않을 수 있다.

또한 정책연구실은 지방 공공기관에서 디자인빌드 발주방식을 사용하지 않는 이유에 대하여 조사를 실시하였다. 조사 결과는 다음과 같다.

먼저 콘트라 코스타(Contra Costa) 카운티에서는 높은 프로젝트 비용 기준치와 짧은 시간제한에 의해 디자인빌드 발주방식의 사용이 이루어지지 않고 있는 것으로 나타났다.

소노마(Sonoma) 카운티도 높은 프로젝트 비용 기준치 때문에 디자인빌드 발주방식의 사용이 이루어지지 않고 있다. 또한 카운티 측에서는 공공부문에서 디자인빌드 발주방식을 사용한 경험이 부족해 대규모 프로젝트에서 디자인빌드 발주방식을 사용하기 어렵다고 이야기하고 있다. 그리고 만약 비용 기준치가 낮아진다면 카운티에서는 사무실 건물과 같이 작은 규모의 프로젝트에 한정하여 디자인빌드 발주방식을 사용할 수 있을 것이라고 이야기하였다.

헤스페리아(Hesperia) 시의 경우, 디자인빌드 발주방식을 사용하기 위해서 프로젝트의 모든 계약자들은 단체 교섭 협약(Collective Bargaining Agreements)을 체결하도록 되어 있으며, 법적으로 노동력 준수 프로그램(Labor Force Compliance Program)을 수립하고 이를 운영하기 위해서 제3자(Third Party)와의 계약을 체결하도록 되어 있다. 헤스페리아 시는 이러한 규정이 디자인빌드 발주방식의 사용에 의해 발생하는 경제적인 이익을 상쇄시킬 것으로 생각하여 디자인빌드 발주방식을 사용하지 않고 있다.

브렌트우드(Brentwood) 시와 바카실(Vacaville) 시의 경우, 디자인빌드 발주방식에 적합한 규모 및 복잡성을 가지는 프로젝트나 일정을 고려하여야 하는 프로젝트가 존재하지 않아 디자인빌드 발주방식을 사용하지 않았다고 이야기하였다.

이처럼 보고서에서는 디자인빌드 발주방식을 사용하지 않은 지방 공공기관이 많이 존재하고 있으며, 이들 또한 디자인빌드 발주방식을 발주방식의 대안 중 하나로 사용하기를 원한다고 밝혔다.

보고서에서는 지방 공공기관이 디자인빌드 발주방식을 사용하지 못하는 주요한 요인으로 높은 프로젝트 비용 기준치와 경험 부족을 도출하였다. 현재 최저 프로젝트 비용 기준치에 따라 1,000만 불 이하의 소규모 프로젝트에서의 디자인빌드 발주방식의 사용이 제한된다. 만약 이러한 비용 기준치가 완화된다면, 더 많은 프로젝트가 디자인빌드 발주방식으로 발주될 수 있어 발주기관의 디자인빌드 프로젝트 관리 능력의 향상으로 이어질 수 있을 것이다. 이러한 경험의 증가와 함께 노동 협정(Labor Agreement)과 같은 법적인 문제점들이 해결된다면 디자인빌드 발주방식의 사용이 좀 더 용이할 것이다.

3.4 개선방안

디자인빌드 발주방식의 사용에 관련된 주 또는 지방정부의 법령들은 제정된 후 많은 시간이 지나서 이제 곧 해당 규정이 만료될 예정인 것들이 대부분이다. 이는 곧 의회에서 공공기관들의 디자인빌드 발주방식의 사용 경험을 늘릴 수 있는 조치가 취해질 수 있다는 것을 의미한다. 관련하여 정책연구실은 다음과 같은 사항들을 권고하였다.

첫째, 지금과 같이 주와 지방 주체별로 각기 다른 법령이 아니라, 모든 공공 주체들이 사용가능한 하나의 법령을 제정할 것을 권고하였다. 이를 통해 계약자와 발주기관의 공무원들은 주 전체에 걸쳐서 일관성 있는 사업 환경 아래에서 사업을 진행할 수 있을 것이다.

둘째, 디자인빌드 발주방식을 설계·시공분리발주방식을 대체하는 발주방식으로 생각하는 것이 아니라, 주 또는 지방 공공기관이 선택할 수 있는 다양한 발주방식 중 하나로 생각하여야 한다고 이야기하였다. 발주기관들이 특정 발주방식을 무조건적으로 사용하는 것이 아니라 프로젝트의 특성에 맞게 적합한 발주방식을 선택하여 사용하여야 한다는 것이다.

셋째, 정책연구실은 공공부문에서의 조달과정에서 청렴성을 보장하고 공적 자금의 신중한 관리를 위해서 경쟁 입찰 기반의 발주절차를 제안하였다. 정책연구실은 "두 봉투 시스템(Two-Envelope System)"의 사용을 추천하였다. 먼저 발주기관은 개념 설계와 시방서, 그리고 기능적 요구조건을 통해 건물의 요구조건을 정의한다. 그 다음 디자인빌더에게 자격심사와 관련된 사항들이 작성된 서류를 제출하도록 한다. 제출된 자격심사자료와 기존 공사수행경험을 토대로 발주기관은 3개~5개 정도의 회사를 숏리스트에 선발하게 된다. 발주기관은 선발된 회사들에게 봉투 2개에 각각 기술제안서와 가격제안서를 작성하여 제출하도록 요청하며 일반적으로 제안서 작성 대가로 일정 금액을 지급하게 된다. 발주기관은 제출된 기술제안서를 평가하여 요구조건들을 만족하는지를 검토하고 조건을 만족한 업체들에 한하여 가격제안서를 열어 그 중 최저가를 제출한 업체를 낙찰자로 선정하게 된다. 정책연구실에서 제안한 방식과 기존의 2단계 방식과의 가장 큰 차이점은 검증된 제안서 중 최저가 방식을 선택하였다는 것이다. 다만 최저가 방식은 디자인빌더들로 하여금 제안서 작성 시 설계 품질을 개선하거나 추가적인 가치를 부여하기 위한 노력을 배제시킨다는 점을 명심하여야 한다.

넷째, 정책연구실에서는 입찰참가자의 폭을 확대할 수 있는 방안을 찾도록 권고하였다. 디자인빌드 발주방식의 낙찰자 선정기준은 공사수행경험이나 자격심사와 같이 주관적인 평가기준에 의해 이루어지는 편이다. 그 결과 대부분 대형의, 오래된 업체들이 낙찰자로 선정되게 된다. 경쟁을 독려하고 다수 업체의 참여가 가능하도록 하기 위해서 정책연구실에서는 해당 프로젝트의 수행에 필요한 맞춤형 자격심사를 통해서 입찰참가자의 폭을 확대할 것을 권고하였다. 다만, 중소규모 업체가 1단계의 자격심사를 통과하더라도 2단계의 제안서 평가단계에 참여하기에는 제안서 작성 비용 및 제안서 작성 관련 리스크에 의한 장벽이 존재한다는 문제점이 여전히 존재한다.

다섯째, 정책연구실에서는 디자인빌드 발주방식의 사용을 위한 최대 또는 최소 금액 기준치의 없애도록 권고하였다. 특히 정책연구실은 최소 프로젝트 금액 기준치를 지속적으로 낮추어 나가서 많은 발주기관들이 디자인빌드 발주방식을 사용한 경험을 확대하도록 하는 것을 권고하였다. 현재 2014년 6월 1일 이후 디자인빌드 발주방식을 적용할 수 있는 공사의 최소 금액 기준치는 250만 불 이상이다. 또한 샌디에이고, 산타클라라, 샌버너디노 카운티의 경우 2012년 4월 17일에 개정된 AB 1901에 의해, 2014년 6월 이후 최소 금액 기준치가 100만 불 이상으로 감소된 상태이다.

여섯째, 정책연구실에서는 디자인빌드 발주방식의 사용을 건축물과 관련된 사회보장시설로 한정짓도록 권장하였다.

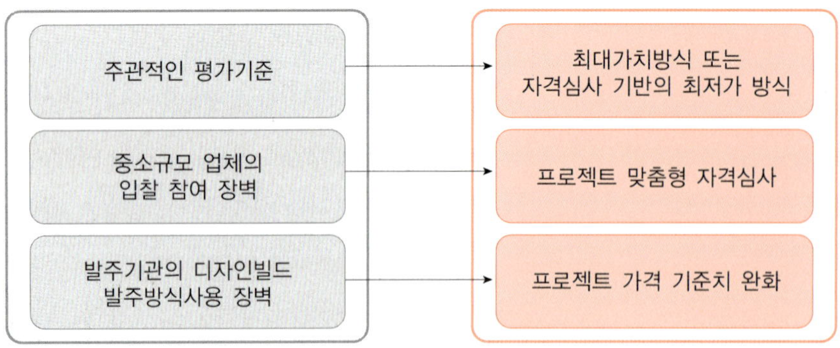

별첨2 그림 2 정책연구실에서 분석한 디자인빌드 발주방식의 문제점과 개선방안

3.5 시사점

캘리포니아 주 의회 산하 정책연구실에서 작성한 보고서에서는 캘리포니아 주의 디자인빌드 프로젝트 경험을 토대로 디자인빌드 발주방식의 이점과 문제점, 그리고 그에 대한 대책에 대해서 이야기하였다. 보고서에서는 특히 디자인빌드 발주방식이 가지는 문제점으로 제안서 심사과정에서의 객관성 확보 문제, 설계과정에서의 발주자의 참여 제한 문제, 중소규모의 디자인빌드 업체들의 참여 제한 문제를 제시하였다.

보고서에서는 이러한 문제점들을 해결하기 위해 다음과 같은 방안을 제시하였다.

- 평가 시 설계점수보다는 가격점수에 더 가중치를 두어서 제안서 심사의 객관성을 확보
- 기존 디자인빌드 업체들의 자격심사보다는 해당공사의 수행에 필요한 맞춤형 자격심사를 통해 입찰참가자의 폭을 확대
- 디자인빌드 공사발주를 할 수 있는 최소 공사금액한도를 낮추어 가능한 디자인빌드 대상공사의 폭을 확대

첫째, 2단계에서의 가격 기반 경쟁을 통해서 제안서 심사의 객관성을 일부 제공하는 것을 권장하였다. 가격 기반의 경쟁을 위해서는 제안요청서와 브릿지 설계에서 프로젝트의 정의를 명확하게 제공하여야 한다. 또한 명확한 프로젝트의 정의는 발주자의 설계 과정 상에서의 권한을 증진시키는 효과도 발휘하게 된다. 다만, 가격 기반의 경쟁과 상세한 브릿징 설계는 디자인빌더들로 하여금 창의적인 해결책을 제시하거나 설계 품질을 개선하기 위한 노력을 배제시킨다는 점을 명심하여야 할 것이다.

둘째, 맞춤형 자격심사를 통해 좀 더 많은 업체들이 입찰에 참여할 수 있도록 할 것을 권장하였다. 하지만 앞서 언급한 것처럼, 이 외에도 제안서 작성 비용 및 제안서 작성 관련 리스크가 장벽으로 남아 있어 이를 해결할 필요가 있다.

셋째, 최소 공사금액한도 기준을 완화하여 가능한 디자인빌드 대상공사의 폭을 확대하여 발주기관들의 디자인빌드 공사 경험을 확대하도록 하는 것을 권장하였다. 해당 제안은 매우 유용한 것으로 보인다. 현재 디자인빌드 관련 법령에서도 디자인빌드 발주방식 대상공사의 최소 공사금액한도가 계속적으로 낮아지는 경향을 보이고 있다.